空对地打击弹药作战运用

甄建伟 陈玉丹 孙 福 贾 帅◎编著

OPERATIONAL APPLICATION OF AIR-TO-GROUND MUNITIONS

北京理工大学出版社
BEIJING INSTITUTE OF TECHNOLOGY PRESS

内 容 简 介

空对地打击弹药是从空中发射用于打击地面目标的弹药，是现代战争中灵活高效的打击手段，是战场上毁伤目标的急先锋。在军事科技的大力推动下，空对地打击弹药技术在精确命中、高效毁伤、远程投射等方面发展迅速，能够在防区外对敌方目标实施精确命中并摧毁。

本书共分为 11 章。第 1 章介绍空对地打击弹药的基本情况，第 2 章介绍战场目标及空对地打击弹药体系，第 3 章介绍引信及战斗部毁伤效应，第 4 章介绍目标探测原理及机载对地观测设备，第 5 章介绍机载无控弹药作战运用，第 6 章介绍激光制导航空弹药作战运用，第 7 章介绍成像制导航空弹药作战运用，第 8 章介绍卫星辅助制导炸弹作战运用，第 9 章介绍风修正弹药作战运用，第 10 章介绍反辐射武器作战运用，第 11 章介绍远程空对地打击弹药作战运用。

本书在写作过程中注重层次递进，既简要介绍了空对地打击弹药体系构成和机载对地探测设备基本工作原理，又详尽叙述了各种类型空对地打击弹药的运用过程及典型型号。通过大量战例、数据和图片展示了空对地打击弹药的现状，以及在实战中的运用情况和未来的发展趋势，对整体掌握空对地弹药装备体系构成，陆军部队防护各种空中打击的技战术以及陆军装备的体系建设提供技术指导。

图书在版编目（CIP）数据

空对地打击弹药作战运用 / 甄建伟等编著 .—北京：北京理工大学出版社，2020.7
ISBN 978-7-5682-8815-6

Ⅰ. ①空…　Ⅱ. ①甄…　Ⅲ. ①空对地导弹－作战　Ⅳ. ①E927

中国版本图书馆 CIP 数据核字（2020）第 135503 号

出版发行 / 北京理工大学出版社有限责任公司
社　　址 / 北京市海淀区中关村南大街 5 号
邮　　编 / 100081
电　　话 /（010）68914775（总编室）
（010）82562903（教材售后服务热线）
（010）68948351（其他图书服务热线）
网　　址 / http://www.bitpress.com.cn
经　　销 / 全国各地新华书店
印　　刷 / 保定市中画美凯印刷有限公司
开　　本 / 787 毫米 ×1092 毫米　1/16
印　　张 / 13.75
字　　数 / 307 千字
版　　次 / 2020 年 7 月第 1 版　2020 年 7 月第 1 次印刷
定　　价 / 59.00 元

责任编辑 / 张海丽
文案编辑 / 张海丽
责任校对 / 李志强
责任印制 / 周瑞红

编 委 会

主　编： 甄建伟

副主编： 陈玉丹　孙　福　贾　帅

编　委（以姓氏笔画为序）：

孙　福　陈玉丹　陈玉成　张晓良

周晓东　贾　帅　黄　凰　甄建伟

前言

PREFACE

世界的历史有多长，战争的历史就有多长。孙子曰：兵之情主速，乘人之不及，由不虞之道，攻其所不戒也。其意思是说，用兵要迅速敏捷，乘敌军措手不及之时，走敌军意料不到之路径，攻击敌军未戒备之地方。飞机作为20世纪最伟大的发明之一，相比于其他交通工具，具有飞行速度快、航程半径大、不受地形限制等突出特点。在战争中，飞机的高速度可以实现作战的突然性，使敌军难以预先组织防御，容易实现己方的作战目的。飞机的大航程使战争的影响不再局限于地面火炮的射程之内，战场将不再区分前线和后方，交战国的整个国境都可能受到敌方的攻击。另外，飞机拓展了作战的空间维度，使兵力、火力的投送不再受地形的限制，理论上可从任意方向对敌地面目标发起攻击。在力量有限的情况下，敌军必定会产生防御漏洞，从而为己方的攻击创造机会。

1903年，美国莱特兄弟研制的飞机首次实现空中的持续飞行，开创了人类航空史的新纪元。随后，意大利的杜黑将军初创了制空权理论。制空权是指交战一方在一定时间内对一定空域的控制权。海湾战争中，美国空军部队的最高指挥官查尔斯·霍纳将军（General Charles Horner）曾说过“If you don’t control the air, you’d better not go to war”。但是，获取制空权不是战争的目的，而是作战的手段。毫无疑问，夺取制空权后，接下来所做的就是从容地打击对方的地面目标。

1911年11月1日，意大利的加沃蒂少尉驾驶“布莱里奥”飞机向土耳其军队阵地投掷了弹药，这是历史上的首次对地轰炸。在之后的战争中，作战双方的对地攻击行动变得一发不可收拾。在现代战争中，弹药作为对敌硬杀伤的主要手段，正在经历快速的发展阶段。从手掷炸弹、传统航空炸弹、巨型炸弹，再到子母炸弹、钻地炸弹、云爆炸弹等，航空弹药战斗部的毁伤威力不断增强，与目标的针对性更加突出。随着微电子技术、雷达技术、光电技术、自动控制技术、目标识别技术、卫星导航技术、惯性导航技术、数据链技术等先进科技的发展，航空弹药的命中精度和智能化程度不断提高，以往需要多架次、大量弹药才能完成的作战目标，目前仅靠一两枚航空制导弹药就能实现。随着地面防空技术的进步，为了确保载机安全，空对地打击弹药的射程不断提高。小型涡喷、涡扇发动机在远程空射巡航导弹上的广泛应用，使这些导弹的射程轻松就能达到 1 000 km 以上，而这一距离是目前的地面防空导弹系统所难以企及的。另外，在低可探测性、超音速末段飞行、经济可承受性等方面，空对地打击弹药也有了长足的进步。

综上所述，就目前的装备现状而言，在空/地之间矛与盾的较量中，空中力量暂时占据一定技术优势。在空对地打击弹药的严酷压迫下，单纯依靠地面防空力量，已难以确保自身的国家安全。本书力图从工程技术的角度总结作者及所在团队多年的工程实践，虽然全书以空对地打击弹药作战运用为主线，但书中的思路和方法在弹药作战运用领域仍具有普遍的意义。

本书可作为地方理工科高校、军队院校相关专业学生学习弹药作战运用知识的教材，也可作为部队官兵岗位能力提升和知识拓展更新的学习资源。

本书主要由甄建伟、陈玉丹、孙福、贾帅等编著。其中甄建伟编写了第 2、8、9、10 章，陈玉丹编写了第 4、6、7 章，孙福、甄建伟共同编写了第 3、11 章，贾帅、甄建伟共同编写了第 1、5 章，张晓良、黄凰、周晓东、陈玉成分别参与了第 2、3、5、10 章的编写。

本书虽然是在查阅大量资料的基础上编写而成的，但由于涉及的技术领域十分广泛，作者的水平及所能获取的资料又很有限，因而书中难免有不当之处，敬请读者批评指正，不胜感谢。

作　者

2020 年 3 月

目 录
CONTENTS

第1章 绪　论

1.1 现代战争与空中力量

1.1.1 现代战争的开端

随着航空技术的进步，空中力量获得了飞速的发展，并引起了当今战争形态的变化。空中力量经过百年的发展，已从陆军和海军的附属地位转变成现代高技术战争的主体力量之一。近年来的局部战争主要是从空中发起的，并且空中打击在整个战争中的地位作用更加突出，以下是几个战争实例。

在1991年的海湾战争中，从1月17日开始，以美军舰艇发射巡航导弹、AH-64武装直升机发射Hellfire空对地战术导弹、F-117隐形战机投射制导炸弹为开端，拉开了战争的序幕。在42天的空袭中，以美国为首的多国部队以较小的代价取得了决定性的胜利，重创了伊拉克军队。美军舰艇发射巡航导弹和F-117隐形战机投射制导炸弹的场景如图1-1所示。

图1-1　美军舰艇发射巡航导弹和F-117隐形战机投射制导炸弹的场景

在1999年的科索沃战争中，北约部队使用各种炸弹，从空中对南斯拉夫进行了78天的不间断轰炸。从3月24日，东部标准时间2:00开始，北约对科索沃进行空袭和远程导弹的攻击，摧毁了南斯拉夫的指挥控制中心、防空系统、军事基地，以及交通系统、电力系统等基础设施，最终迫使南斯拉夫屈服。

在2001年的阿富汗战争中，“持久自由”作战行动从10月7日开始，其中第一阶段包括针对多个目标的空袭，以及针对31个目标使用“战斧”巡航导弹的攻击。攻击的目标包括机场、雷达站、地空导弹发射装置、基地组织和塔利班的指挥机构、军事要塞等。

在2003年的伊拉克战争中，美英联军对伊拉克的军事打击是以名为“斩首行动”的空袭开始的。“斩首行动”的作战原则最早由英国军事家富勒提出，强调对敌方的指挥员和指挥控制系统进行毁灭性的打击，从而达到擒贼先擒王的目的。2003年3月20日凌晨5:34(巴格达时间)，美国空军的F-117隐形战机使用2 000磅（1磅≈0.453 6千克）级的JDAM（joint direct attack munition）联合直接攻击弹药攻击了伊军重要目标，拉开了战争的序幕。随后，根据战争需要，联军又进行了“震慑行动”和配合地面作战的空袭。

从以上实例可以发现，空中打击和舰载巡航导弹的运用是战争发起的先导，两种打击手段均具备打击的突然性，能够实现攻其不备的效果。但受巡航导弹造价昂贵、库存量较少的限制，在随后的作战中将更倚重空中打击手段。

1.1.2 空中力量的核心任务

根据各国部队编成的不同，空中力量不仅配属于空军，也可以存在于陆军、海军以及其他军种。但是，空中力量的核心任务主要涵盖制空、攻击、空中机动、ISR（intelligence、surveillance & reconnaissance，情报、监视、侦察）四个方面。这四个大的方面还可细分为进攻性制空（offensive counter air，OCA）、防御性制空（defensive counter air，DCA）、战略轰炸（strategic attack or strategic bombing）、近距空中支援（close air support，CAS）、空中封锁（air interdiction，AI；deep air support，DAS）、对面攻击（anti-surface warfare，ASuW or ASUW）、反潜作战（anti-submarine warfare，ASW）、信息战（information operations）、航空后勤支援（air logistic support）、空降作战（airborne operations）、空中加油（air-to-air refueling）、航空医疗后送（aeromedical evacuation）、ISR共13种任务，见表1-1。

表1-1 空中力量的核心任务

制空		攻击						空中机动				ISR
进攻性制空	防御性制空	战略轰炸	近距空中支援	空中封锁	对面攻击	反潜作战	信息战	航空后勤支援	空降作战	空中加油	航空医疗后送	情报、监视、侦察

下面分别对空中力量的13种核心任务做简要介绍。

1. 进攻性制空

进攻性制空，是指通过对敌方空中力量进行攻击，使停驻的飞机、机场跑道、航空燃料库、机库、空管设施及其他航空基础设施瘫痪或被摧毁，从而压制敌方的空中力量。进攻性制空任务是取得制空权的最重要方式。

另外，采用空对空作战方式，将目标空域的敌方战机清除，即所谓的空中战斗巡逻（combat air patrol），通常也被认为进攻性制空任务，但这被视为相对缓慢和昂贵地取得制空权的方式。因为，一枚空对地弹药可以在很短的时间内摧毁或瘫痪多架地面停驻的飞机，而对于空中的飞机，一枚空对空导弹能击落一架，已算是很高的效率了。另外，空对地攻击弹药通常比更加复杂的空对空弹药要便宜一些。除此之外，已经起飞的敌机代表着一个迫在眉睫的威胁，因为它们通常在执行攻击己方目标的任务，若能将其在起飞前摧毁，可以降低自身受到攻击的风险。

自第一次世界大战以来，进攻性制空作战就一直被使用，并延续至今。在 1967 年的六日战争中，以色列出动全部空军，对埃及、叙利亚和约旦发动突然袭击，阿拉伯国家的 25 个空军基地损失严重。在开战后的 60 h 内，以色列就击毁敌方飞机 451 架，其中埃及作战飞机损失达到 95%，而以色列仅损失了 26 架飞机。在攻击过程中，以色列飞行员遵循“先打跑道，后打飞机”的原则，首先毁伤机场跑道，让飞机无法升空作战，最终在地面被消灭。在 1971 年的印巴战争期间，巴基斯坦发起的“成吉思汗行动”，对印度空军的 11 个基地进行了突袭，摧毁了印军大量装备。虽然进攻性制空任务主要通过空袭方式执行，但也不仅限于空中行动。例如，越南战争期间，越共用迫击炮成功摧毁了多架美国飞机。2018 年，美军对叙利亚中部霍姆斯省的沙伊拉特空军基地进行了精确打击，使用了大量的海基“战斧”巡航导弹，摧毁了大量飞机、机堡及其他航空保障设施。

2. 防御性制空

防御性制空，与进攻性制空相对应，主要指的是保护己方领土、人员、装备和物资不受敌方飞机、导弹的入侵和袭扰。防御性制空通常由地对空导弹和高射火炮来实施，但也包括由空中力量执行的防御性空中巡逻。

防御性制空是使敌方空中行动失效或效力降低的有效方法。对大多数国家而言，防御性制空主要是指国土防空，其中对导弹的防御是防御性制空任务的拓展。

3. 战略轰炸

战略轰炸，是在对敌全面战争中使用的一种军事手段。其目的是通过破坏敌人的经济和军事生产能力，以及摧毁敌人的士气，来击败敌人。它是一种系统地从空中组织和执行的攻击方式，可以利用战略轰炸机、远程或中程导弹以及战斗轰炸机，攻击对敌人作战能力至关重要的目标。战争的目的之一是使敌人士气低落，以便使其因向往和平而无条件投降，因为这比继续与之战斗更为可取。

4. 近距空中支援

近距空中支援，是指由固定翼或旋转翼飞机对接近己方地面部队的敌方目标实施空中打击行动。由于敌我位置接近，火力转移是近距空中支援的重要影响因素，任务的执行需要与己方地面部队进行密切协调。

5. 空中封锁

空中封锁，又称空中阻滞或深度空中支援，是指为了延迟、阻碍敌军进入目标战场，而对非直接威胁的敌方目标进行预防性的空中打击。空中封锁是空军力量的核心能力。对目标战场进行暂时屏蔽，阻断该战场与周围作战区域的联系，阻挡敌方外部支援，可将目标区域置于一个相对孤立的环境下，从而为己方部队在该地区作战目的的实现提供更好的战场条件。

根据作战目标的不同，空中封锁可分为战术空中封锁和战略空中封锁。典型的战术空中封锁针对即时的、局部的目标，如在通往目标战场的途中，直接打击敌方的增援部队或补给装备、物资等。与之相比，战略空中封锁往往针对广泛的、长期的目标，较少对敌人的作战能力进行直接攻击，而主要侧重于打击敌方基础设施，以及后勤和其他支援性设施。

空中封锁与近距空中支援相比，近距空中支援是对与己方地面部队密切接触的敌军实施打击；空中封锁更多的是基于战役规划，而不是直接与地面部队联合作战。需要注意的是，尽管空中封锁比近距空中支援更具战略意义，但不应将其与和地面作战无关的战略轰炸混为一谈。

6. 对面攻击

对面攻击，属于对海作战行动的一部分。对面攻击是利用各种武器装备攻击敌方水面舰艇或限制其发挥效力的行动，可以从空中、水面、水下、海岸等位置发起，其中由舰载航空兵和岸基航空兵发起的对面攻击行动更为高效。

7. 反潜作战

反潜作战，属于水下作战行动的一部分。反潜作战是指由水面舰艇、飞机或潜艇来发现、跟踪、威慑和毁伤敌方潜艇的行动，其中使用飞机进行反潜作战只是对敌潜艇攻击的手段之一。

8. 信息战

信息战，是为夺取和保持制信息权而进行的斗争，亦指战场上敌对双方为争取信息的获取权、控制权和使用权，通过利用、破坏敌方和保护己方的信息系统而展开的一系列作战活动。信息战可直接或间接地支援军事作战行动，具体包括电子战（electronic warfare，EW）、计算机网络战、心理战、军事欺骗等方式。

电子战是信息战的重要组成部分，是指利用电磁波谱或定向能量来控制波谱，攻击敌人或阻碍敌人攻击的行动。电子战的目的是消除敌方的电磁优势，并确保己方畅通无阻地利用电磁波谱。电子战可以由空中、海上、陆地或空间的载人或无人系统来实施，主要针对人员、通信系统、雷达或其他装备。从空中发起对敌电子战已成为现代战争的重要方式，如美国海军的EA-18G“咆哮者”装备有ALQ-281V（2）战术接收机和ALQ-99战术电子干扰吊舱，通过分析干扰对象的调频图谱自动追踪其发射频率，而后采用长基线干涉测量法对辐射源进行精确定位，最终实现跟踪—瞄准式的精确干扰，据称可有效干扰160 km外的雷达及其他电子装备。

9. 航空后勤支援

在军事领域中，是否能维持己方供应线、切断敌方供应线对战争的胜败起着至关重要的作用。航空后勤支援，与通常的地面后勤保障相比，具有支援速度快、受地形影响较小的优点，深受在航空运输领域突出的军事强国喜爱。

10. 空降作战

空降作战，是指作战部队从空中突然降落到预定地域，对敌实施攻击的行动，包括伞降和机降两种形式，两种形式都离不开空中力量作为载体。

11. 空中加油

空中加油，是指在飞行中通过加油机向其他飞机补充燃料的行动，它可以显著提高受油战机的续航能力，在战略、战术航空兵部队作战中均有极其重要的支援作用，可增强航空兵的机动能力和打击能力。

12. 航空医疗后送

航空医疗后送，是指战时依靠航空力量将伤病员从火线送往后方医疗机构，实施分级救治的活动。采用航空医疗后送方式，可缩短伤病员获得医疗救助的时间，对于提高伤病员的生存概率、保持战斗人员的斗志有很大作用。航空医疗后送任务主要由旋翼机承担。

13. 情报、监视、侦察

情报、监视、侦察，其中情报是指对外国、敌对或潜在敌对力量或其部门、实际或潜在作战地域的信息进行收集、处理、综合、评估及诠释后得到的产品和行动；监视是指通过视觉、听觉、电子、照相或其他手段，系统地观察某个或某些空域、空间区域、地球表面区域、水下和地下区域、位置、人群或事件时所采取的行动，它通常指长久观察和注视，主要针对时间敏感目标，突出持续性和全面性，美国空军的 E-8C JSTARS 就是一种典型的监视手段；侦察是指通过视觉观察或其他探测方法，获取敌方或潜在敌方活动和资源的具体信息，或者极力获取某特定区域的气象、水文和地理资料的行动，它主要针对敌方特定目标、区域和任务，特别是固定目标或固定的电磁目标，如美国空军的 R 系列飞机主要执行侦察任务，RQ-4“全球鹰”无人侦察机可实施成像侦察，RC-135 电子侦察机可对敌方雷达和通信设置实施侦察。

综上所述，在空中力量具体执行的 13 种任务中，进攻性制空、战略轰炸、近距空中支援和空中封锁均以空对地打击为主要内容，这也是空中力量“硬”打击任务的重要组成部分。

因此，本书主要针对空对地精确打击弹药，在分析现代战场目标的前提下，阐明空对地打击弹药体系构成，依托常规弹药的爆炸毁伤效应，分别研究各种类型空对地打击弹药的工作原理、典型型号、战场运用，并列举部分弹药的运用实例，以期在空对地“硬”打击体系构成上，为未来空中作战力量编成、技战术操作等方面提供参考和借鉴。

1.2　空对地打击弹药现状

空对地打击弹药是从空中发射用于打击地面目标的弹药，是现代战争中灵活高效的打击手段，是战场上毁伤目标的急先锋。在军事科技的大力推动下，空对地打击弹药技术在精确命中、高效毁伤、远程投射等方面发展迅速，能够在防区外对敌方目标实施精确命中并摧毁。但受恶劣环境、干扰对抗、特征伪装、目标机动等因素的影响，空对地制导弹药并不能做到制造商所声称的“One target, One bomb”（一个目标，一枚炸弹）的评语，甚至在某些时候，战机难以实施弹药投射作业，不得不无功而返。本节重点从精确命中能力、高效毁伤能力和远程投射能力三个方面，对空对地打击弹药的现状进行简要分析。

1.2.1　精确命中能力

为了实现远距离精确命中目标，机载弹药需要采用一定的制导技术。

1. 目标感知技术

制导技术的根本是要感知目标的存在。早期空对地制导弹药采用能量探测方式感知目标的存在，探测的能量可以是目标本身辐射的能量，以红外特征为主，也可以是目标指示器照射目标后从目标反射的能量。对于空对地制导弹药，由于地面目标背景复杂，单纯依靠探测目标自身释放能量的方式容易被干扰或欺骗，所以一般采用探测目标反射的激光指示器的能量。例如，1968 年美军首次在越南战场使用 Paveway Ⅰ激光制导炸弹，直接命中固定点目标的概率接近 50%，远大于非制导炸弹的 5.5%。激光制导炸弹一般采用半主动激光制导方式，在制导过程中需要弹药载机或支援飞机上的激光目标指示器发出激光，对目标进行照射，导引头探测到目标反射的激光光斑，进行制导并命中目标，这种方式的缺点是不能实现“发射后不管”。目前，美军的 Paveway 激光制导炸弹已发展为包含多个型号的系列产品，图 1-2 展示的是美军的 Paveway Ⅲ激光制导炸弹。

为了实现空对地导弹的自动寻的，并有效对抗外界干扰，将成像探测技术应用于空对地制导弹药领域是非常必要的。1972 年，美空军开始装备的 AGM-65 Maverick 系列空对地战术导弹就是成像探测方式的典型代表，在北约军队中应用广泛，是一种高效的近距离空中支援导弹，具备“发射后不管”的能力。其中 Maverick A/B 型空对地导弹采用对比度光电探测器，能够自主攻击目标，但仅能在白天使用，这种制导方式受激光制导和 GPS（global positioning system，全球定位系统）制导技术迅速发展的影响，应用范围较小。与这种方式相区别，AGM-62 Walleye 空对地导弹虽然也使用对比度光电探测器，但采用“人在回路”的制导方式，导弹与载机通过数据链相连，机载人员可根据回传图像控制导弹飞向目标，这种制导方式通常称为电视型制导，如图 1-3 所示。

图 1-2　Paveway Ⅲ激光制导炸弹

图 1-3　AGM-62 Walleye 电视型制导导弹

AGM-65 Maverick D/F 型导弹则采用红外成像探测器，不仅增大了探测距离，而且昼夜均可使用。Maverick H 型导弹采用 CCD（charge coupled device，电荷耦合器件）探测器，更适合在沙漠环境中使用。AGM-65 Maverick 空对地导弹如图 1-4 所示。这类成像探测型导弹，抗干扰能力显著增强，能够有效对抗敌方有源干扰。

GPS/INS（inertial navigation system，惯性导航系统）制导技术虽不依赖目标自身发射或反射的电磁能量，但由于定位卫星组网的完善、器件制造工艺的成熟和成本的下降，GPS/INS 技术现已大量应用于空对地弹药。例如，美军从 1997 年装备至今的 JDAM 联合直接攻击弹药，它是在常规炸弹的基础上加装 GPS/INS 弹尾制导组件，从而具备恶劣天气下，全天候精确打击固定目标的能力。图 1-5 所示为在 Mk 84 常规炸弹上加装弹尾 GPS/INS 组件的 GBU-31 制导炸弹。

图 1-4　AGM-65 Maverick 空对地导弹

图 1-5　在 Mk 84 常规炸弹上加装弹尾 GPS/INS 组件的 GBU-31 制导炸弹

2. 制导控制技术

导弹的飞行控制方式有很多种，如舵翼、脉冲推力发动机等，但空对地导弹的飞行控制多采用舵翼方式。这是因为空对地制导弹药对初始投射精度要求低，只需概略瞄准，且弹药飞行时间一般较长，舵翼控制方式可实现全程控制，并具有一定的滑翔增程功能，特别适合空对地投射的弹药。例如，JSOW 制导弹药的控制尾翼如图 1-6 所示。

图 1-6　JSOW 制导弹药的控制尾翼

1.2.2　高效毁伤能力

空对地打击弹药造价昂贵，攻击目标范围必须在设计之初就应明确，因此在弹药毁伤能力的设计研制方面考虑会更加周密。空对地打击弹药的高效毁伤能力主要与战斗部类型和控制弹目交汇的引信有关，其中战斗部类型主要包括以下五类。

1. 杀爆战斗部

为了节省研发成本，有效利用老旧弹药，很多国家在常规炸弹的基础上加装制导组件，从而研制出空对地制导弹药。例如，美军的 Paveway 激光制导炸弹和 JDAM 弹药使用的 Mk 80 系列常规炸弹见表 1-2。

表 1-2　美军的 Paveway 激光制导炸弹和 JDAM 弹药使用的 Mk 80 系列常规炸弹

弹药类型	GBU-58 Paveway Ⅱ	GBU-10 Paveway Ⅱ	GBU-12D Paveway Ⅱ	GBU-16B Paveway Ⅱ	GBU-24B Paveway Ⅲ	GBU-38 JDAM	GBU-32 JDAM	GBU-31 JDAM
战斗部类型	Mk 81	Mk 84	Mk 82	Mk 83	Mk 84	Mk 82	Mk 83	Mk 84
战斗部重量 /kg	119	925	227	460	925	227	460	925
装药重量 /kg	44	429	87	202	429	87	202	429

其中，GBU-24 激光制导炸弹采用 2 000 磅级 Mk 84 常规炸弹作为战斗部，如图 1-7 所示，其中 Mk 84 全重 925 kg，但装填有 429 kg Composition H6 炸药，装填系数非常大，是典型的杀爆战斗部，主要依靠爆炸产生的冲击波和高速破片杀伤目标。

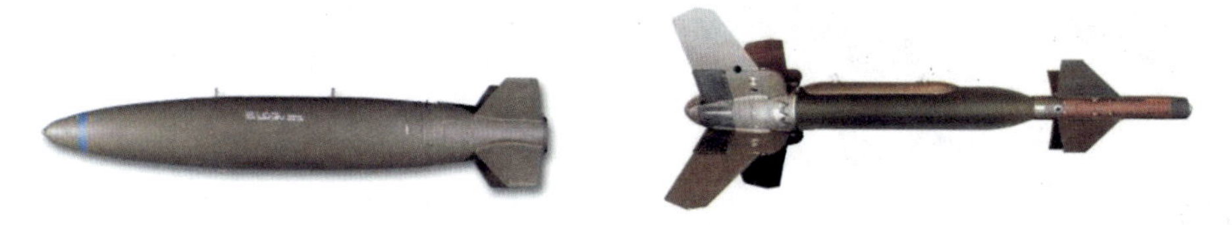

图 1-7　Mk 84 常规炸弹及 GBU-24 激光制导炸弹

2. 成型装药战斗部

成型装药战斗部是利用聚能效应，主要用于打击坦克等装甲目标。如美军装备的 AGM-114 Hellfire 是一种 100 磅级空对地导弹，如图 1-8 所示。其采用成型装药战斗部，战斗部重量 8 ~ 9 kg，能够高效毁伤当前战场上的坦克目标。

图 1-8　AGM-114 Hellfire 空对地反坦克导弹

3. 子母战斗部

受子弹药未爆率较高、严重危害平民安全等因素影响，子母弹药广受国际社会谴责，但由于其高效的毁伤能力，至今多个国家仍在大量使用。如美军 AGM-154A 空对地制导弹药，装载有 145 枚 BLU-97/B 型联合效应子弹药，该制导弹药释放子弹药的过程如图 1-9 所示。

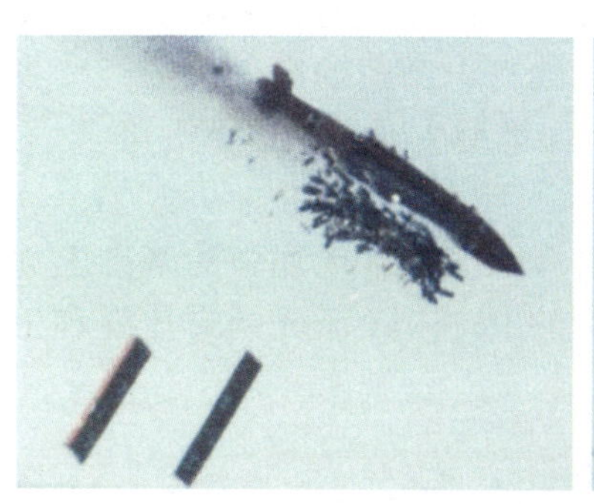

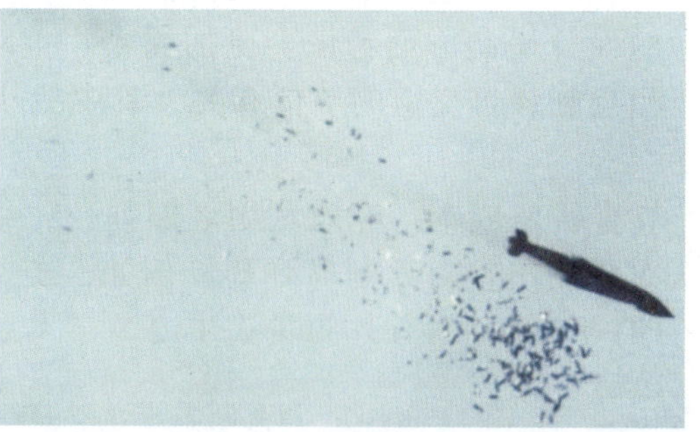

图 1-9　AGM-154A 制导弹药释放子弹药的过程

4. 侵爆战斗部

毁伤敌方高层指挥官的指挥中心、地下核设施等目标是现代战争首要实施的打击行动，而这些目标一般位于深层地下，并有钢筋混凝土结构的保护，常规战斗部难以摧毁。侵爆战斗部就是为了这一目的研发的，首先强侵彻体钻入地下，当到达目标深度后再实施爆炸毁伤。典型的弹种包括 GBU-28 激光制导炸弹、GBU-57A/B（MOP）精确制导弹药等。

在海湾战争中，美军为打击萨达姆的地下指挥所而紧急研发的 GBU-28 激光制导炸弹如图 1-10 所示，就是采用 BLU-113 型侵爆战斗部，弹径 38.8 mm，战斗部长 3.89 m，重 2 002 kg，但仅装填 293 kg 高爆炸药，对钢筋混凝土的侵彻能力超过 6 m。

5. 云爆战斗部

云爆战斗部内主要装填云爆剂，云爆剂是一种燃料空气炸药（fuel air explosive，FAE），这种装药本身不含氧化剂，依靠与外界空气混合，可发生氧化反应放出能量，实现对外界做功。云爆战斗部具有装药效率高、爆轰体积大、压力衰减缓慢等特点，具有很强的杀伤能力。典型的空对地云爆弹药包括美军的 MOAB、俄罗斯的“炸弹之父”等。其中，美军的 MOAB 炸弹被称为高威力空中引爆炸弹（massive ordnance air blast bombs），它是一种由低点火能量的高能燃料装填的特种常规精确制导炸弹，又称“炸弹之母”，如图 1-11 所示。该型弹药采用 GPS/INS 复合制导，装药重量 8 200 kg，杀伤半径 150 m，爆炸中心的温度为 2 500℃，威力相当于 11 t TNT 当量。

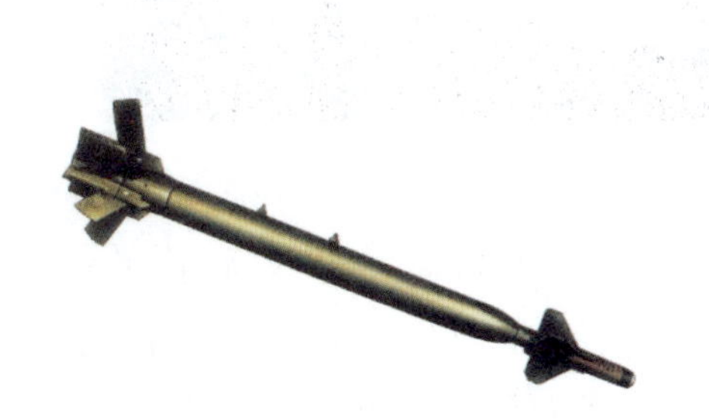

图 1-10　GBU-28 激光制导炸弹

图 1-11　美军的 MOAB 空对地制导炸弹

1.2.3　远程投射能力

随着现代防空导弹防御范围的逐渐增大，对载机的威胁也越来越大，各国空军都在迫切构建防区外打击地面目标的能力。

1. 防空系统射程

随着军事科技的迅速发展，各军事强国均已建立起远、中、近程相衔接的综合防空体系。典型防空系统打击范围见表 1-3。

表 1-3　典型防空系统打击范围

防空导弹	Avenger	SA-15 Gauntlet	HQ-7B	Buk	HQ-16	Patriot PAC-3	Buk M2E	S-300V	HQ-9	Patriot PAC-2	THAAD	S-400 Triumph
最大射程 /km	4 ~ 8	5 ~ 12	15	20.5	40	40	45	100	125	160	150 ~ 200	400
射高 /km	3.5 ~ 3.8	4 ~ 6	6	25	18	20	25	30	27	25	25	56
类属	近程	近程	近程	中程	中程	中程	中程	远程	远程	远程	远程	远程

从表 1-3 发现，远程防空导弹的射程已达到 400 km，为了满足载机弹药投射过程的安全性要求，有必要针对空对地打击弹药研制开发远程投射技术。

2. 远程投射技术

为了提高载机的生存性，必须增大空射弹药的射程。目前常用的方式包括弹翼滑翔增程、固体火箭发动机增程、涡轮风扇发动机增程等，其中涡轮风扇发动机增程是最有效的方式，但成本也更昂贵。

对于无动力和弹翼的空射制导弹药，主要依靠投射高度和载机速度，因此射程非常有限，图 1-12 所示的 GBU-10 Paveway Ⅱ激光制导炸弹，射程仅为 14.8 km。

1997 年在美军服役的 GBU-31 JDAM 联合直接攻击炸弹，由于没有弹翼，仅依靠弹尾制导组件实现有限的增程，使射程达到 28 km，如图 1-13 所示。

图 1-12　GBU-10 Paveway Ⅱ激光制导炸弹

图 1-13　GBU-31 JDAM 炸弹的弹尾制导组件

对于空对地制导弹药，弹翼滑翔方式是很好的增程方法，它可充分利用弹体本身的势能，高效便捷地实现增大射程。典型的弹翼滑翔增程空对地制导弹药包括 GBU-39、GBU-53、AGM-154 等。AGM-154（JSOW）联合防区外武器是美国 Raytheon 公司为美国海、空军联合研制的低成本中程空射精确制导武器，从 1998 年服役至今，如图 1-14 所示。此型弹药采用滑翔增程方式，翼展 2.7 m，在高空投射时射程可达 130 km。

空对地制导弹药中，有一种专门打击敌方防空雷达系统的弹药，即空射反辐射导弹。对于这种导弹要求射程远、速度快，因此多采用固体火箭发动机，以满足在防区外快速打击敌方雷达等移动目标或可快速重新部署目标的要求。典型的空射反辐射导弹有 AGM-78、AGM-88 等型号。美军于 1983 年装备至今的 AGM-88 导弹，是一种高速战术空地反辐射导弹，使用 Thiokol SR113-TC-1 型双推力固体火箭发动机，射程可达 150 km，如图 1-15 所示。结合具体的战术运用，此型导弹虽基本可以保证载机的安全，但仍存在一定的风险。

图 1-14　AGM-154（JSOW）联合防区外武器

图 1-15　AGM-88E 先进高速反辐射导弹

目前，为了真正实现载机在防区外发射空对地导弹，在导弹上装备涡轮风扇发动机可能是最可行的方式。典型弹种有 AGM-86、AGM-158 等。AGM-86（ALCM）是美国 Boeing 公司研制的空射亚音速巡航导弹，从 1982 年在美军服役至今，具备防区外投射能力，可极大提高载机生存能力。此型导弹翼展 3.7 m，装配 F107-WR-101 型涡轮风扇发动机，推力为 2.7 kN，可使 AGM-86B 型导弹在 0.73 Mach（1 Mach=340 m/s）飞行时，射程大于 2 400 km，使高亚音速飞行的 AGM-86C 型导弹射程达到 1 100 km。AGM-86 型空射巡航导弹及其装配的涡轮风扇发动机如图 1-16 所示。

图 1-16　AGM-86 型空射巡航导弹及其装配的涡轮风扇发动机

根据增程方式的不同，表 1-4 列举了典型空射制导弹药的射程及动力系统情况。

表 1-4　典型空射制导弹药的射程及动力系统情况

弹种型号	GBU-10	JDAM	GBU-53	GBU-39	AGM-154	AGM-78	AGM-88	AGM-158	AGM-86C
最大射程 /km	14.8	28	72	110	130	90	150	1 000	1 100
动力方式	无动力	无动力	弹翼滑翔	弹翼滑翔	弹翼滑翔	火箭发动机	火箭发动机	涡扇发动机	涡扇发动机

总之，空对地打击弹药射程的增加，将极大增加载机的生存能力，减轻空勤人员的心理负担，提高对地面目标的打击效率。

第2章 战场目标及空对地打击弹药体系

战场目标是军事行动中射击、突击或攻击的对象，发现、选择、毁歼目标是射击行动的最终目的。

2.1 现代战场打击目标集

现代战场的目标种类繁多，按物性可分为有生目标、装甲目标、技术装备、野战工事、永备工事、设施和建筑等。发动战争的最终目标是通过对敌方目标的打击以达成己方的某种目的。因此，战场目标不仅包括与军事直接相关的目标，也包括民用的相关设施、设备等。为了系统地研究现代战场上的目标特点，本章以近年来的几次高技术局部战争为例进行分析。

2.1.1 海湾战争中的打击目标集

海湾战争是以美国为首的联军对伊拉克军队进行的现代高科技局部战争，它主要包括沙漠盾牌行动、沙漠风暴行动和海上拦截行动，最终联军以微小的代价重创了伊拉克军队，取得了决定性胜利。以1991年海湾战争中的沙漠风暴行动为例，整个战争共分为四个阶段，其阶段划分及具体任务见表2–1。

表2–1 沙漠风暴行动的阶段划分及具体任务

阶段划分	第1阶段	第2阶段	第3阶段	第4阶段
阶段任务	战略空袭	夺取制空权	战场准备	地面进攻
具体内容	打击伊军重要目标	在科威特战区内取得空中优势，与第1阶段同时开始	攻击伊拉克地面部队，其中包括共和国卫队	联军地面部队可得到联合空军的支持

在整个沙漠风暴行动中，战略空袭阶段最为重要，其行动指南包括五个方面，分别是：①孤立并使伊拉克政权丧失行动能力；②获得并保持空中优势，以确保空中行动不受阻碍；③摧毁伊军的核生化作战能力；④通过摧毁关键的军事工厂、能源系统和基础设施来削弱伊拉克的军事持续能力；⑤使伊拉克军队及其在科威特的机械化装备失效，并导致其崩溃。依托以上五个方面，其行动指南及打击的具体目标见表2–2。

表 2–2　战略空袭阶段的行动指南及打击的具体目标

序号	行动指南	打击的具体目标
1	孤立并使伊拉克政权丧失行动能力	领导指挥设施
		电力生产设施的关键方面，包括军事电力设施和与军事相关的工业系统
		电子通信和 C3 系统
2	获得并保持空中优势，以确保空中行动不受阻碍	战略综合防空系统，包括雷达站、地面防空导弹和防空系统控制中心
		空军部队和机场设施
3	摧毁伊军的核生化作战能力	已知的核生化研究、生产和储存设施
4	通过摧毁关键的军事工厂、能源系统和基础设施来削弱伊拉克的军事持续能力	军事生产和储存设置
		飞毛腿导弹和发射装置，及其生产和储存设施
		原油提炼设施，削弱其对长期军事能力的供应
		海军部队和港口设施
5	使伊拉克军队及其在科威特的机械化装备失效，并导致其崩溃	为军事力量提供后勤保障相关的铁路和桥梁
		在科威特作战地区的陆军部队，其中包括共和国卫队及其司令部

根据以上战略空袭阶段的具体打击目标，可将目标类型分为四类，见表 2–3。

表 2–3　战略空袭阶段的打击目标分类

序号	目标类型	打击的具体目标
1	指挥部门	萨达姆·侯赛因的指挥和电子通信设施
2	关键生产部门	电力、炼油、成品油、核生化及其他军事生产和军事储存设施
3	作战部队	防空系统、海军、作战飞机、地对地导弹、机场等
4	基础设施	铁路、港口和桥梁等

联军指挥机构对每个类别的目标，在打击方案中都进行了明确，其中包括目标信息、攻击武器类型、打击时间等，战斗人员只需按照方案和程序实施即可。

2.1.2　科索沃战争中的打击目标集

1999 年的科索沃战争是一场由科索沃民族矛盾引发的战争，以美国为首的北约凭借绝对优势的空中打击力量，对南斯拉夫的军事目标和基础设置进行了 78 天的轰炸，造成了数千亿美元的经济损失。科索沃战争作为 20 世纪末的一场高科技局部战争，对国际战略格局和军事理论的发展产生了重要影响。

在盟军开始行动时，北约为其在科索沃使用武力制订了具体的战略目标。在经过北约理事会的一致修改同意后，它们成为对米洛舍维奇停火的条件基础。这些目标有以下几个。

（1）展示北约反对贝尔格莱德在巴尔干地区的侵略的严肃性。

（2）阻止米洛舍维奇继续和升级对无助平民的攻击，并创造条件扭转他的种族清洗政策行为。

（3）摧毁塞尔维亚在未来向科索沃或其邻国发动战争的能力。

盟军的行动包括以下五个阶段。

第一阶段——转移空军部队到他们的作战机场。

第二阶段——对指定的军事目标进行有限的空中打击。这个阶段开始于对整个南斯拉夫共和国的综合防空系统的攻击。

第三阶段——袭击扩大到在科索沃的安全部队和增援部队。

第四阶段——空袭目标扩大到更广泛的高价值军事和安全部队。

第五阶段——根据需要重新部署军队。

空中打击行动同时在两个方面进行：第一方面包括攻击综合防空系统、指挥控制系统、南斯拉夫军队、南斯拉夫内卫部队、军事供应路线，以及赖以维持的基础设施和资源；第二方面包括攻击在科索沃部署的军队，并隔离阻断其与那里的塞尔维亚军队的联系。根据以上打击目标，可将其分为指挥部门、作战部队、基础设施以及关键生产部门四种类型，见表 2-4。

表 2-4　科索沃战争中空中打击目标的分类

目标类型	指挥部门	作战部队				基础设施以及关键生产部门	
打击目标	指挥控制系统	综合防空系统	南斯拉夫军队	南斯拉夫内卫部队	在科索沃部署的军队	军事供应路线	赖以维持的基础设施和资源

2.2　战场目标的特征分析

从海湾战争和科索沃战争可以看出，美军及其盟友攻击的地面目标的范围是非常宽泛的。但从空对地打击方面分析，确定打击目标时主要应考虑目标的尺寸大小、目标的坚固程度、目标的机动水平、目标的背景环境和目标的遮蔽措施等因素。

2.2.1　目标的尺寸大小

在绝对数值上，战场目标的尺寸大小变化非常大，如单兵可小到 1 m^2 左右，而大型建筑可达到数千甚至上万平方米。目标的相对尺寸与弹药战斗部的威力大小直接相关。如果目标的幅员（线长、面积和体积）小于或接近单发弹药的毁伤幅员，就可称为点目标；相反，目标的幅员远大于单发弹药的毁伤幅员，就可称为面积目标。通常，对于面积目标，往往需要多发弹药才能彻底将其摧毁。

2.2.2　目标的坚固程度

目标的坚固程度是指目标在遭受弹药打击作用后仍保持其原结构、强度、功能的能力。目标的坚固程度不仅与其自身有关，还与弹药的毁伤能力、弹目交汇情况、目标所处环境等因素相关。例如，对于坦克等具有坚固装甲的目标，使用小口径弹药很难穿透其主装甲，只能采用大口径的穿甲弹或破甲弹才有可能毁伤这类目标。再如，杀爆弹在地面触发爆炸时，会对杀伤半径内暴露的人员目标产生很大危害，但如果人员隐藏在壕沟内，将大大降低被杀伤的概率。

2.2.3　目标的机动水平

按目标的机动水平，可将地面目标分为三类，即固定目标、可移动的部署类目标和移动目标。

（1）固定目标。固定目标是指不能移动的目标，如机场跑道、建筑物、桥梁等，这类目标虽然容易遭受敌方火力的锁定和攻击，但通常目标的坚固程度较高。位于土耳其境内的 Izmir 空军基地（站）如图 2-1 所示。

图 2-1　位于土耳其境内的 Izmir 空军基地（站）

（2）可移动的部署类目标。可移动的部署类目标是指能够实施机动，但通常在固定部署情况下运用的目标。例如，英军装备的“轻剑”近程防空导弹系统、美军装备的“爱国者”防空导弹系统如图 2-2 所示。

（a）

（b）

图 2-2　“轻剑”近程防空导弹系统和“爱国者”防空导弹系统

（a）“轻剑”近程防空导弹系统；（b）“爱国者”防空导弹系统

（3）移动目标。移动目标是指能够灵活机动的目标，如坦克、步兵战车、Humvee 军车等，这类目标通常具有很强的地面机动性能。美军装甲部队装备的 M1A2 型 Abrams 坦克和 M2A2 型 Bradley 步兵战车的机动场景如图 2-3 所示。

(a)

(b)

图 2-3 M1A2 型 Abrams 坦克和 M2A2 型 Bradley 步兵战车的机动场景
(a) M1A2 型 Abrams 坦克；(b) M2A2 型 Bradley 步兵战车

2.2.4 目标的背景环境

对目标实施打击的前提是从背景环境中将其探测并识别出来。相反，为了降低被敌方发现的概率，战场目标也会尽其所能地将自身隐藏起来。在目标表面涂装或披挂与背景环境相似的保护色是一种常用的方法，如图 2-4 所示。这种方法虽然简单易行，但是目标的背景环境受地域、季节、时段的影响很大，要求目标适时地调整自身特征才能实现与背景环境的高度融合。

图 2-4 人员和装甲目标依靠表面涂装或披挂融入背景环境

另外，随着红外成像探测技术的发展，单纯采用保护色进行目标伪装的有效性已大大降低。

2.2.5 目标的遮蔽措施

对目标的遮蔽措施主要包括人工遮障和烟幕伪装。

(1) 人工遮障。人工遮障是指遮障或妨碍敌人侦察的各种伪装工程结构物，它通常包括伪装面和骨架两部分。伪装面可由编有伪装材料的伪装网、草席、树枝等材料制作，而骨架对伪装面起到支撑作用。美军采用伪装网和支撑杆等材料构建的 M119 A3 型火炮的伪装阵地如图 2-5 所示。

图 2–5　美军为 M119 A3 型火炮构建的伪装阵地

（2）烟幕伪装。烟幕伪装是利用人工释放烟幕方式来遮蔽目标、迷盲和欺骗敌人的军事伪装措施。按烟幕的用途，可分为伪装烟幕和迷盲烟幕。伪装烟幕是在己方配置地域内、敌我阵地之间或在己方后方目标区域内构成烟幕，用来遮蔽己方目标在配置地域内的活动。迷盲烟幕是直接在敌配置地域内构成烟幕，遮蔽敌方观察所和火力点，以迷盲敌方的观察和射击。其中伪装烟幕是目标遮蔽防护的重要方法和手段。韩国军队的坦克发射烟幕弹构建伪装烟幕的场景如图 2–6 所示。

图 2–6　韩军坦克发射烟幕弹实施遮障防护

2.3　空对地打击弹药体系构成

当前，美国具有完备的武装力量，空对地打击弹药体系构成相对完整。因此，本节以美军为例，分析空对地打击弹药的体系构成，重点从制导弹药占比、弹种配备、有效射程、制导技术等方面进行分析。

2.3.1　制导弹药占比攀升

目前，高科技局部战争的弹药消耗量是巨大的，而且制导弹药的占比突出。对在地理上分散的大规模目标实施打击，制导弹药可以明显地减少战机的飞行架次和弹药消耗数量。在第二次世界大战期间，由于飞机导航系统不精确，加之没有成熟的制导弹药，盟军需要使用大型轰炸机和战斗机编队，以确保其有效载荷的一部分能够命中目标区域。当时，通常以数量来保证打击效果，打击行动需要出动数百架次飞机，投下数千枚非制导炸弹，以确保摧毁目标。20 世纪五六十年代，随着飞机导航和瞄准系统的改进，有效打击目标所需的非制导武器和架次的数量均大幅减少。目前，随着军事科技的进步，特别是精确制导技术（如激光制导、惯性制导、卫星辅助制导等）的广泛应用，以及制导弹药小型化、目标毁伤高效化的发展，如美军研制的 GBU-39 小直径炸弹等，制导弹药的运用占比不断攀升。图 2-7 展示了被摧毁的目标数量与飞行架次随时间的变化关系，这也将预示空对地打击弹药的发展方向。

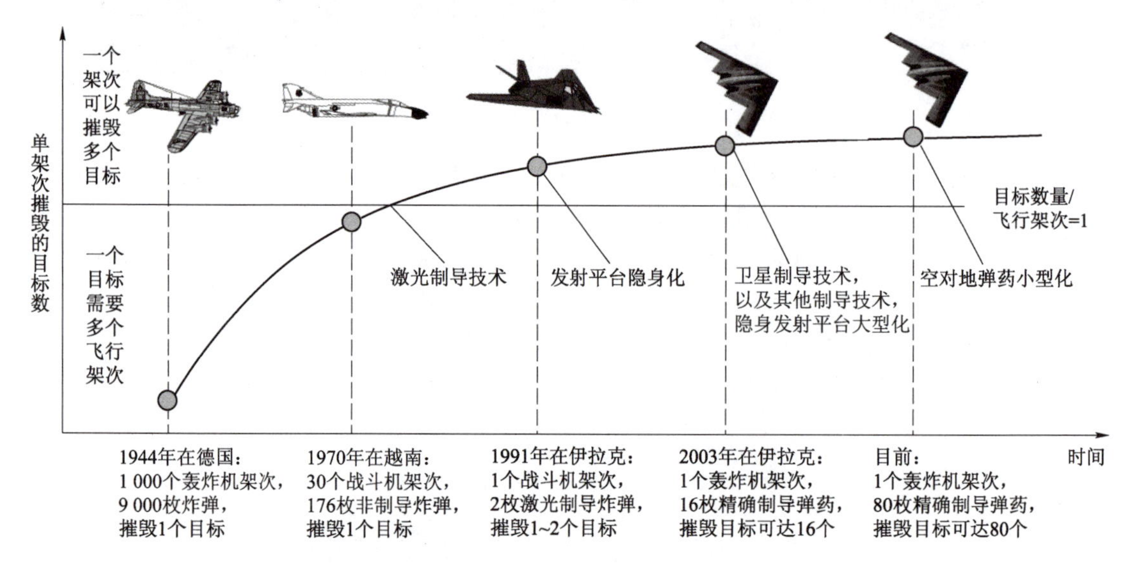

图 2-7　被摧毁的目标数量与飞行架次随时间的变化关系

以 2003 年开始的伊拉克战争为例，在前期进行的伊拉克自由行动中，联军部队共消耗制导弹药 19 948 枚，其中美军消耗 19 269 枚，英军消耗 679 枚，见表 2-5。另外，非制导弹药共消耗 9 251 枚，见表 2-6。根据以上数据，可以得出制导弹药消耗占比约为 68%。除此之外，联军部队还消耗了大量的小口径炮弹和特种弹药，见表 2-7。

表 2-5　联军部队消耗的制导弹药

弹药类型	弹药型号	消耗数量 / 枚
舰载巡航导弹	BGM-109 TLAM	802
空射巡航导弹	AGM-86C/D CALCM	153
	AGM-84 SLAM（ER）	3
空对地战术导弹	AGM-114 Hellfire	562
	AGM-65 Maverick	918
火箭助推型空对地导弹	AGM-130	4
联合防区外武器	AGM-154 JSOW	253
反辐射导弹	AGM-88 HARM	408
风修正弹药布撒器	CBU-103 WCMD	818
	CBU-105 WCMD/SFW	88
	CBU-107 WCMD	2

续表

弹药类型	弹药型号	消耗数量 / 枚
GPS 增强型激光制导炸弹	EGBU-27 GPS/LGB	98
激光制导炸弹	GBU-10 LGB	236
	GBU-12 LGB	7 114
	GBU-16 LGB	1 233
	GBU-24 LGB	23
	GBU-27 LGB	11
	GBU-28 LGB	1
GPS/INS 制导炸弹	GBU-31 JDAM	5 086
	GBU-32 JDAM	768
	GBU-35 JDAM	675
	GBU-37 JDAM	13
英军使用的制导弹药	UK Guided	679

表 2-6　联军部队消耗的非制导弹药

弹药型号	M117	Mk-82	Mk-83	Mk-84	CBU-87	CBU-99	UK Unguided
消耗数量 / 枚	1 625	5 504	1 692	6	118	182	124
弹药类型	低阻通用爆破炸弹	低阻通用航空炸弹			集束炸弹		—

表 2-7　联军部队消耗的其他类型弹药

弹药分类	小口径炮弹 /mm		特种弹药	
类型或口径	20	30	PDU-5	M129
消耗数量 / 枚	16 901	311 597	44	304

以战争发起时间为轴，统计得出美军在近年来的局部战争中消耗的弹药，见表 2-8。其中在 1991 年的沙漠风暴行动中，制导弹药消耗占比仅为 7.5%；在 1999 年的联盟力量行动中，制导弹药消耗占比为 60.6%；在 2003 年的伊拉克自由行动中，制导弹药消耗占比为 67.8%。从以上数据可以发现，制导弹药的消耗占比在逐渐增大。

表 2-8　在近年的历次局部战争中美军消耗的弹药

战争行动	年份	非制导炸弹	制导弹药		
		消耗总数 / 枚	消耗总数 / 枚	消耗占比 / %	单位目标消耗数量 / 枚
Operation Desert Storm（沙漠风暴行动）	1991	210 900	17 162	7.5	1.9
Operation Allied Force（联盟力量行动）	1999	2 334	3 590	60.6	2.0
Operation Iraqi Freedom（伊拉克自由行动）	2003	9 127	19 269	67.8	1.5

2.3.2 弹种配备协调适当

由于各国库存弹药的种类和数量属于保密数据，因此本书以作战消耗的弹药数据进行分析。在 2003 年的伊拉克战争中，美军所使用的制导弹药占大多数，英军仅投入有限的作战力量，其消耗的弹药数量也很少。将美军消耗的制导弹药进行简单归类，可分为巡航导弹、空对地战术导弹、联合防区外武器、反辐射导弹、激光制导炸弹、GPS/INS 制导炸弹、风修正弹药布撒器七种类型，各种类型制导弹药的消耗数量及相应的占比见表 2–9。

表 2–9　美军消耗的各类型制导弹药数量及占比

弹药类型	巡航导弹	空对地战术导弹	联合防区外武器	反辐射导弹	激光制导炸弹	GPS/INS 制导炸弹	风修正弹药布撒器
消耗数量 / 枚	958	1 480	253	408	8 716	6 542	908
消耗占比 /%	4.97	7.68	1.31	2.12	45.24	33.96	4.71

将在 2003 年的伊战中美军消耗的各类型制导弹药的占比表示为柱状图，如图 2–8 所示，从中可以发现，激光制导炸弹和 GPS/INS 制导炸弹消耗量最大，其次是空对地战术导弹、巡航导弹和风修正弹药布撒器，联合防区外武器和反辐射导弹的消耗量较少。在整场战争中的弹药消耗直接反映出美军的空对地打击弹药体系构成，这种弹药体系的构成与打击目标集、攻击战术、经济成本、战区环境等多方面因素有关。

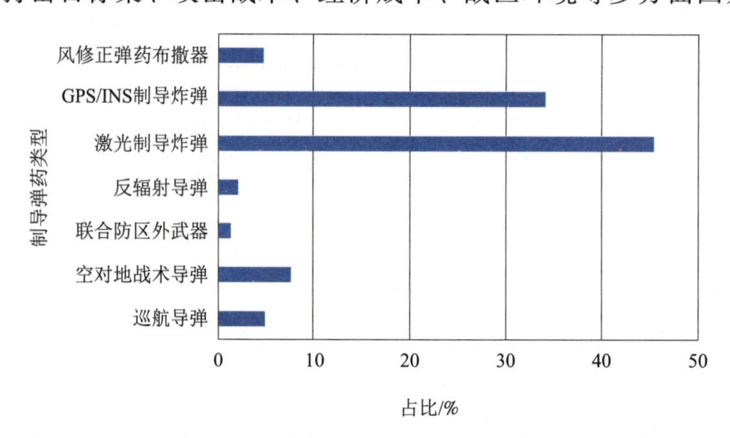

图 2–8　2003 年伊拉克战争中美军消耗的各类型制导弹药占比

2.3.3 有效射程远近衔接

按有效射程的大小，美国国防部将空对面打击弹药分为直接攻击（direct attack）弹药、近程防区外攻击（short–range，standoff attack）弹药和远程防区外攻击（long–range，standoff attack）弹药。

（1）直接攻击弹药。直接攻击弹药是指发射或释放后射程在 50 海里（92.6 km）以内的空对地制导弹药，它属于近程攻击武器，往往需要平台在敌方的点防御范围内进行发射。直接攻击弹药可以是无动力的，如美军的 JDAM，它可以依靠滑翔方式达到 13 海里（约 24 km），其具体射程取决于弹药释放时的高度和载机的速度。一些直接攻击弹药，如小直径炸弹，在发射后可使用折叠型弹翼来增加射程，或由小型喷气发动机、火箭发动机提供动力。

（2）近程防区外攻击弹药。近程防区外攻击弹药相比直接攻击弹药具有更大的射程，通常在 50 ~ 400 海里（92.6 ~ 740.8 km）范围内，它允许载机在敌方的点防御之外进行发射，可大大提高载机的生存能力。这类弹药包括依靠弹翼滑翔进行增程的无动力类型（如美军的 AGM-154 JSOW 联合防区外武器）和有动力的巡航类型（如美军的 JASSM 联合空面防区外导弹）。

（3）远程防区外攻击弹药。远程防区外攻击弹药具有更大的射程，允许平台在敌方的区域防空系统射程之外发射，可避免载机处于危险境地。这类空射导弹的射程超过 400 海里（740.8 km），典型的型号包括 JASSM-ER 巡航导弹和 TLAM 导弹。由于舰艇通常无法靠近目标区域，因此大多数舰载对地打击武器都属于这一类。

根据以上分类方式，空对地制导弹药有效射程的大小直接决定着弹药的战术运用方式，并对载机的安全有着重要影响。在 2003 年的伊拉克战争中，美军消耗的制导弹药除从舰艇上发射的 BGM-109 巡航导弹外，其余多是从空中发射的，其射程及其他关键数据见表 2-10。

表 2-10 伊拉克战争中美军消耗制导弹药的射程及其他关键数据

弹药类型	弹药型号	动力 / 增程方式	速度 / （$km \cdot h^{-1}$）	服役年份	射程 /km
舰载巡航导弹	BGM-109 TLAM	涡扇发动机	890	1983	Block IV 的射程为 1 700
空射巡航导弹	AGM-86C/D CALCM	涡扇发动机	890	1982	AGM-86C 的射程为 1 100
	AGM-84 SLAM（ER）	涡喷发动机	855	2000	270
空对地战术导弹	AGM-114 Hellfire	固体火箭发动机	1 591	1984	0.5 ~ 8
	AGM-65 Maverick	固体火箭发动机	1 150	1972	22
火箭助推型空对地导弹	AGM-130	固体火箭发动机	高亚音速	1994	75
联合防区外武器	AGM-154 JSOW	弹翼滑翔	—	1998	低空投射 22 高空投射 130
反辐射导弹	AGM-88 HARM	固体火箭发动机	2 280	1985	150
风修正弹药布撒器	CBU-103 WCMD	尾翼组件	—	1997	16 ~ 20
	CBU-105 WCMD/SFW				
	CBU-107 WCMD				
GPS 增强型激光制导炸弹	EGBU-27 GPS/LGB	舵翼 + 尾翼	—	2003	—
激光制导炸弹	GBU-10 LGB	舵翼 + 尾翼	—	1976	8
	GBU-12 LGB	舵翼 + 尾翼	—	1976	14.8
	GBU-16 LGB	舵翼 + 尾翼	—	1976	14.8

续表

弹药类型	弹药型号	动力 / 增程方式	速度 /（km·h⁻¹）	服役年份	射程 /km
激光制导炸弹	GBU-24 LGB	舵翼 + 尾翼	—	1983	—
	GBU-27 LGB	舵翼 + 尾翼	—	1991	19
	GBU-28 LGB	舵翼 + 尾翼	—	1991	10
GPS/INS 制导炸弹	GBU-31 JDAM	尾翼组件	—	1997	28
	GBU-32 JDAM	尾翼组件	—	1997	—
	GBU-35 JDAM	尾翼组件	—	1997	—
	GBU-37 JDAM	尾翼组件	—	1997	9.3

通过分析表 2-10 中空对地制导弹药的射程，动力 / 增程方式可分为涡扇发动机、涡喷发动机、固体火箭发动机、弹翼滑翔、尾翼组件、舵翼 + 尾翼等，见表 2-11。其中使用涡扇发动机和涡喷发动机动力方式的弹药的射程主要与燃料的携带量有关；使用固体火箭发动机方式的弹药的射程主要与推进剂燃烧特性和持续时间有关；使用弹翼滑翔、尾翼组件、舵翼 + 尾翼等无动力方式增程的弹药的射程主要与弹药自身气动结构特性，以及投弹时的载机速度、高度、风速等诸多因素有关。

表 2-11　空对地制导弹药动力 / 增程方式及相关信息

动力 / 增程方式	有动力			无动力		
	涡扇发动机	涡喷发动机	固体火箭发动机	弹翼滑翔	尾翼组件	舵翼 + 尾翼
典型弹种	空射巡航导弹		反辐射导弹和空对地战术导弹	AGM-154 JSOW	WCMD 和 JDAM	激光制导炸弹
射程 /km	1 000 ~ 2 000	<500	<200	<150	<30	<20

目前，通过各种动力 / 增程方式的使用，空对地打击弹药的射程远近衔接，在多方面超越了当前地面防空系统的有效防护范围，对防守方造成了极大的空防压力。

2.3.4　制导技术涉及广泛

弹药对目标的打击，是以侦察探测、目标识别和定位为前提的。对于固定目标，可在发射前或弹药飞行过程中，将目标的坐标数据传输给弹药，或提前将弹药的飞行路线数据输入弹载存储器，直至命中目标或感知到目标后，对目标实施毁伤。对于移动目标，由于其空间位置的不确定性，对目标的定位和打击难度要高于固定目标，通常采用弹载传感器目标自动识别、人在回路等方式进行打击。无论采用哪种制导方式，由于其固有的技术特性，对弹药的作战运用或多或少都会产生一些制约或限制。目前，尚不存在一种绝对完美的制导技术，而是需要将各种技术综合运用，共同构建弹药打击体系。

空对地制导弹药所采用的制导技术决定了其命中目标的精度。在 2003 年的伊拉克战争中，美军消耗的制导弹药的制导方式见表 2-12。从表中可以发现，部分弹药采用单一的制导方式，如激光制导炸弹使用的是激光半主动制导方式；部分弹药采用复合制导方式，也就是综合运用两种或两种以上的制导方式，如 JDAM 联合直接攻击弹药使用了 GPS 和 INS 相结合的复合制导。

表 2-12　伊拉克战争中美军消耗的制导弹药的制导方式

弹药类型	弹药型号	制导方式
舰载巡航导弹	BGM-109 TLAM	INS/ 地形匹配 /GPS
空射巡航导弹	AGM-86C/D CALCM	INS/ 地形匹配
	AGM-84 SLAM（ER）	INS/ 主动雷达制导 /GPS
空对地战术导弹	AGM-114 HELLFIRE	激光半主动或毫米波主动制导
	AGM-65 MAVERICK	激光半主动制导
火箭助推型空对地导弹	AGM-130	光电 + 数据链制导
联合防区外武器	AGM-154 JSOW	GPS/INS 制导
反辐射导弹	AGM-88 HARM	雷达被动制导
风修正弹药布撒器	CBU-103/107 WCMD	风修正制导组件
	CBU-105 WCMD/SFW	
GPS 增强型激光制导炸弹	EGBU-27 GPS/LGB	GPS+ 激光半主动制导
激光制导炸弹	GBU-10/12/16/24/27/28 LGB	激光半主动制导
GPS/INS 制导炸弹	GBU-31/32/35/37 JDAM	GPS/INS 制导

综合以上所述的制导弹药的制导方式，结合当前技术的发展，空对地制导弹药主要涉及的制导技术见表 2-13。

表 2-13　空对地制导弹药主要涉及的制导技术

序号	1	2	3	4	5	6	7	8	9	10	11
弹药制导相关技术	地形匹配	图像匹配	惯性制导	卫星制导	激光半主动	光电探测	红外成像	毫米波探测	雷达主动探测	雷达被动探测	数据链

这些技术不仅关系到弹药的命中精度，还与弹药的运用环境、战场毁伤评估，以及装备体系建设等息息相关，已成为关乎战场胜败的核心军事技术，是各军事强国竞相发展的重要内容。

第3章 引信及战斗部毁伤效应

按装填物的不同，弹药可分为常规弹药、核弹药、化学弹药、生物弹药等。本书主要涉及常规弹药，而核弹药、化学弹药、生物弹药在造成大面积杀伤破坏的同时，会对环境产生严重污染，属于大规模杀伤性武器，不在本书分析研究范围。

常规弹药的战斗部是常规弹药毁伤目标的重要部分，针对不同目标类型，与空对地打击弹药相关的战斗部也多种多样，其主要可分为杀爆战斗部、成型装药战斗部、穿甲战斗部、攻坚战斗部、子母战斗部、云爆战斗部等类型。战斗部对目标的毁伤效果，除与战斗部威力有关外，还离不开目标的形状、结构和防护性能等。战斗部的毁伤效能取决于特定的“弹目”组合，而引信在弹目交汇过程中起着关键性的作用。

3.1 引信

3.1.1 引信概述

引信是控制炸弹按照预定时机起爆的装置，对航空弹药的毁伤作用有重要影响。引信一般分为机械类和电气类，且可以根据作用方式继续细分。例如，触发引信、时间引信、近炸引信、延时引信等。按安装部位的不同，引信可分为头部引信、尾部引信、侧面引信或多位置引信等。

针对航空炸弹引信的技术性能，有以下相关的定义。

（1）引信解保时间。引信解保时间是指炸弹投掷后，传爆序列完全对正，从而解除保险所需的时间。引信解保时间用来保证载机与炸弹脱离过程的安全。

（2）安全飞行距离。安全飞行距离是指炸弹投掷后，在引信未解保之前，沿飞行弹道与载机产生的距离。安全飞行距离应大于该型弹药的杀伤半径，以保证载机的安全。

（3）引信解除保险的条件。引信解除保险的条件是指在物理上判断引信是否解除保险或处于安全状态的手段。

（4）引信作用时间。引信作用时间是指受到冲击作用或从预定时间开始，引信实施起爆所需的时间。

（5）瞬爆作用。瞬爆作用是指引信作用时间不大于 0.000 3 s 的情况。

（6）非延迟作用。非延迟作用是指引信作用时间在 0.000 3 ~ 0.000 5 s 的情况。

（7）延迟作用。延迟作用是指当引信的作用时间大于 0.000 5 s 时，就认为实现了延迟爆炸作用。

（8）近炸作用。近炸作用是指弹药进入目标附近预定距离时，引信发生起爆作用的情况。在这种情况下，也可称为空炸作用，即在距离地面或目标一定距离的空中发生爆炸。

与其他应用场合的引信相比，空对地打击弹药的引信需要根据机载环境、投射方式、毁伤需求等多方面的运用特点进行系统设计。

机械型航空炸弹引信，通常是通过一根钢丝绳（或索）来激活的。在炸弹投掷时，会拉出激活用的拉索，从而释放一个叶片。在气流的作用下，叶片发生旋转，为内部装置提供机械能，从而使引信解除保险，或开启动力机制，使引信解保。当引信解除保险后，传爆序列对正，从而使引信的起爆机制可以自由作用，当满足预定的起爆条件后，引信会起爆炸弹的主装药。引信的解保时间可以是固定的，也可以是变化的。当解保时间为固定时，解保时间由引信的设计制造过程确定。当解保时间可变时，可在飞行之前的武器挂载阶段进行设置，也可在飞行过程中通过驾驶舱的串行数据接口进行设置。

电气型航空炸弹引信，具有许多机械引信的特点，但在引信的激活阶段会有所不同。电引信可以通过一种索状装置来激活，也可以在炸弹释放时由载机上的设备为引信输入电能来激活。如果引信是用拉索来激活的，则引信的解保时间和延时功能应在起飞前进行设置，如在炸弹装配或挂载的过程进行。通过电激活时，引信的解保时间和功能特性可在飞行中设定，以匹配目标区域上改变的战场条件，或临时改变的目标打击区域。如果引信被电激活，电信号既可以是电源，也可以包含控制指令。当炸弹从飞机上释放时，载机通过电脉冲方式对引信中的电容器充电。引信的解保和延迟功能通过内部的复杂电路实现。延迟功能一般由机电方式启动，电路的闭合由专用开关来实现。在载机上的充电系统为引信充电之前，引信是能够保证安全的。由于炸弹释放设备提供了安全连锁，只有炸弹从武器挂架上释放并开始与载机分离后，引信才能进行充电，此时它仍然与飞机上的炸弹解保装置进行电连接。在这一阶段，引信接收所需的电信号，以设定所需的解保时间和冲击起爆时间。

为了安全和高效地使用，无论是机械引信还是电气引信，通常应具备以下几个功能特点。

（1）在挂载、卸载和正常运输的过程中必须保证安全。

（2）在飞机飞行挂载的情况下必须保证安全。

（3）在炸弹被释放后的一定时间或距离上必须保证安全。

（4）根据打击目标的类型，引信可能需要在炸弹撞击目标后，延迟一段预先设定的时间再起爆主装药，延迟起爆时间可能从几毫秒到数小时不等。

（5）如果炸弹被意外释放，或因安全情况而被载机投弃时，炸弹不应该被引爆。

为了实现以上这些功能，虽然在具体的结构和参数上有所差异，但所有类型引信的设计思路和方法都是通用的。

从空对地打击弹药作战运用的角度出发，根据引信起爆作用机理的不同，一般可分为冲击起爆型引信、时间起爆型引信和近感起爆型引信。需要注意的是，为了增强弹药针对不同目标的适应性，一种型号的引信可能同时具有冲击、时间和近感等几种起爆机制，在实际作战中可根据实际情况进行选择装定。

3.1.2 冲击起爆型引信

冲击起爆型引信是通过感知冲击过载或冲击产生信号（或能量），使传爆序列被激发，从而产生起爆作用的。这类引信在弹药运用领域最为常见。按受到冲击后引信的起爆时机，冲击起爆型引信可分为瞬爆型、延期型、电梯型等。

1. 瞬爆型

配用瞬爆型冲击起爆引信的弹药，当其触碰目标或地面等物体时，引信内部的传爆序列发生作用，在极短的时间内使战斗部发生爆炸。因此，配用这种引信的航空弹药特别适合于杀伤地面裸露的人员、车辆、技术装备、轻型装甲等目标。航空弹药受冲击瞬间发生爆炸的场景如图 3-1 所示。

2. 延期型

配用延期型冲击起爆引信的弹药，当其受到冲击作用后，引信会延期一定时间再起爆战斗部，从而达到在地面一定深度或其他结构内部发生爆炸的效果。因此，配用这种引信的航空弹药除具有一定的杀伤爆破作用外，弹体还要具备较高的强度，以保证在侵彻过程中弹体不发生结构性破坏。在美军对伊拉克的作战过程中，为了有效破坏伊军的加固机堡，摧毁内部的战机和相关设施，通常采用配用延期型引信的侵彻型弹药，其作用效果如图 3-2 所示。

图 3-1　航空弹药受冲击瞬间发生爆炸的场景

图 3-2　配用延期型引信的侵彻型弹药的作用效果

以美军的 FMU-143 系列侵彻型引信系统为例，它除了具备抗高过载的能力外，还具有延期起爆的能力，如图 3-3 所示。因此，该系列引信特别适合应用于钢筋混凝土侵彻类战斗部，可实现穿透坚固目标后再爆炸的杀伤效果。

目前，FMU-143 系列引信配用的侵彻战斗部包括 BLU-109 型、BLU-113 型和 BLU-116 型，这些战斗部多用于 JDAM 或 Paveway 精确制导航空炸弹上。FMU-143 侵彻型引信系列及其延期时间见表 3-1。

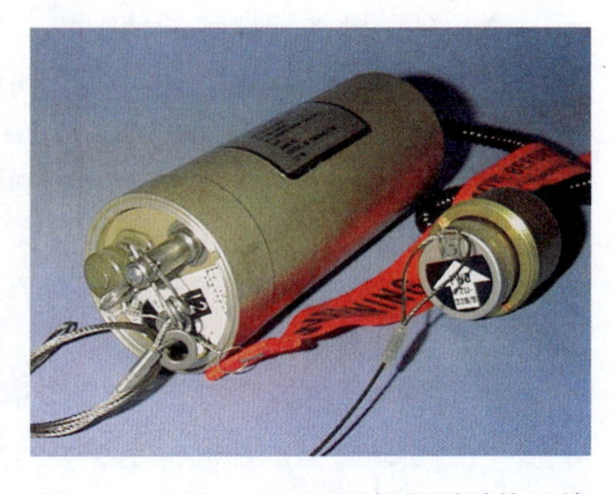

图 3-3　FMU-143 系列侵彻型引信系统

表 3-1　FMU-143 侵彻型引信系列及其延期时间

引信型号	FMU-143 R/B	FMU-143 S/B	FMU-143 T/B	FMU-143 K/B	FMU-143 L/B	FMU-143 M/B
延期时间 /ms	30	60	120	30	60	120

3. 电梯型

对于多层结构型坚固目标，如政府办公大楼、地下指挥所等，为了实现在精确位置实施爆炸毁伤，随之产生硬目标间隙感知引信（hard target void sensing fuze，HTVSF）。其工作原理为：通过抗高过载的加速度计测量战斗部侵彻过程的运动情况，经弹载微处理器判断战斗部是否到达预先设定的起爆位置，如果满足预设的条件则实施起爆，反之继续向下侵彻目标。这种引信对多层目标的过载感知及毁伤情况，如图 3-4 所示。由于这种引信对于起爆位置的选定与电梯轿厢在不同楼层的停靠非常相似，因此俗称电梯型引信。

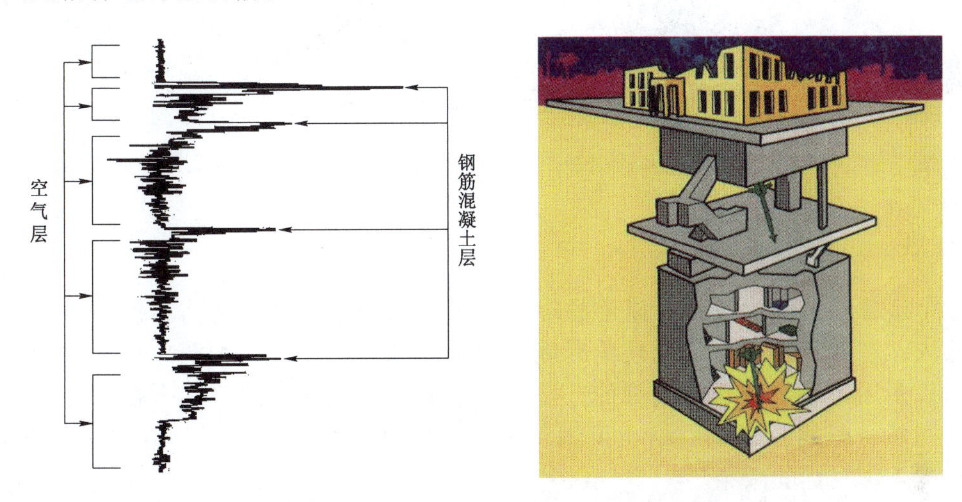

图 3-4　硬目标间隙感知引信对多层目标的过载感知及毁伤情况

美军研制了多种型号的电梯型引信，其中典型的是 FMU-159/B 型引信和 FMU-167/B 型引信。

FMU-159/B 型引信包含精确的加速度计和微型控制器，能够感知防护层和间隙的不同，计算各层的高度，可实现在预定位置的精确起爆，如图 3-5 所示。另外，如果引信在侵彻过程中失效，还可以根据预先设定的延期时间进行起爆，延期时间装定范围为 0 ~ 255 ms。

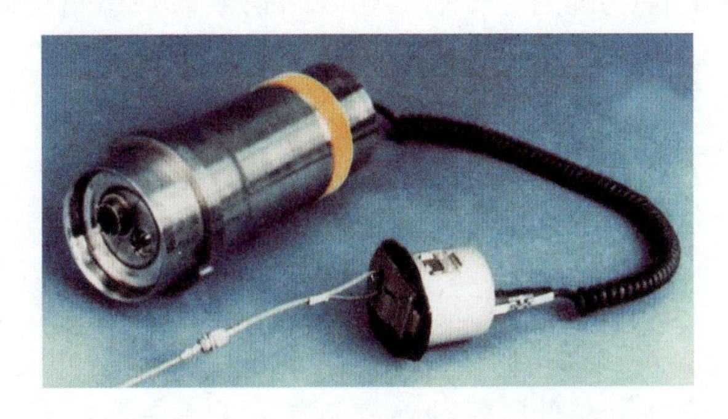

图 3-5　FMU-159/B 型电梯型引信

FMU-167/B 型引信是美国海空军联合开发的用于打击坚固硬目标的引信系统，它具备侵彻过程中进行自主可编程的逻辑判断能力，包括侵彻层计数、侵彻距离计算等，另外能够在 0 ~ 255 ms 范围内设定延迟起爆时间。该型引信主要配用于 GBU-31（V）3/B JDAM 卫星辅助制导炸弹，该制导炸弹采用 BLU-109/B 侵彻战斗部，具有很强的侵彻能力，因此特别适合打击建筑结构内预定楼层的高价值目标。GBU-31 型 2 000 磅级侵彻弹及其配用的 FMU-167/B 型硬目标侵彻引信如图 3-6 所示。

图 3-6　GBU-31 型 2 000 磅级侵彻弹及其配用的 FMU-167/B 型硬目标侵彻引信

3.1.3　时间起爆型引信

时间起爆型引信按照预先设定的时间实施起爆作用。这类引信不依靠外界环境的信息输入，在使用前根据需要装定时间参数信息即可。在航空弹药应用领域，时间起爆型引信多用于子母弹或特种弹的开舱控制，通过预定的开舱时间来控制开舱的空间位置。当然，时间起爆型引信也可用于杀伤爆破型的弹药，通过精确控制起爆时间，达到空爆杀伤目标的效果。

3.1.4　近感起爆型引信

近感起爆型引信通过探测它与“目标”的相互距离，当接近程度小于引信的作用阈值时，激发传爆序列产生起爆作用，因此常称近炸引信。当然，所谓“目标”，并不一定是真正要打击的目标，也可能是目标的背景，如地面、水面、垂直墙体等，因为这类引信通常不具备目标识别能力。近炸引信是为飞机、导弹、海上船只和地面部队等目标设计的。它的触发机制比普通的触发引信或时间引信更复杂。据统计，该类型引信与其他引信相比，能使相同战斗部的杀伤效率增加 5 ~ 10 倍。按探测原理的不同，近炸引信可分为无线电近炸引信、激光近炸引信、电容近炸引信等。航空炸弹近炸毁伤目标时的作用效果如图 3-7 所示。

目前，各国军队装备有很多型号的近感起爆型引信，其中美军用于航空弹药的典型型号有 DSU-33 系列引信和 DSU-38 系列引信。

DSU-33 系列引信是自供能的无线电近炸引信，能够在恶劣天候下使用，具备一定的抗电磁干扰能力，可用于 BLU-110/111/117 型战斗部，以及 Mk 80 系列的通用炸弹。该系列引信适应高阻和低阻两种释放条件，能够在目标或地面的一定高度上实

图 3-7　航空炸弹近炸毁伤目标时的作用效果

施起爆。DSU-33 B/B 型近炸引信为单高度近炸引信，它的起爆高度为 20 ft（1 ft=0.304 8 m），该型近炸引信及配用该系列引信的弹药作用过程，如图 3-8 所示。由于该引信不具备目标识别能力，因此只要探测距离满足要求就会发生作用。

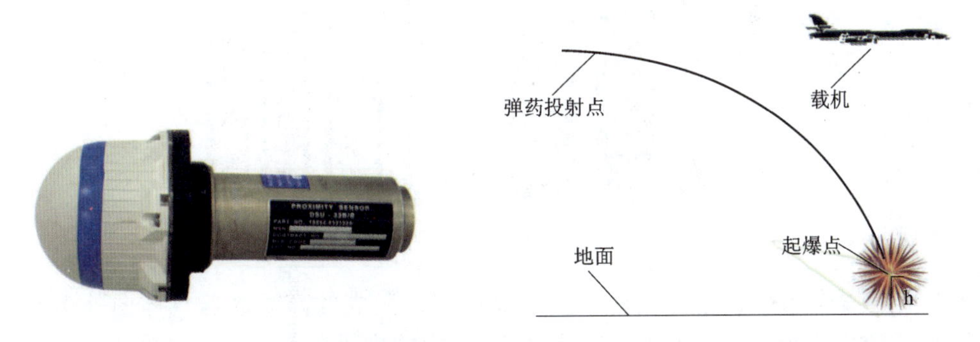

图 3-8　DSU-33 B/B 型近炸引信及配用该系列引信的弹药作用过程

DSU-38 系列近炸引信能够探测、获取和跟踪目标反射的激光能量信号，DSU-38A/B 型采用可调整的探测传感器，可实现起爆高低的预先设定，从而具备更好的作战灵活性。配用 DSU-38 系列近炸引信的航空弹药如图 3-9 所示。

图 3-9　配用 DSU-38 系列近炸引信的航空弹药

3.2 杀爆战斗部

3.2.1 杀爆战斗部基本特征

杀爆战斗部是弹药中应用最广泛的战斗部类型，主要依靠弹药爆炸后产生的爆轰产物、冲击波和破片杀伤目标。典型航空炸弹的杀爆战斗部结构，如图 3-10 所示。战斗部壳体通常采用金属材料，其内部装填有高能炸药，并可以在壳体内侧装填一定数量的预制破片，以增加杀伤破片的数量。

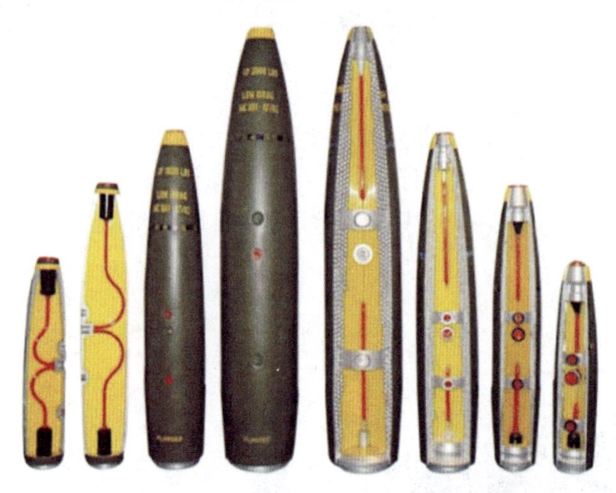

图 3-10 典型航空炸弹的杀爆战斗部结构

在引信起爆作用下，内部装药发生爆轰作用，生成的高温高压气体向外迅速膨胀，使壳体破裂产生高速破片，周围空气在爆轰产物的推动作用下产生空气冲击波，最终通过空气冲击波和破片杀伤目标。另外，爆炸产生的爆轰产物也可在近距离内对目标产生强烈破坏。

3.2.2 杀爆战斗部毁伤能力

杀爆战斗部主要依靠爆轰产物、冲击波和高速破片等元素毁伤目标，因此毁伤作用主要包括爆破能力、空气冲击波和破片的侵彻三个方面。

1. 爆破能力

当弹药在地面或地下一定深度爆炸时，通常会产生爆破坑。爆破坑主要是由爆轰产物引起的，炸药爆炸会产生高温、高压、高密度的爆轰产物，爆轰产物强烈压缩周围介质，进而形成爆破坑，爆破坑的大小和深度与很多因素有关。

以常规炸弹为例，其在地面爆炸会产生弹坑，通常在湿的黏性土壤上产生的弹坑大于干沙土壤、石灰岩、花岗岩石等情况。松软的沙土会造成弹坑的回填，使得弹坑并不明显。弹药的起爆位置对弹坑的大小影响很大，所以一般这类弹药会配装具有短延时功能的引信，使弹药在一定深度爆炸，从而产生较大的爆破效应。常规炸弹爆炸形成的弹坑尺寸见表 3-2。

表 3-2　常规炸弹爆炸形成的弹坑尺寸

常规炸弹量级 /kg	地面爆炸时弹坑尺寸：直径 × 深度 /（m × m）		地下爆炸时弹坑尺寸：直径 × 深度 /（m × m）	
	黏质土	松质土	黏质土	松质土
50	2.75 × 0.9	1.65 × 0.55	6 × 1.8	3.6 × 1.1
100	3.25 × 1.2	2 × 0.75	7.5 × 2.4	4.5 × 1.45
250	4.5 × 1.5	2.7 × 0.9	10 × 3	6 × 1.8
500	5.5 × 1.8	3.3 × 1.1	13.7 × 3.7	8 × 2.2
1 000	8 × 2.4	4.8 × 1.5	17 × 4.9	10 × 3
2 000	9 × 2.7	5.5 × 1.6	19.5 × 5.5	11.7 × 3.3

2. 空气冲击波

弹药爆炸时，产生的爆轰产物会强烈压缩周围的空气介质，使空气的压力、密度和温度产生突越，形成初始冲击波。2 kg TNT 爆炸时的近场情况，如图 3-11 所示。从图中可见，在爆轰产物膨胀初期，初始冲击波与爆轰产物并未明显脱离，当膨胀一定距离后，空气冲击波波阵面与空气 / 爆轰产物界面分离，继续向前传播。空气冲击波会对扫过的介质产生强烈的压缩作用，并具有一定的抛掷能力，毁伤作用不容小觑。

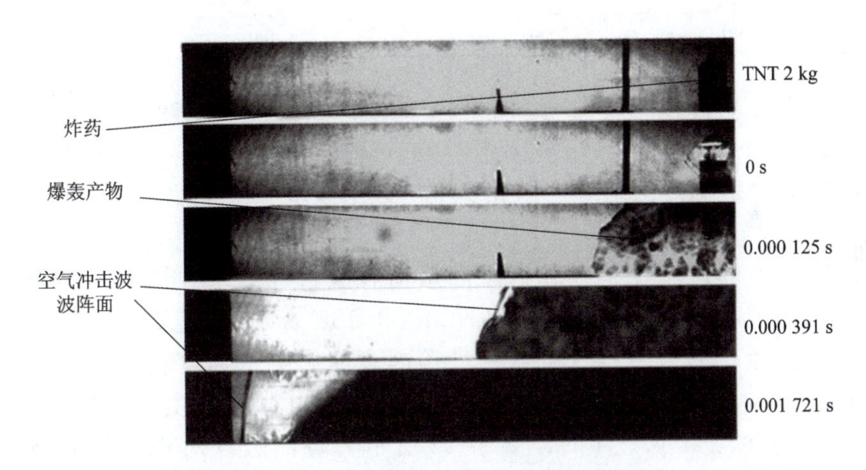

图 3-11　2 kg TNT 爆炸时的近场情况

通常采用经验公式的方法来计算空气冲击波的峰值超压。当球形或接近球形的 TNT 裸装药在无限空中爆炸时，根据爆炸理论和试验结果，拟合得到如下的峰值超压计算公式，即著名的萨道夫斯基公式：

$$\Delta p_{\mathrm{m}} = 0.082\left(\frac{\sqrt[3]{W_{\mathrm{TNT}}}}{R}\right) + 0.265\left(\frac{\sqrt[3]{W_{\mathrm{TNT}}}}{R}\right)^2 + 0.687\left(\frac{\sqrt[3]{W_{\mathrm{TNT}}}}{R}\right)^3 \tag{3-1}$$

式中，Δp_{m} 为峰值超压，MPa；W_{TNT} 为等效 TNT 装药质量，kg；R 为测点到爆心的距离，m。一般认为，当爆点高度系数 $\overline{H}=H/\sqrt[3]{W_{\mathrm{TNT}}} \geqslant 0.35$ 时，称为无限空中爆炸，式中 H 为爆炸装药离地面的高度，m。那么，令 $\overline{R}=R/\sqrt[3]{W_{\mathrm{TNT}}}$，则萨道夫斯基公式可写成组合参数 $\overline{R}$ 的表达式：

$$\Delta p_{\mathrm{m}}=\frac{0.082}{\bar{R}}+\frac{0.265}{\bar{R}^{2}}+\frac{0.687}{\bar{R}^{3}} \tag{3-2}$$

此式适用于$1\leqslant\bar{R}\leqslant15$的情况，$\bar{R}$也称比例距离。

炸药在地面爆炸时，由于地面的阻挡，空气冲击波要向一半无限空间传播，地面对冲击波的反射作用使能量向一个方向增强。因此，当装药在混凝土、岩石类的刚性地面爆炸时，通常认为发生全反射，相当于两倍的装药在无限空间爆炸的效应。当装药在普通土壤地面爆炸时，地面土壤受到高温高压爆轰产物的作用发生变形、破坏，甚至被抛掷到空中形成一个炸坑，消耗一部分能量。因此，在这种情况下，地面能量反射系数小于 2，等效装药量一般取为（1.7 ~ 1.8）W_{TNT}。

以冲击波对砖混型建筑的毁伤为例，表 3-3 给出了砖混型建筑毁伤距离。

表 3-3　砖混型建筑毁伤距离

炸弹量级 /kg	不同程度破坏对应的距离 /m			破片飞散距离 /m
	完全破坏	难以修复的破坏	轻度破坏但不适宜居住	
50	6	15	60	890
250	20	40	180	1 100
500	30	60	290	1 250
1 000	40	90	430	1 400
2 000	90	180	880	1 550

这些破坏主要来自弹药爆炸后产生的冲击波，数据多数来源于第二次世界大战期间的统计。由于目标的毁伤与很多因素有关，如炸弹的设计、建筑密度、气候条件、植被情况都能显著影响毁伤结果，因此表中的数据仅供参考使用。

3. 破片的侵彻

对于杀爆战斗部，破片是在较远距离杀伤有生目标的主要因素。杀爆弹爆炸后，会产生大量高速破片，其飞散速度可达 900 ~ 1 200 m/s。高速破片在毁伤目标之前，受破片形状、质量、迎风面积、空气密度等因素的影响，速度会有一定程度的下降。如果着靶前，其动能仍大于目标的易损阈值，就会对目标产生毁伤作用。不同形状的破片对目标的穿孔是不一样的，图 3-12 所示为自然破片对靶板的典型毁伤情况，图 3-13 所示为球形预制破片对靶板的典型毁伤情况。

图 3-12　自然破片对靶板的典型毁伤情况

图 3-13　球形预制破片对靶板的典型毁伤情况

3.3　成型装药战斗部

3.3.1　成型装药战斗部基本特征

成型装药战斗部也称空心装药战斗部或聚能装药战斗部，是有效毁伤装甲目标的战斗部类型之一。与具有高初速的穿甲弹相比，成型装药战斗部不需要具备很大的着靶速度，因此对发射平台的性能要求较低。

按形成的毁伤元类型，成型装药战斗部主要可分为金属射流（shaped charge jet，JET）战斗部和 EFP（explosively formed penetrator）战斗部。

1. 金属射流战斗部

19 世纪发现了带凹槽装药的聚能效应。第二次世界大战前期，发现在炸药装药凹槽上衬以薄金属罩，能够产生很强的破甲能力，从此聚能效应得到广泛应用。金属射流战斗部的典型结构如图 3-14 所示，它主要由装药、药型罩、隔板和引信等组成，其中隔板是用来改善药型罩压垮波形的，小口径的金属射流战斗部通常不装配隔板。

这种战斗部采用弹底起爆方式，其作用原理为：装药凹槽内衬有金属药型罩的装药爆炸时，产生的高温高压爆轰产物会迅速压垮金属药型罩，使之在轴线上汇聚形成超高速的金属射流，依靠金属射流的高速动能实现对装甲的侵彻，其形成过程如图 3-15 所示。

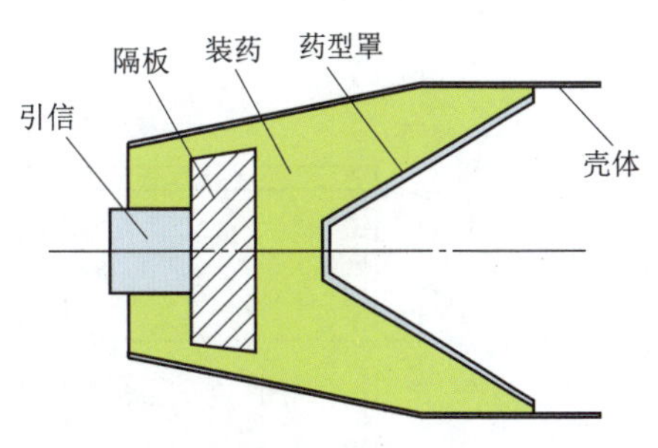

图 3-14　金属射流战斗部的典型结构

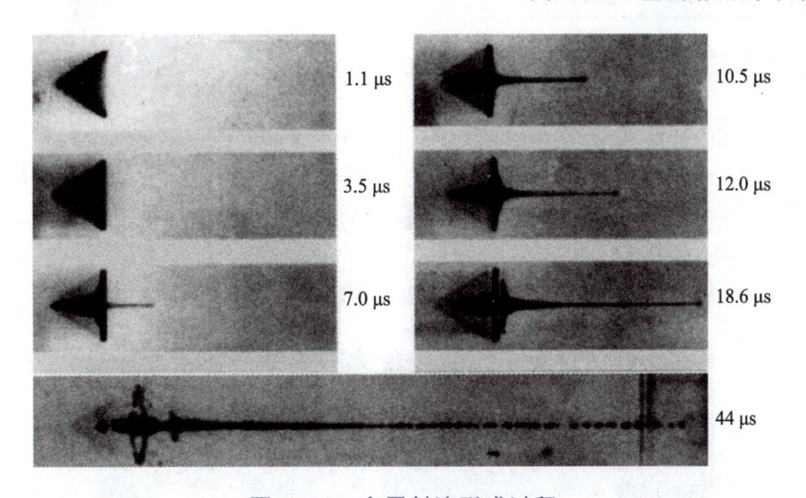

图 3-15　金属射流形成过程

成型装药爆炸形成金属射流需要一个过程，为提高对目标的侵彻能力，要设置有利炸高。在爆炸过程中，药型罩闭合后，罩内表面金属的合成速度大于压垮速度，形成金属射流，射流头部速度达到 7 000 ~ 10 000 m/s；而药型罩外表面的合成速度小于压垮速度，形成杵体，杵体速度一般为 500 ~ 1 000 m/s。由于成型装药爆炸形成的射流存在速度梯度，即头部速度快、尾部速度慢，这样金属射流在较远距离上会出现拉断现象，极大降低穿甲效果。因此，金属射流这种毁伤元对作用距离很敏感，不适宜爆炸后毁伤远距离目标。就目前技术而言，成型装药爆炸形成的金属射流的侵彻能力可达数倍甚至 10 倍以上药型罩口径。

2. EFP 战斗部

成型装药战斗部一般爆炸后会形成金属射流和杵体，但当其药型罩的锥角较大时，如锥角为 120° ~ 160° 时，爆炸仅会形成高速的杵体，称为 EFP。EFP 战斗部的典型结构如图 3-16 所示。EFP 战斗部也是利用聚能效应，通过爆轰产物的汇聚作用压垮药型罩，最终形成高速的固态 EFP 侵彻体，如图 3-17 所示。EFP 侵彻体的最大速度可达 1 500 ~ 3 000 m/s。与金属射流类型的成型装药相比，这种战斗部对炸高不敏感，因此广泛应用于末敏弹上，用以打击装甲车辆的薄弱顶部。由于 EFP 战斗部爆炸形成的侵彻体直径远远大于金属射流，因此穿甲后的后效作用更大。另外，这种战斗部还常作为攻坚弹药的前置战斗部，在钢筋混凝土上开坑，供后置战斗部进入或通过。

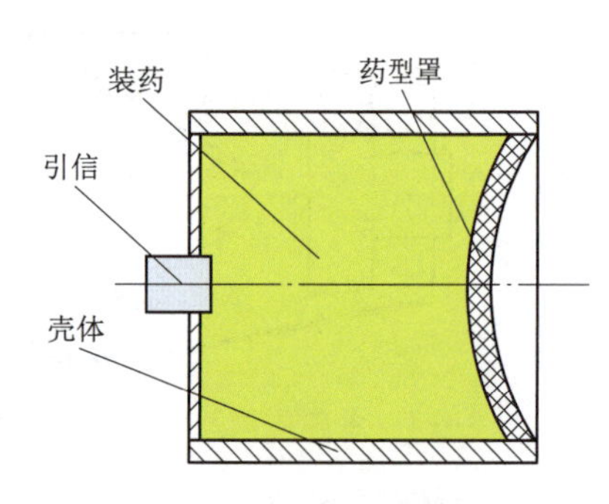

图 3-16　EFP 战斗部的典型结构

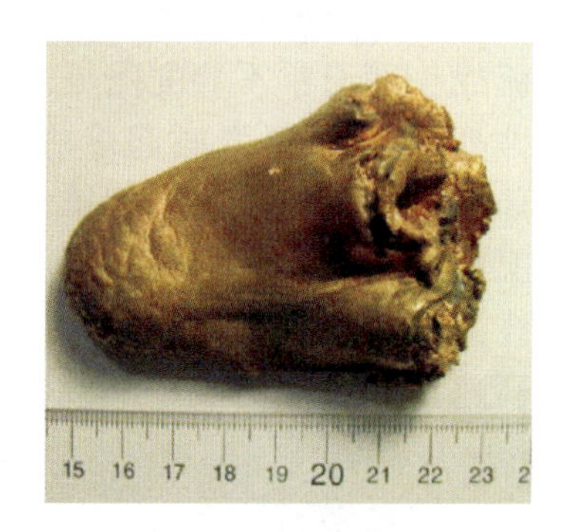

图 3-17　EFP 战斗部的固态 EFP 侵彻体

随着军事技术的进步和特定战场目标的需求，多重爆炸成型弹丸（或侵彻体）(multiple explosively formed penetrator，MEFP) 战斗部随之产生。MEFP 战斗部是 EFP 战斗部的特殊类型，根据结构的不同有多种形式，如图 3-18 所示。但一般来讲，其爆炸后会形成多个高速侵彻体，达到对目标的高度毁伤。相比单一的 EFP 战斗部，这种战斗部毁伤面积或后效作用较大，但口径相同时，侵彻能力较弱。

图 3-18　不同结构 MEFP 战斗部的药型罩

3.3.2　成型装药战斗部毁伤能力

在航空弹药领域，成型装药战斗部的应用非常广泛。因为装甲目标的顶部装甲相对较薄，等效 RHA（均质装甲）厚度通常不超过 50 mm，且上面安装着大量易损的光电设备，所以从空中对地面装甲目标进行打击具备天然的优势。从空中发射对地面目标进行打击的各种类型弹药中，均有采用成型装药战斗部的弹药型号，具体可分为精确制导导弹类型、集束子弹药类型和身管武器用炮弹类型等，可用于打击装甲点目标和装甲集群目标。

1. 精确制导导弹类型

美军装备的 AGM-114 Hellfire 型和 AGM-65 Maverick 型空对地精确制导弹药，均采用成型装药战斗部，其重要参数见表 3-4。AGM-114 Hellfire 导弹的剖面图，如图 3-19 所示。这类弹药不仅采用成型装药战斗部，而且战斗部质量较大，精确命中装甲目标顶部后均能实现有效的毁伤。AGM-65 Maverick 导弹对装甲目标毁伤情况的前后对比如图 3-20 所示。

表 3-4　采用成型装药战斗部的典型空对地精确制导弹药的重要参数

弹种	具体型号	战斗部质量 /kg
AGM-114	A/C/F/K	约 9
AGM-65	A/B/D/H	57

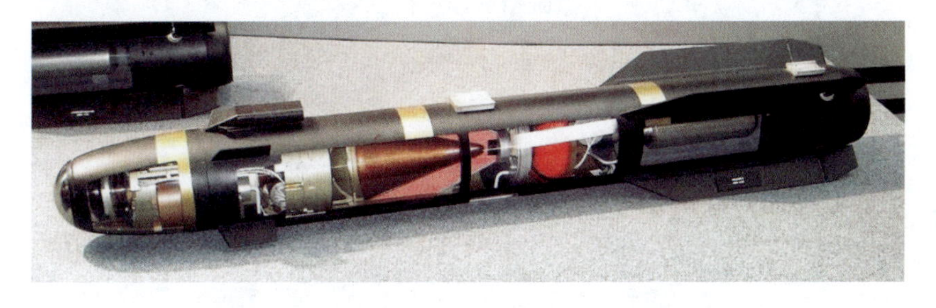

图 3-19　AGM-114 Hellfire 导弹的剖面图

图 3-20　AGM-65 Maverick 导弹对装甲目标毁伤情况的前后对比

2. 集束子弹药类型

美国的 CBU-89 型集束炸弹装载有 72 枚 BLU-91/B 型子弹药和 22 枚 BLU-92 型子弹药，其中 BLU-92 型子弹药采用破甲 / 杀伤 / 纵火多功能战斗部。BLU-92 型子弹药的弹径为 64 mm，长度 168 mm，重 2 kg。美国的 CBU-89/B 型集束炸弹及其装载的 BLU-92 型子弹药如图 3-21 所示。

图 3-21　美国的 CBU-89/B 型集束炸弹及其装载的 BLU-92 型子弹药

俄罗斯的 RBK-500 型航空炸弹全长 1.955 m，弹径 450 mm，全重 427 kg，装载有 268 枚 PTAB-1M 型反装甲子弹药。PTAB-1M 型子弹药全长 0.26 m，弹径 42 mm，重 0.94 kg，采用成型装药战斗部。俄罗斯的 RBK-500 型集束炸弹及装载的 PTAB-1M 型反装甲子弹药如图 3-22 所示。

图 3-22　俄罗斯的 RBK-500 型集束炸弹及装载的 PTAB-1M 型反装甲子弹药

从以上所述的 BLU-92 型子弹药和 PTAB-1M 型子弹药的弹径可简单得出，即使它们的破甲深度为弹径的 2 倍，也能轻易穿透装甲目标的顶部装甲。

3. 身管武器用炮弹类型

受火炮重量和后坐力等因素的影响，机载身管武器的口径通常较小，口径大多在 30 mm 以内。如果采用单一的成型装药战斗部，其总体毁伤能力比较有限，因此通常采用破甲 / 杀伤双用途弹药。

以美军阿帕奇武装直升机装备的 M230 型航空机炮为例，它可以发射 M789 型 30 mm 破甲杀伤榴弹，如图 3-23 所示。该型弹药的战斗部壳体采用 4130 号钢制造，装有 27 g PBXN-5 型炸药，采用锥角为 50° 的旋转补偿铜质药型罩。该弹具有在 500 m 距离上穿透 25 mm 厚、倾角为 50° 的 RHA 的能力。据称，它能够在 150 ~ 4 000 m 距离范围内摧毁轻型装甲目标，如 BMP 系列的步兵战车。

图 3-23　M230 型航空机炮及其配备的 M789 型 30 mm 破甲杀伤榴弹

3.4　穿甲战斗部

穿甲弹主要依靠动能来侵彻装甲目标，因此需要很高的炮口初速，一般用身管火炮进行发射。受飞机载荷和武器后坐力的影响，航空机炮的口径通常不会太大，因此航空用穿甲弹多为中小口径穿甲弹药。

3.4.1　穿甲战斗部基本特征

穿甲战斗部对目标的毁伤原理是：硬质合金弹体以足够大的动能侵彻装甲，然后依靠剩余侵彻体、高速碎片等毁伤元毁伤目标。穿甲弹药的作用特点是，受爆炸反应装甲影响较小，穿甲能力强，相比成型装药其后效作用较大。

航空用穿甲类弹药战斗部结构类型繁多，包括金属弹托型、塑料弹托型、风帽型等。以美军 A-10 攻击机装备的 GAU-8/A 型 30 mm 口径 7 管转管机炮为例，其配套的弹药主要由 ATK（Alliant Techsystems）公司和 GD-OTS（General Dynamics Ordnance and Tactical Systems）公司生产，穿甲弹药型号包括 Mk258、Mk268、PGU-14A/B 等。

Mk258 型穿甲弹由 GD-OTS 公司生产，属于典型的尾翼稳定脱壳穿甲曳光弹（armour piercing fin stabilised discarding sabot-tracer，APFSDS-T），如图 3-24 所示。该型穿甲弹药采用金属弹托。

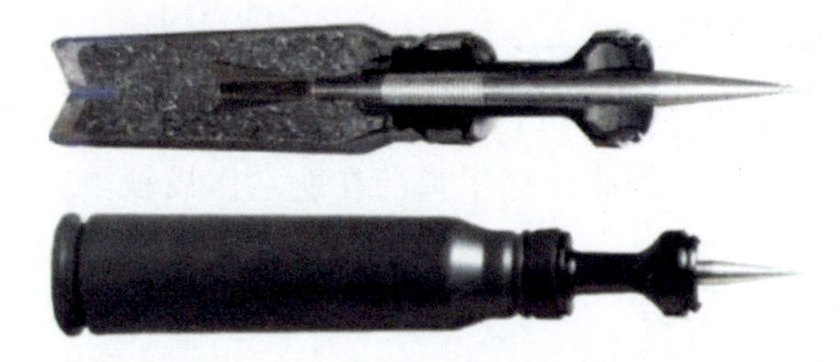

图 3-24　GD-OTS 公司生产的 Mk258 型 30 mm 穿甲弹

Mk268 型穿甲弹的承包商是 ATK 公司，它采用钢质药筒，而不是航空弹药所广泛采用的铝制药筒。与 Mk258 型穿甲弹相比，该型弹药的典型特征是它的侵彻体由塑料弹托包裹，如图 3-25 所示。Mk268 型穿甲弹的重要参数见表 3-5。

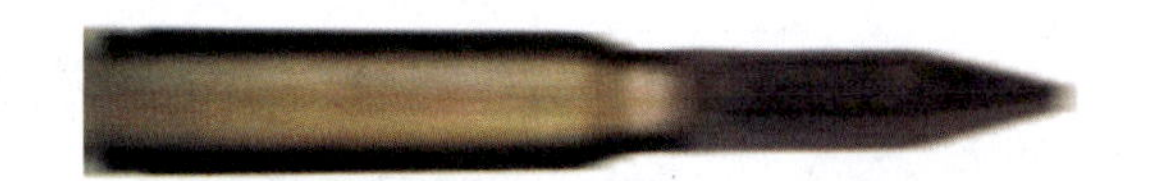

图 3-25　Mk268 型 30 mm 穿甲弹

表 3-5　Mk268 型穿甲弹的重要参数

全重 /g	弹丸重 /g	飞行体重 /g	发射药重 /g	全长 /mm	药筒长 /mm	炮口初速 /（$m \cdot s^{-1}$）	膛压 /MPa
725	235	160	176	290	173	1 385	360

PGU-14A/B API 是由 GD-OTS 公司研制的穿甲曳光弹，如图 3-26 所示。它采用流线型弹丸，弹丸内部包含次口径动能侵彻体，侵彻体的材料为贫铀合金。贫铀侵彻体由安装在铝制底座上的轻型钢质风帽包裹。高密度的贫铀侵彻体可确保飞行弹道的平直，以及良好的穿甲能力。PGU-14A/B 穿甲曳光弹的重要参数见表 3-6。

图 3-26　PGU-14/B API 穿甲曳光弹

表 3-6　PGU-14A/B 穿甲曳光弹的重要参数

全重 /g	弹丸重 /g	发射药重 /g	全长 /mm	药筒长 /mm	炮口初速 /（$m \cdot s^{-1}$）	炮口动能 /kJ	膛压 /MPa
694	390	150	290	173	1 013	200	423

3.4.2　穿甲战斗部毁伤能力

穿甲弹的侵彻能力与侵彻体材料、着靶速度、截面动能等很多因素有关。受航空弹药口径的限制，航空用穿甲弹药的侵彻能力比较有限。以美军 A-10 攻击机装备的 GAU-8/A 型航空机炮为例，采用 30 mm × 173 mm 穿甲弹对装甲的侵彻能力，见表 3-7。

表 3-7　GAU-8/A 型航空机炮配用的穿甲弹药的侵彻能力

射击距离 /m	300	600	800	1 000	1 220
穿甲厚度 /mm	76	69	64	59	55

虽然航空用穿甲弹药的侵彻能力较小，但它具有从上而下的优越射角，可打击装甲目标较为薄弱的顶部装甲。因此，穿甲弹药在航空作战领域应用也十分广泛。

3.5　攻坚战斗部

3.5.1　攻坚战斗部基本特征

现代战场上的硬目标越来越多，如地下指挥部、加固机库、机场跑道、地下核设施等，采用常规的战斗部对这类目标的毁伤作用有限，因此各类攻坚战斗部应运而生。按照攻坚战斗部的作用原理，可分为穿爆型和破爆型。

穿爆型攻坚弹药的工作原理是：利用高强度弹体依靠动能侵入目标一定深度，然后发生爆炸，实现对目标内部的毁伤。这种攻坚方式要求弹药具备高强度弹体、抗高过载引信和侵彻姿态控制功能等。为了达到很强的侵彻能力，不仅要求弹体材料强度高，还需要有很大的截面能量密度，因此穿爆型攻坚弹药的战斗部的长径比都很大。典型穿爆型攻坚战斗部的基本结构，如图 3-27 所示。采用穿爆型攻坚战斗部的航空弹药，要求在高空实施投弹操作，投弹时刻载机的速度也尽可能的高，以使弹药获得较高的初始动能和势能，从而提高弹药的着靶速度，增强其侵彻能力。

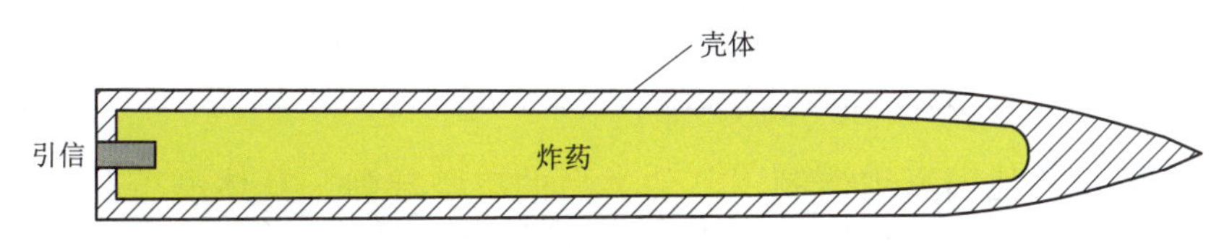

图 3-27　典型穿爆型攻坚战斗部的基本结构

破爆型攻坚弹药的战斗部分为前置战斗部和随进战斗部两部分，其中前置战斗部采用成型装药结构，随进战斗部采用直径较小、壳体较厚的杀爆战斗部结构，其基本结构如图 3-28 所示。破爆型攻坚弹药的工作原理是：弹药命中目标时，前置战斗部首先发生作用，爆炸产生的 EFP 侵彻体在目标上开孔，然后随进战斗部沿孔钻入目标内部实施起爆，最终实现对坚固目标内部的毁伤。采用这种类型战斗部的航空弹药，由于对弹药着靶速度没有要求，因此运用时的投弹高度和载机速度比较自由。美军装备的 AGM-154C 导弹采用了破爆型攻坚战斗部，其结构简图如图 3-29 所示。

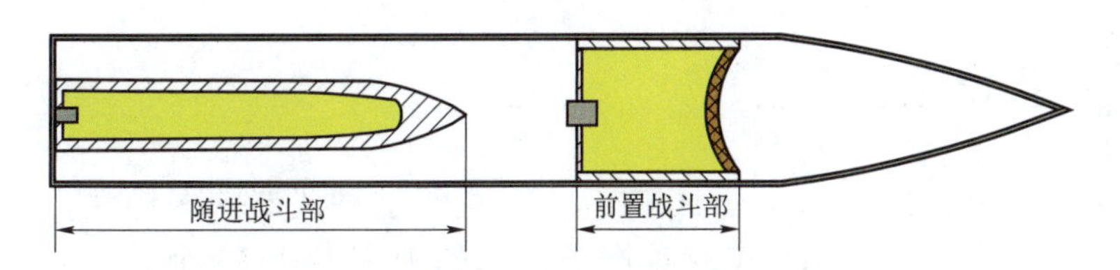

图 3-28　破爆型攻坚战斗部的基本结构

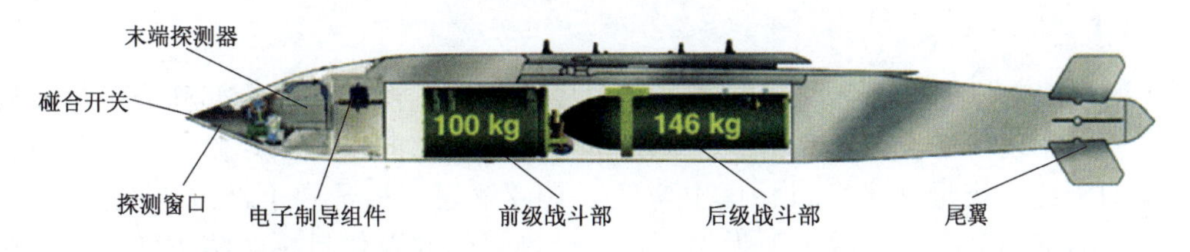

图 3-29　美军装备的 AGM-154C 导弹采用的破爆型攻坚战斗部的结构简图

3.5.2　攻坚战斗部毁伤能力

从历史上看，对地面硬目标的侵彻打击最早使用的是常规航空炸弹。但实战效果显示，这种常规炸弹对硬目标的毁伤能力有限。因此，为了达到更强的侵彻效果，各军事强国都在通过改造或新研的方式开发新式攻坚类航空弹药。

美军采用模块化思路研制的攻坚战斗部型号有 BLU-109、BLU-118/B、BLU-116/B、BLU-113、BLU-122/B 等，其配用的弹药型号和对钢筋混凝土的侵彻能力见表 3-8。

表 3-8　美军的模块化攻坚战斗部型号及其配用弹药型号和对钢筋混凝土的侵彻能力

战斗部型号	弹药型号	对钢筋混凝土的侵彻能力 /m
BLU-109	GBU-10，GBU-15，GBU-24，GBU-27，AGM-130	1.8 ~ 2.4
BLU-118/B	GBU-15，GBU-24，AGM-130	1.8 ~ 2.4
BLU-116/B	GBU-15，GBU-24，GBU-27，AGM-130	3.4
BLU-113	GBU-28，GBU-37	>6
BLU-122/B	GBU-28	≈ 5.5

另外，美国及其他国家也研制了其他类型的攻坚导弹，具体型号及其侵彻能力见表 3-9。

表 3-9　其他类型的攻坚导弹的具体型号及其侵彻能力

研制国	弹药型号	攻坚战斗部类型	侵彻能力
俄罗斯	BetAB-500	穿爆型	3 m 土层 +1 m 钢筋混凝土
美国	GBU-39/B SDB I	穿爆型	1.83 m 钢筋混凝土
美国	AGM-154 JSOW C	破爆型	1.5 m 钢筋混凝土
德国	Taurus KEPD 350 导弹	破爆型	3.4 ~ 6.1 m 钢筋混凝土
美国	GBU-57A/B	穿爆型	60 m 强度为 5 000 psi 的钢筋混凝土

3.6　子母战斗部

子母弹又称集束弹药（cluster munition）。由于这种武器的多样性，因此难以将它进行简单分类。据称，至 2018 年，生产子母弹的国家多达 33 个，研制并生产了 230 种不同型号的集束弹药。

3.6.1　子母战斗部基本特征

在战斗部壳体（母弹）内装有若干个小战斗部（子弹）的战斗部称为子母弹战斗部，主要用于攻击集群目标和面积目标。子母弹战斗部的作用原理是：其内部装有一定数量的子弹，当母弹飞抵目标区上空时开仓或解爆，将子弹全部或逐次抛撒出来，形成一定的空间分布，然后子弹无控下落，分别爆炸并毁伤目标。集束弹药通常在很大范围内释放大量子弹药，受工作可靠性和环境因素的影响，会产生很多未爆弹，给当地的平民造成严重的生命和财产威胁。

按发射 / 投放方式，子母弹可分为身管发射式（包括由榴弹炮、加农炮、加榴炮、迫击炮发射）、火箭 / 导弹式、空中直接布撒式、空投布撒器式。航空领域主要采用空中直接布撒式和空投布撒器式，其中以空投布撒器式的应用更为普遍。采用空中直接布撒方式的弹药，包括英国的 JP 233、德国的 MW-1、俄罗斯的 KMGU 等，布撒子弹药时，吊舱仍然挂载在飞机上，子弹药像普通炸弹一样自由下落。采用空投布撒器时，飞机直接投掷母弹，当母弹下降到预定高度时壳体开仓释放子弹药，随后子弹药自由下落毁伤目标，其作用过程如图 3-30 所示。

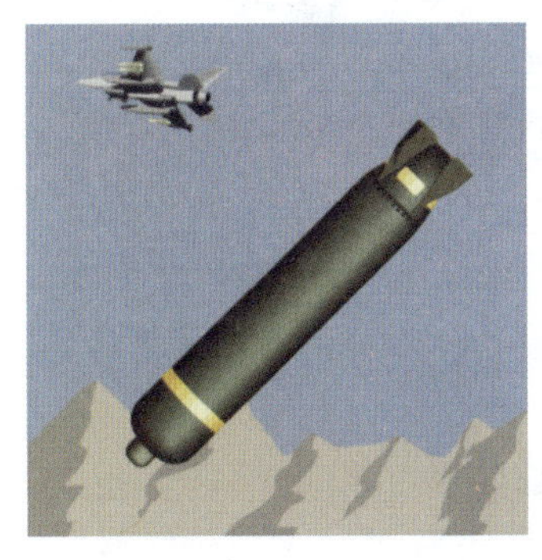

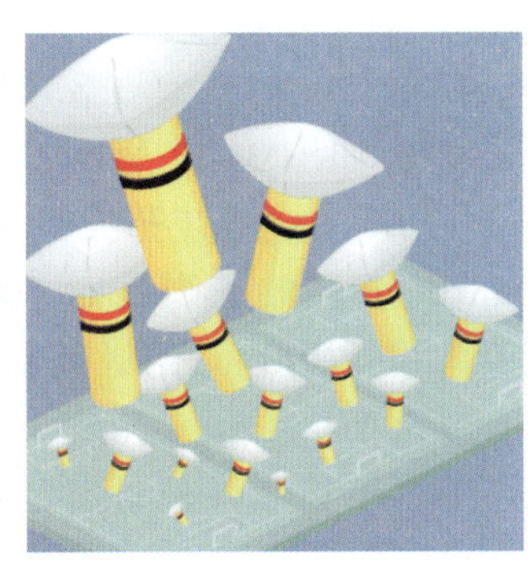

图 3-30　空投布撒器式集束弹药作用过程

现代集束弹药通常具有多种毁伤效果，包括反装甲、反人员、反器材装备等。为了实现这种综合效果，多用途子弹药的战斗部可同时包括成型装药、预制（或半预制）破片、燃烧剂等。

近年来，随着电子技术的进步，子弹药上被安装了红外传感器、毫米波传感器或主动激光雷达等，使其具备了探测识别目标，并能够自主攻击的能力，这种子弹药被称为末敏弹。末敏弹通常采用 EFP 战斗部，对装甲目标的威胁极大，因为装甲目标的顶部通常防护比较薄弱。

3.6.2　子母战斗部毁伤能力

与相同质量的单一战斗部相比，集束弹药可杀伤更大面积上的集群类目标，从而提高在一个地区内压制、杀伤和摧毁多个目标的效率，缩减飞机的飞行架次，减轻弹药补给负担。

以俄罗斯装备的 RBK-250 型集束炸弹为例，其装载有 150 枚 AO-1SCh 型子弹药，单枚母弹的布撒面积超过 4 800 m^2。RBK-250 型集束炸弹及其配用的 AO-1SCh 型子弹药如图 3-31 所示。AO-1SCh 型子弹药采用杀爆战斗部，长度为 156 mm，弹径为 49 mm，重量为 1.2 kg，装有 200 g 炸药，具有较强的杀伤软目标的能力。

图 3-31　RBK-250 型集束炸弹及其配用的 AO-1SCh 型子弹药

美国的 Mk 118 型 Rockeye 子弹药采用成型装药战斗部，曾在越南战争中大量使用。它的母弹是 Mk-7 型战术弹药布撒器（tactical munitions dispenser），全弹重约 230 kg，装载有 247 枚 Mk 118 型子弹药。Mk 118 型反装甲子弹药如图 3-32 所示，它全长 316 mm，重 600 g，其中成型装药战斗部重 183 g。当在 150 mm 高度释放子弹药时，单枚集束炸弹能够覆盖大约 4 800 m^2 的区域，对集群装甲目标实施有效杀伤。

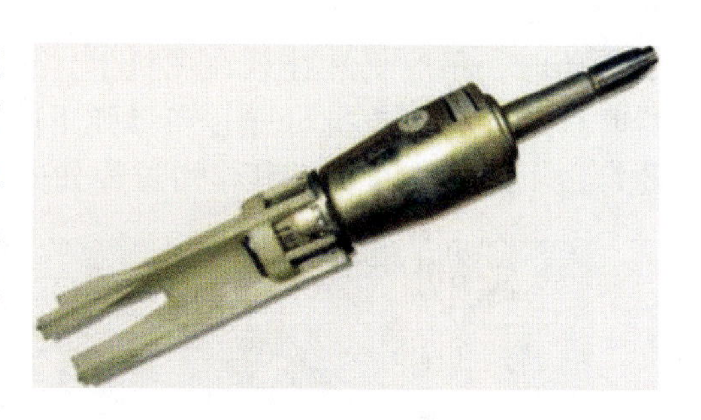

图 3-32　Mk 118 型反装甲子弹药

正是由于集束弹药具有的特殊优点，目前许多国家都装备了集束弹药。据美国国防部 2004 年 10 月的一份报告披露，美国拥有 550 万枚集束弹药，其中包括约 7.285 亿枚子弹药。典型航空子母弹及其关键参数见表 3-10。

表 3-10　典型航空子母弹及其关键参数

弹种	弹重 / kg	长度 / m	直径 / mm	载荷（子弹药）	引信	备注
AGM-154 JSOW	484	4.06	442	145 枚 BLU-97/B 或 6 枚 BLU-108/B 或 BLU-111	与制导系统相连	GPS/INS 制导方式
CBU-12/A	290	3.73	401	261 枚 BLU-17/B 发烟子弹药	飞行员指令	SUU-7/A 型布撒器
CBU-38/A	388	2.6	366	40 枚 BLU-49/B 杀伤子弹药	飞行员指令	SUU-13/A 型布撒器
CBU-52/B	370	2.33	430	254 枚 BLU-61/B 杀伤子弹药	Mk339 或 FMU-140M 型引信	SUU-30B/B 型布撒器
CBU-55/B	250	2.4	360	3 枚 BLU-73/B 子弹药	Mk339 或 FMU-140M 型引信	子弹药包含 33 kg FAE
CBU-58/B	430	2.33	430	650 枚 BLU-63/B 杀伤子弹药	Mk339 或 FMU-140M 型引信	SUU-30B/B 型布撒器
CBU-72/B	250	2.4	360	3 枚 BLU-73/B 子弹药	Mk339 或 FMU-140M 型引信	是 CBU-55 的低阻型号
CBU-87/B CEM	430	2.33	396	202 枚 BLU-97/B 子弹药	FZU-39/B 型近炸引信	SUU-65/B TMD 型布撒器
CBU-89/B GATOR	322	2.34	406	72 枚反坦克地雷和 22 枚反人员地雷	FZU-39/B 型近炸引信	SUU-64/B TMD 型布撒器
CBU-97/B SFW	450	2.34	406	10 枚 BLU-108/B 反装甲子弹药	FZU-39/B 型近炸引信	SUU-64/B TMD 型布撒器
Mk20 Rockeye II CBU	222	2.34	335	247 枚 Mk-118 反装甲子弹药	Mk339 或 FMU-140M 型引信	Mk7 Rockeye 型布撒器

3.7　云爆战斗部

3.7.1　云爆战斗部基本特征

云爆弹（fuel air explosive，FAE）又称燃料空气弹、油气炸弹等，它主要装填燃料空气炸药，或称云爆剂。1966 年，美军在越南战争中首次投下云爆弹，云爆弹开始步入战场，正式揭开各国竞相发展这类武器的序幕。图 3-33 所示为美军空军 A-1E 飞机携带的 BLU-72B 燃料空气炸弹。

图 3-33　美国空军 A-1E 飞机携带的 BLU-72B 燃料空气炸弹

燃料空气炸药或云爆剂主要由环氧烷烃类有机物（如环氧乙烷、环氧丙烷）构成。环氧烷烃类有机物化学性质非常活跃，在较低温度下呈液态，但温度稍高就极易挥发成气态。这些气体一旦与空气混合，即形成气溶胶混合物，极具爆炸性。且爆燃时将消耗大量氧气，产生有窒息作用的二氧化碳，同时产生强大的冲击波和巨大压力。云爆弹形成的高温、高压持续时间更长，爆炸时产生的闪光强度更大。试验表明，对超压来说，1 kg 的环氧乙烷相当于 3 kg 的 TNT 爆炸威力。由实验可知，其峰值超压一般不如固体炸药爆炸所形成的峰值超压高，但对应某一超压值，其作用区半径远比固体炸药大。

按云爆剂的起爆过程，云爆弹可分为二次引爆型和一次引爆型。二次引爆型云爆弹首先通过炸药将云爆剂抛洒出来，待云爆剂与空气充分混合后，再实施起爆，产生高温、高压的爆轰产物。苏联首先开展整体式二次引爆型云爆战斗部的相关研究工作，它在壳体内部对称设置开壳用的炸药，开壳装药首先爆炸将壳体打开，随后分散装药再发生爆炸，抛洒云爆燃料，这样可以克服壳体强度高、燃料分散不对称的问题。整体式二次引爆型云爆战斗部的基本结构如图 3-34 所示。

一次引爆型云爆弹是在两次引爆过程的基础上，将燃料分散和爆轰过程合二为一。这种引爆方式有两种实现途径：①将燃料分散后实现自起爆；②控制燃料边分散边起爆。采用一次引爆型的云爆弹，其结构相对简单，便于在小型武器上使用。苏联研制的一次引爆型云爆战斗部的系统构成，如图 3-35 所示，它采用了边分散边起爆的引爆方式。

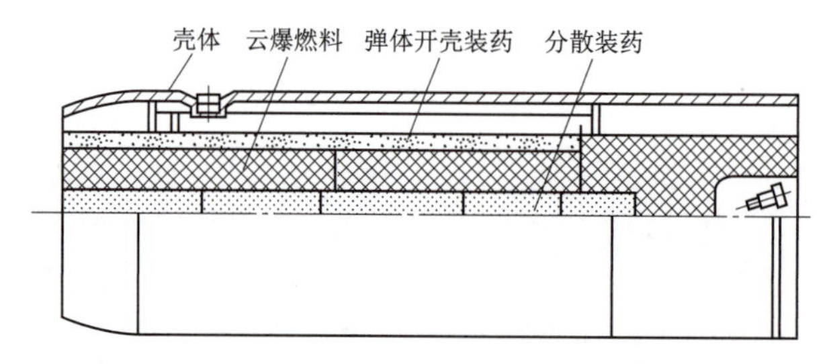

图 3-34　整体式二次引爆型云爆战斗部的基本结构

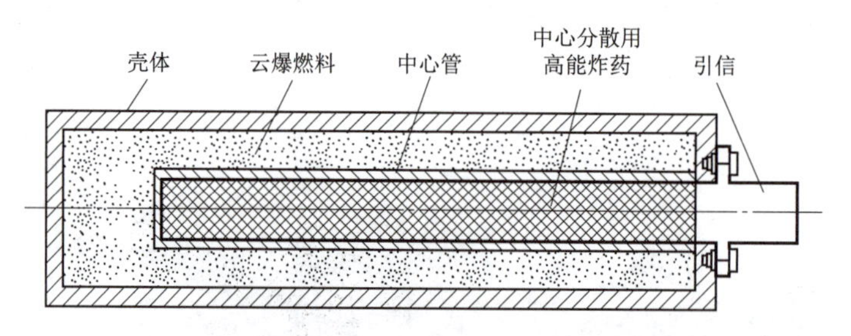

图 3-35　苏联研制的一次引爆型云爆战斗部的系统构成

3.7.2　云爆战斗部毁伤能力

根据云爆战斗部的作用特点，其爆炸可产生大体积爆轰、超压衰减缓慢以及大体积高温火球等目标毁伤因素。因此，云爆战斗部毁伤的典型目标主要包括以下三类。

（1）复杂环境和隐蔽条件下的目标。例如，洞穴、地下设施等。

（2）暴露面的软目标。例如，人员、停机坪上的飞机、小型船只、无装甲车辆、通信指挥中心等。

（3）易燃易爆物质。例如，油库、弹药库等。

目前，云爆弹的种类有很多，典型的包括 BLU-82/B 云爆炸弹、MOAB 云爆炸弹、俄罗斯的“炸弹之父”等。

1. BLU-82/B 云爆炸弹

BLU-82/B 云爆炸弹最早的用途是在越南丛林中清理出可供直升机使用的场地，或者快速构建炮兵阵地。该炸弹实际质量达 6 750 kg，全弹长 5.37 m（含探杆长 1.24 m），直径为 1.56 m，战斗部装有 5 715 kg 稠状云爆剂，壳体为 6.35 mm 钢板。云爆剂采用 GSX，它是硝酸铵、铝粉和聚苯乙烯的混合物。该弹弹头为圆锥形，前端装有一根探杆，探杆的前端装有 M904 引信，用于保证炸弹在距地面一定高度上起爆。该炸弹没有尾翼装置，而是采用降落伞系统，以保证炸弹下降时的飞行稳定性。BLU-82/B 燃料空气炸弹及其投掷过程如图 3-36 所示。

当飞机投放 BLU-82/B 后，在距地面 30 m 处第一次爆炸，形成一片雾状云团落向地面，在靠近地面时再次引爆，爆炸产生的峰值超压在距爆炸中心 100 m 处可达 1.32 MPa。爆炸还能产生 1 000 ~ 2 000℃的高温，持续时间要比常规炸药高 5 ~ 8 倍，可杀伤半径 600 m 内的人员，同时还可形成直径 150 ~ 200 m 的真空杀伤区。在这个区域内，由于缺乏氧气，即使潜伏在洞穴内的人也会窒息而死。该炸弹爆炸所产生的巨响和闪光还能极大地震撼敌军士气，因此其心理战效果也十分明显。

图 3-36　BLU-82/B 燃料空气炸弹及其投掷过程

海湾战争期间，美军曾投放过 11 枚这种炸弹，用于摧毁伊拉克的高炮阵地和布雷区。2001 年以来，美军开始在阿富汗战场上使用这种巨型炸弹。由于该炸弹质量太大，必须由空军特种作战部队的 MC-130 运输机实施投放。为防止 BLU-82/B 的巨大威力伤及载机，飞机投弹时距离地面的高度必须在 1 800 m 以上，且该弹只能单独投放使用。

2. MOAB 云爆炸弹

MOAB 云爆炸弹（massive ordnance air blast bombs），即高威力空中引爆炸弹，俗称“炸弹之母”。它是一种由低点火能量的高能燃料装填的特种常规精确制导炸弹，如图 3-37 所示。“炸弹之母”采用 GPS/INS 复合制导，可全天候投放使用，圆概率误差小于 13 m。该炸弹采用的气动布局和桨叶状栅格尾翼增强了炸弹的滑翔能力，可使炸弹滑翔飞行 69 km，同时使炸弹在飞行过程中的可操纵性得到加强。

图 3-37　MOAB 云爆炸弹

MOAB 最初采用硝酸铵、铝粉和聚苯乙烯的稠状混合炸药（与 BLU-82/B 相同），采用的起爆方式为二次起爆。其作用原理是，当炸药被投放到目标上空时，在距离地面 1.8 m 的地方进行空中引爆，容器破裂、释放燃料，与空气混合形成一定浓度的气溶胶云雾；再经二次引爆，可产生 2 500℃左右的高温火球，并随之产生长历时、高强度的区域冲击波。除此之外，MOAB 爆炸会大量消耗周围空间中的氧气，并产生二氧化碳和一氧化碳。据称，爆炸地域的氧气含量仅为正常值的 1/3，而一氧化碳浓度却大大增加，会造成人员的严重缺氧和一氧化碳中毒。

MOAB 的装备型 GBU-43/B 炸弹装填 H-6 炸药，其成分包括铝粉、黑索金和 TNT，起爆时将这种新型炸药的两个点火过程结合在一次爆炸中完成。因此，该型炸弹的结构更简单，作用更可靠，受气候条件影响也更小，其投放、下落及其爆轰过程如图 3-38 所示。GBU-43/B 炸弹的威力性能参数为：炸药装药重量 8 200 kg，杀伤半径 150 m，威力相当于 11 t TNT 当量，可由 MC-130 运输机或 B-2 隐形轰炸机进行投放。

图 3-38　GBU-43/B 炸弹的投放、下落及其爆轰过程

3. 俄罗斯的"炸弹之父"

2007 年，俄罗斯成功试验了世界上威力最大的常规炸弹，称之为"炸弹之父"。据报道，"炸弹之父"装填了一种液态燃料空气炸药，采用了先进的配方和纳米技术，爆炸威力相当于 44 t TNT 炸药爆炸后的效果，是美国"炸弹之母"的 4 倍；杀伤半径达到 300 m 以上，是"炸弹之母"的 2 倍。"炸弹之父"由图 -160 战略轰炸机投放。

"炸弹之父"采用二次引爆技术，由触感式引信控制第一次引爆的炸高，第一次引爆用于炸开装有燃料的弹体，燃料抛洒后立即挥发，在空中形成炸药云雾；第二次引爆利用延时起爆方式，引爆空气和可燃液体炸药的混合物，形成爆轰火球，利用高温、高强冲击波来毁伤目标。俄罗斯"炸弹之父"的爆炸场景如图 3-39 所示。

图 3-39　俄罗斯"炸弹之父"的爆炸场景

第4章
目标探测原理及机载对地观测设备

与空中和海上目标相比，地面目标是比较难以被探测和识别的。因为，从空中对地面目标探测时，不仅要受到云、雨、雪、霾、雾、大气等自然现象的影响，还要从复杂的地面背景中将目标识别出来，如图 4-1 所示。同理，某些类型的空对地制导弹药在攻击过程中，也会受到类似的影响。本章主要分析和介绍目标探测原理及机载对地观测设备。

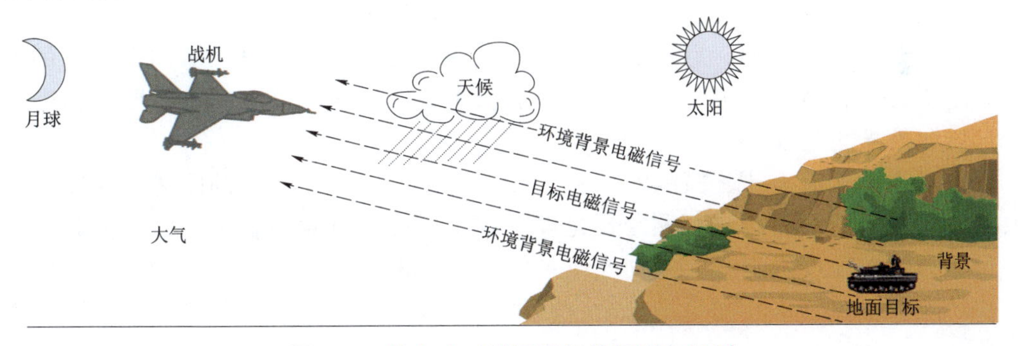

图 4-1 从空中对地面目标的探测和识别

4.1 光电传感器及相关技术基础

从空中对地面目标进行探测和识别可采用多种手段，本章主要涉及光电装备和相关器材。

4.1.1 光电传感器

光电传感器探测、处理的电磁波频率比雷达要高得多，它涉及从紫外（ultra-violet，UV）到红外（infra-red，IR）之间的光谱范围，其中包含可见光波段。这部分电磁波的波长范围从 0.01 μm 至 1 000 μm，也就是频率在 0.3 THz 到 30 000 THz 之间的范围，它与 0.1 THz 附近的甚高频雷达之间存在一定的交叉。图 4-2 给出了电磁波谱中的光学谱区部分。

飞机上常用的光电系统包括激光系统、红外系统、可见光系统和紫外线系统，其中用于对地面目标探测和识别的是可见光成像系统和红外热成像系统，而激光系统多用于测距和目标指示，紫外线系统多用于告警。

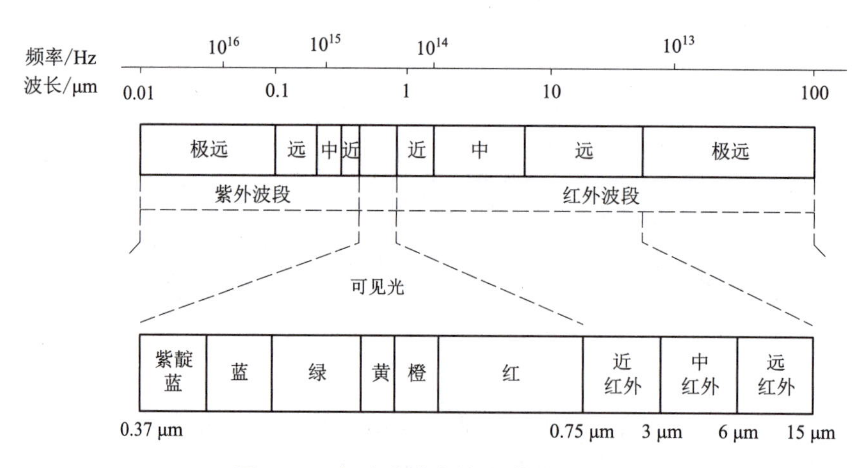

图 4-2　电磁波谱中的光学谱区部分

按探测信号的能量来源，光电系统可分为被动光电系统和主动光电系统。被动光电系统本身不主动发射能量，只探测目标辐射或反射的光谱能量；主动光电系统向目标发射能量，并探测目标反射的能量。主动光电系统的作用原理与雷达类似，它们之间的差异主要是工作频率，以及大气对不同频率电磁能量的影响。军用飞机上的被动光电系统主要包括可见光成像系统、红外成像系统等；主动光电系统主要包括激光目标指示器和激光测距仪。

被动光电系统由于缺乏探测的参考基准，因此难以探测目标的距离或速度。它们既没有时间基准来对目标进行测距，也没有频率基准来确定多普勒频移，因此也很难获得目标的相对速度。但是，被动光电系统可以探测目标的存在与否和具体方向。通常，被动光电系统与主动光电系统结合起来，可根据实际需要来获取目标的距离和速度信息。

4.1.2　大气传输规律

无论是主动光电系统还是被动光电系统，目标辐射、反射的能量必须经过大气才能到达探测器。在这一过程中，大气分子和大气气溶胶会对辐射造成衰减，降低探测器获得的能量。其中，大气分子的衰减又可以分为吸收和散射，大气气溶胶的衰减也可以分为大气气溶胶的吸收和散射。

在电磁波谱的光学波段，吸收辐射的物质分子主要包括水、二氧化碳、一氧化碳、一氧化二氮、臭氧和甲烷。与大多数电磁辐射的传播一样，吸收率随电磁波频率的不同而变化，并在不同的波段趋向于峰值和波谷，从而产生不可进入的区域和窗口。水和二氧化碳的吸收率在 1.4 μm、1.85 μm 和 2.7 μm 时最大，另外水在 6 μm、二氧化碳在 4.3 μm 时也有吸收峰。工作在这些波段的光学系统，由于辐射能量被大量吸收，而无法得到实际应用。

图 4-3 展示了电磁波辐射在 1 海里（1.852 km）水平路径上的传播情况，其中包括窗口区域和屏蔽区域。从图 4-3 中可以看出，可见光波段范围衰减较小，但是大部分红外区域，特别是极远红外区域大气衰减严重。除水的 22.24 GHz 吸收峰外，低于 60 GHz 时相对来说衰减很少，这就是雷达系统所处的频率。因此，雷

达系统能够探测数百千米外的目标，而光电系统的探测范围相对有限。另外，从图 4-3 中还可以看出，大气分子对 1.064 μm 激光的吸收很小，这正是 Nd：YAG（掺钕钇铝石榴石晶体）固体激光器的工作谱段，在长波红外处，存在于 10.6 μm 处的一段光谱窗口，CO_2 激光器工作在这一区域。

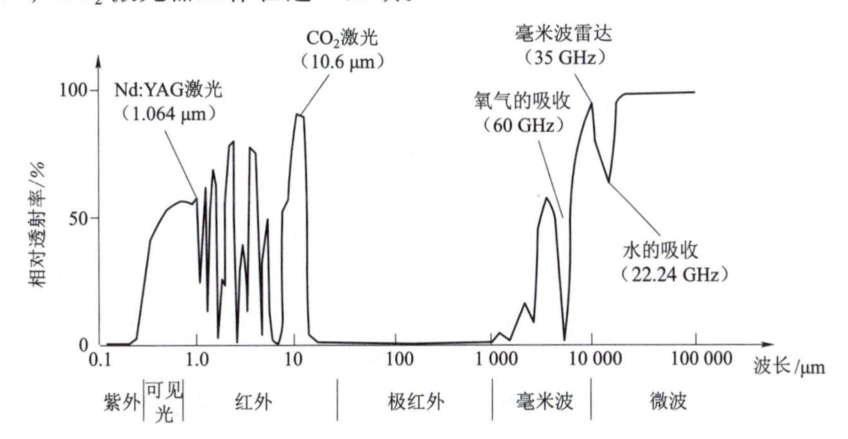

图 4-3　电磁波辐射在 1 海里（1.852 km）水平路径上的传播情况

光在大气中的传输与海拔、传输距离和光谱的波长有关。在海平面上，大气的密度要比高空的大，因此在海平面高度的光能衰减比在高海拔处要严重得多。受大气衰减的影响，目前实用的红外系统倾向于使用 3 ~ 5 μm（中波红外）或 8 ~ 12 μm（长波红外）的波段。因为，高温物体热辐射的波长多在 3 ~ 5 μm 波段，如喷气发动机及其羽流；常温物体热辐射的波长多在 8 ~ 12 μm 波段，如人类、地面车辆等。

当光辐射通过大气介质时，一部分光辐射能量被大气吸收，转变为热能等其他形式的能量；另一部分光辐射能量则被大气向各个方向散射，大气的吸收和散射的总效果使光强在大气介质中传输时衰减。大气吸收和散射产生的衰减服从 Beer 定律。根据 Beer 定律，波长为 λ 的光谱辐射大气透过率 $\tau(\lambda)$ 为

$$\tau(\lambda) = e^{-\alpha(\lambda)R} \tag{4-1}$$

式中，$\tau(\lambda)$ 为光谱透过率，无量纲；λ 为光波波长，m；$\alpha(\lambda)$ 为大气在给定波长下的衰减系数，m^{-1}；R 为传播路径的长度，m。

在光电探测过程中，衰减系数 $\alpha(\lambda)$ 的值随工作波长（或频段）、当地大气条件，以及传感器和能量源所处海拔等的不同而显著变化。

4.1.3　相关物理定律

为充分理解光电系统的工作原理，需要了解一些相关的物理概念和定律。温度高于绝对零度 0 K（或 -273℃）的任何物体都会辐射电磁能量。电磁辐射是由分子运动引起的，而辐射光谱的分布是由物体温度决定的。通过假设目标（或能量源）以类似于黑体辐射的方式辐射能量，可以简化对物理定律的分析。为了理解光电系统的相关理论，需要熟悉下面列出的一些基本物理定律。

（1）普朗克定律（Planck's law）定义了给定温度下黑体辐射出射度与波长的关系。

（2）斯蒂芬－玻尔兹曼定律（Stefan-Boltzmann law）描述了黑体总辐射出射度与其温度的四次方成正比的关系。斯蒂芬－玻尔兹曼定律是由普朗克定律对波长从零到无穷大进行积分而得到的，因此它确定了全波段上黑体辐射的总能量。

（3）维恩位移定律（Wein displacement law）是普朗克定律的导数，因此它确定了在任何给定温度下，黑体最大光谱辐射出射度所对应的峰值波长。

（4）基尔霍夫定律表示物体的吸收特性和发射特性的关系。

1. 普朗克定律

普朗克定律描述了黑体光谱辐射出射度与波长、绝对温度之间的关系，见式（4-2）。

$$W(\lambda, T)=\frac{2\pi c^2 h}{\lambda^5}\times\frac{1}{e^{hc/k\lambda T}-1} \tag{4-2}$$

式中，$W(\lambda, T)$ 为黑体的光谱辐射出射度，W/（m^2 · m）；λ 为光谱的波长，m；c 为光的传播速度，c=2.997 9 × 10^8 m/s；h 为普朗克常数，h=6.626 2 × 10^{-34} W · s^2；T 为物体的热力学温度，K；k 为玻尔兹曼常量，k=1.380 6 × 10^{-23} J/K。

根据普朗克定律可求得黑体的光谱辐射出射度与波长和温度的关系，见表 4-1。从表中可以得出所有的物体都有一个唯一的光谱辐射峰值，并且物体温度越高，峰值对应的光谱波长越短。例如，900 K 温度的黑体辐射峰值波长为 3.220 μm，而 300 K 温度的黑体辐射峰值波长为 9.660 μm。

表 4-1 黑体的光谱辐射出射度与波长和温度的关系

黑体的温度 /K	300	400	500	600	700	800	900
光谱辐射出射度峰值 /（10^9 W · m^{-2} · m^{-1}）	0.031 3	0.131 7	0.402 0	1.000 3	2.162 0	4.215 3	7.596 0
辐射出射度最大时的光谱波长 /μm	9.660	7.245	5.796	4.830	4.140	3.622	3.220

根据普朗克定律，作出不同温度黑体光谱辐射出射度与波长的关系曲线，如图 4-4 所示，温度区间为 300 ~ 900 K，间隔为 100 K，其中辐射出射度峰值最高的曲

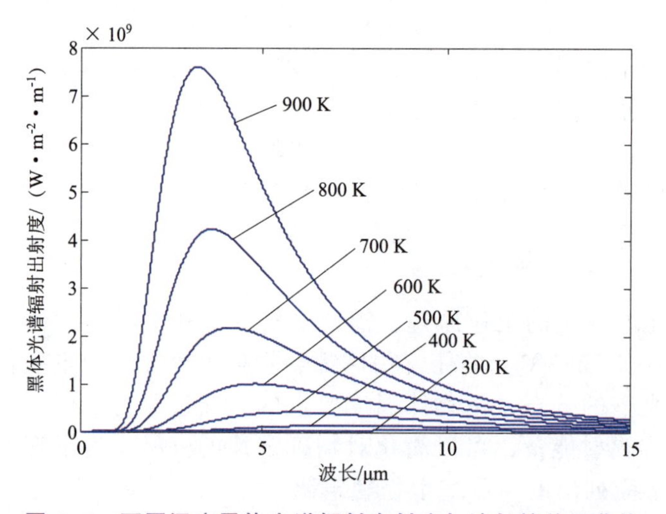

图 4-4 不同温度黑体光谱辐射出射度与波长的关系曲线

线对应 900 K 黑体，辐射出射度峰值最低的曲线对应 300 K 黑体。从图中可看出，温度越高，黑体辐射出射度越大，并且辐射出射度峰值对应的波长越向短波方向移动。另外，该图中温度为 900 K 的黑体光谱辐射出射度比其他黑体高很多，在其曲线下有更大的面积，因此总的辐射出射度也会更大。

2. 斯蒂芬－玻尔兹曼定律

将普朗克黑体辐射方程在全波段进行积分，就能得到黑体总的辐射出射度，即

$$M=\int_{\lambda=0}^{\infty} W(\lambda,\ T)\ \mathrm{d}\lambda=\sigma T^4 \tag{4-3}$$

式中，M 为黑体辐射出射度，$\mathrm{W/m^2}$；λ 为光谱的波长，m；T 为黑体的温度，K；σ 为斯蒂芬－玻尔兹曼常量，$\sigma=5.67\times10^{-8}\ \mathrm{W/(m^2K^4)}$。

这就是著名的斯蒂芬－玻尔兹曼定律的数学表达式，它揭示了黑体全光谱辐射出射度与其绝对温度的四次方成正比，所以又称四次方定律。

在实际应用中，如果黑体处在一个给定温度的环境中，那么能够探测到的总能量是物体和周围环境之间温度的函数。因此斯蒂芬－玻尔兹曼定律可以被改写为

$$M=\sigma\ (T^4-T_{\mathrm{e}}^4) \tag{4-4}$$

式中，T_{e} 为周围环境的温度，K。

当要探测、发现和识别目标时，需要考虑目标所处的环境温度。例如，人员目标的衣服表面温度在 300 K 左右，如果它在温度较低的背景下，就容易被发现，如图 4-5 所示；而如果他们所处的背景环境温度与其衣表温度接近，利用热成像探测器将难以发现他们的存在。

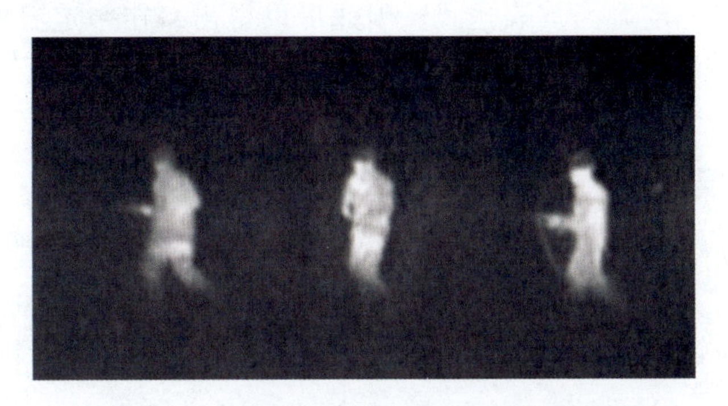

图 4-5　人员目标与周围背景的热辐射图像

前面所述的所有定律都是建立在一种理想的辐射体——黑体上的，绝对黑体在自然界中并不存在。但是，在自然界中可以把很多的辐射体看成灰体，灰体是一种光谱发射率小于 1 的辐射体，在某一温度下灰体的辐射特性具有与同温度下黑体相似的光谱能量分布特性。因此，对于灰体而言，斯蒂芬－玻尔兹曼定律可修正为

$$M=\varepsilon\sigma\ (T^4-T_{\mathrm{e}}^4) \tag{4-5}$$

式中，ε 是物体的光谱发射率，无量纲，在 0 ~ 1 取值，是材料结构和光洁度的函数。

3. 维恩位移定律

为了求出不同温度的黑体最大光谱辐射出射度所对应的峰值波长，可以对普朗克

公式取波长的导数，令其等于零，得到

$$\lambda_{max}=\frac{a}{T} \tag{4-6}$$

式中，λ_{max} 为最大光谱辐射出射度对应的峰值波长，m；a 为常数，$a=2.898\times10^{-3}$ m·K；T 为物体的温度，K。

这就是维恩位移定律。

4. 基尔霍夫定律

黑体是一个能完全吸收从任何角度入射和任何波长的外来电磁辐射能的物体。与任何相同温度的其他物体相比，黑体的辐射出射度最大。因此，黑体既是最好的吸收体，又是最好的发射体。但实际上，黑体是一个理想化的概念。在相同温度下，物体的辐射出射度与黑体的辐射出射度之比，称为该物体的发射率，即

$$\varepsilon=\frac{M}{M_b} \tag{4-7}$$

式中，ε 为物体的发射率；M 为物体的辐射出射度；M_b 为黑体的辐射出射度。

当外界辐射入射到物体表面时，会发生反射、吸收和透射三个过程。根据能量守恒定律，三种能量的百分比之和应为 1。黑体能全部吸收入射的辐射能，因此黑体的吸收率为 1，反射率和透射率都为 0。

基尔霍夫发现，在一定温度下，任何物体的辐射出射度 M 与它的吸收率 α 之比，等于该温度下黑体的辐射出射度 M_b，即

$$\frac{M}{\alpha}=M_b \tag{4-8}$$

这就是基尔霍夫定律及其表达式。因此可以得出，在一定温度下，任何物体的发射率 ε 在数值上与自身的吸收率 α 相等，进而得出好的吸收体也必定是好的发射体的结论。

4.1.4 自然环境辐射

在空对地作战行动中，要想准确地从背景中发现并识别敌方目标，有必要了解自然环境的辐射特性。自然环境辐射涉及的内容非常宽泛，其中包括太阳的辐射、月球的辐射、地球的辐射、星球的辐射、大气辉光等。自然环境辐射及机载光电设备对目标的探测如图 4-6 所示。

太阳是一个炽热球体，它向地球辐射了巨大的能量。测试表明，太阳的辐射与温度为 5 900 K 的黑体辐射非常相似。太阳辐射能在紫外线（<0.38 μm）区域能量占比约为 7%，可见光（0.38 ~ 0.76 μm）区域能量占比约为 50%，近红外线（>0.76 μm）区域能量占比约为 43%。但由于大气的吸收和散射，太阳辐射到地球表面的能量主要集中在 0.3 ~ 3 μm 的光谱区。

月球的辐射包括对太阳辐射的反射和自身的热辐射两部分。其中月球对太阳辐射的反射光谱分布与阳光接近，峰值约为 0.5 μm，这是夜间地面自然光照的主要来源。

地球的辐射包括对太阳辐射的反射和自身的辐射，其中对太阳光的反射峰值在 0.5 μm 波长附近，自身辐射的峰值波长约为 10 μm。在白天，前者占主导地位；在夜间，后者占主导地位。

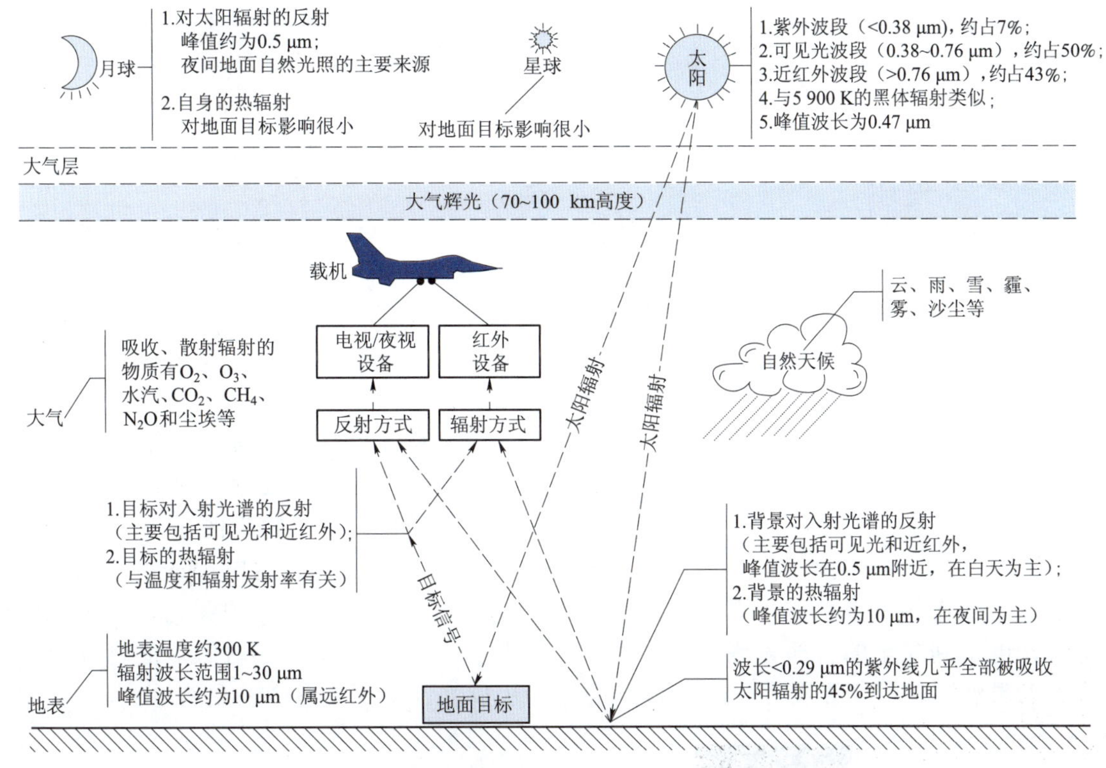

图 4-6　自然环境辐射及机载光电设备对目标的探测

地表的辐射主要与温度和辐射发射率有关。常见材料和地面覆盖物的辐射发射率见表 4-2。

表 4-2　常见材料和地面覆盖物的辐射发射率

材料	毛面铝	磨光的钢板	混凝土	干的土壤	麦地	毛面红砖	无光黑漆	人体皮肤
温度 /℃	26	940 ~ 1 100	20	20	20	20	40 ~ 95	32
辐射发射率	0.55	0.55 ~ 0.61	0.92	0.90	0.93	0.93	0.96 ~ 0.98	0.98

星球对地面照度的贡献份额不大。

大气辉光产生于地球上空 70 ~ 100 km 高度的大气层中，是因太阳辐射中的紫外线在高层大气中激发原子，并与分子发生低概率碰撞而产生的。大气辉光是夜天辐射的重要部分，约占无月夜天光的 40%。

夜天辐射是上述各自然辐射源辐射的总和。值得注意的是，夜天辐射不仅包括可见光波段，还包括很强的近红外辐射。因此，夜视技术充分利用了延伸至 1.3 μm 的近红外区域。在性质上，近红外与可见光相似，近红外主要来自目标和背景反射太阳的红外辐射，所以也称反射红外。虽然近红外范围是 0.78 ~ 3.0 μm，但受探测器件的限制，目前只能探测 0.78 ~ 1.3 μm 的波长范围。

中红外、远红外和极远红外是产生热感的原因，所以称为热红外。目标的热红外辐射通常是利用热成像设备来进行探测和识别的。

任何物体当温度高于绝对零度时，都会向外辐射电磁波，但波长超过 15 μm 的极远红外线容易被大气和水分子吸收，所以对地面目标的探测主要是在 3 ~ 15 μm 波段，特别集中在 3 ~ 5 μm 和 8 ~ 14 μm 波段。

4.2 微光夜视探测原理

即使在“漆黑的夜晚”，天空中仍然充满了光线，这就是“夜天辐射”。夜天辐射主要来自太阳、地球、月球、星球、云层、大气等自然辐射源。但这种辐射的强度太弱，低于人眼的视觉阈值，不足以引起人眼的视觉感知。因此，为实现低照度条件下的目标观察，必须对微弱的光辐射进行增强。例如，以增强器为核心部件的微光夜视仪，其主要作用就是将微弱光增强至人眼可感知的强度。

直视型微光夜视仪主要包括强光力物镜、像增强器和目镜三部分，如图 4-7 所示。其工作原理为：微弱夜天辐射照射到目标上，经过目标的反射，进入微光夜视仪；在强光力物镜的作用下，聚焦在像增强器的光电阴极面（与物镜的后焦面重合），光电阴极完成光电转换，将光子转换为光电子；光电子在像增强器电子透镜（电子光学系统）的作用下被加速、聚焦、成像，以极高速度轰击像增强器的荧光屏，荧光屏完成光电子到光子的转换，激发出足够强的可见光，把被微弱光辐射照射的目标变成适于人眼观察的可见光图像，经过目镜的进一步放大，实现更有效的目视观察。

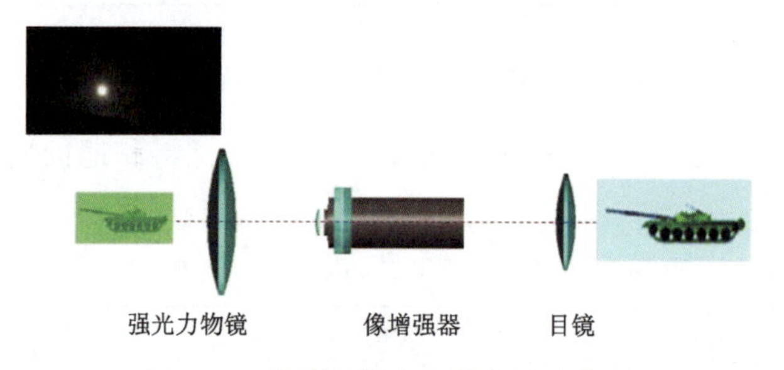

图 4-7　直视型微光夜视仪基本构造

目前，为获取战场的制夜权优势，美军飞行员已大量装备了各种用途和型号的微光夜视设备，如图 4-8 所示。夜间通过直视型微光夜视仪观察到的景物如图 4-9 所示。

图 4-8　美军飞行员装备的微光夜视设备

图 4-9　夜间通过直视型微光夜视仪观察到的景物

目前，按所用像增强器的类型，微光夜视仪可分为第一代微光夜视仪、第二代微光夜视仪、第三代微光夜视仪，还有发展中的超三代、第四代微光夜视仪。

4.2.1　第一代微光夜视仪

第一代微光夜视仪的像增强器通常采用级联式像增强器，如图 4-10 所示。级联式像增强器是将多个单级像增强器级联起来以获得更高的光增益。

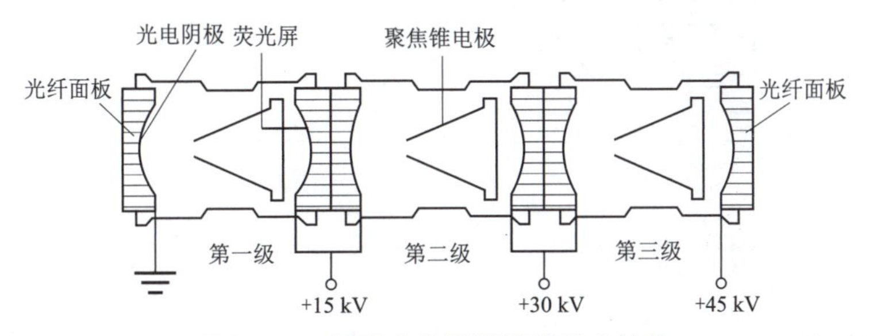

图 4-10　级联式像增强器的基本结构

单级像增强器主要由光电阴极、电子透镜和荧光屏组成，下面对其工作原理及作用做简要介绍。

1. 光电阴极

像增强器的输入端面采用光电发射材料制成的光敏面，利用外光电效应将输入的辐射图像转换为电子图像。其入射光的波长满足爱因斯坦定律，也就是入射光的波长必须小于长波阈值 λ_0，否则无论光强多大都不会产生光电发射效应。按材料的电子亲和势，实用的光电阴极可分为常规光电阴极（如银氧铯、多碱锑化物光电阴极）和负电子亲和势光电阴极。

2. 电子透镜

光电阴极把目标图像转换为电子图像。构成电子图像的电子在刚离开阴极时形成低速的电子流，其初速度由爱因斯坦定律决定。由于静电场或电磁复合场的洛伦兹力作用，电子流被强烈加速和聚焦，以很大的能量撞击荧光屏，形成可见光图像。这里的静电场或电磁复合场称为电子光学系统。由于它具有聚焦光电子成像的作用，又被称为电子透镜。电子透镜通常分为双平面近贴型、电磁复合聚焦型和准球对称型。

3. 荧光屏

荧光屏的作用是将光电子图像转换成可见光图像。当像管中高速光电子轰击荧光屏时，晶态磷光体基质中的价带电子受激跃迁到导带，所产生的电子和空穴分别在导带和价带中扩散。当空穴迁移到发光中心的基态能级上时，相当于发光中心被激发了。而导带中的受激电子有可能迁移到这一受激的发光中心，产生电子和空穴的复合而释放出光子。荧光屏发射的光波波长由发光中心基态与导带的能量差决定。

4.2.2 第二代微光夜视仪

第二代微光夜视仪与第一代的根本区别在于它采用的是带微通道板（MCP）的像增强器，如图 4-11 所示。微通道板的像增强器与第一代像增强器的显著差异是，它以微通道板的二次电子倍增效应作为图像增强的主要手段，而第一代像增强器中，图像增强主要是靠高强度的静电场来提高光电子的动能。微通道板的像增强器管子可以做得很短；体积小，重量轻，而且由于通道壁具有自饱和现象，因此第二代微光夜视仪具有自动防强光的优点。

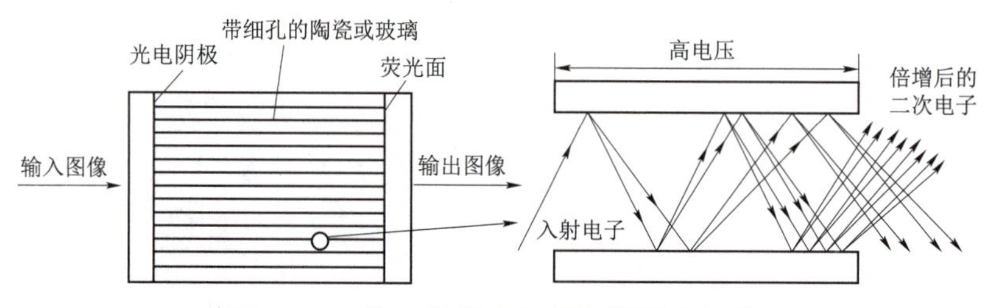

图 4-11 第二代微光夜视仪的基本结构

4.2.3 第三代微光夜视仪

与第一代、第二代微光夜视仪相比，第三代微光夜视仪采用的是第三代像增强器。这种像增强器采用负电子亲和势光电阴极取代常规光电阴极，同时利用微通道板的二次电子倍增效应，量子效率高、光谱响应宽是这种像增强器的特殊优点。

另外，在第三代像增强器的基础上，通过进一步改进微通道板的性能，或者利用门控电源技术，提高像增强器的分辨率、信噪比等性能参数。它们分别属于超三代和第四代像增强器。

4.3 红外成像探测原理

4.3.1 红外成像探测基本原理

自然界中的一切物体，只要其温度高于绝对零度，总是在不断发射辐射能，如太阳、火箭弹尾焰、人体等。因此，只要能收集并探测这些辐射能，就可以形成与景物辐射分布相对应的热图像。红外成像探测设备的基本工作原理如图 4-12 所示。

目标向外发射一定的红外辐射，光学系统将红外辐射收集起来，经过光谱滤波之后，将目标的辐射分布汇聚成像在红外探测器的光敏面上，探测器依次把景物各部分的红外辐射转换成电信号，经过视频处理后，在显示器上显示出景物的热图像。采用红外成像设备获得的坦克、车辆和人员的热图像如图 4-13 所示。

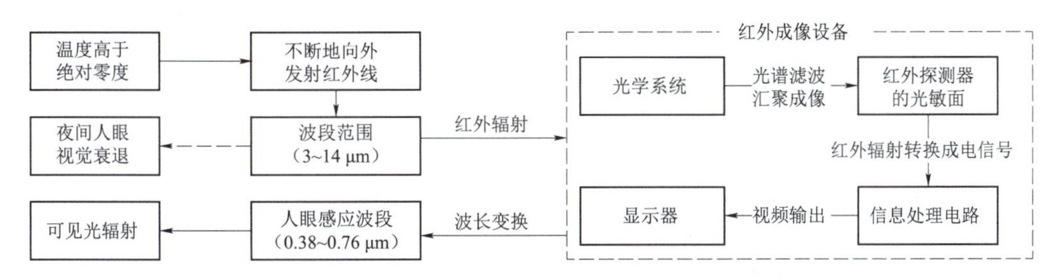

图 4-12　红外成像探测设备的基本工作原理

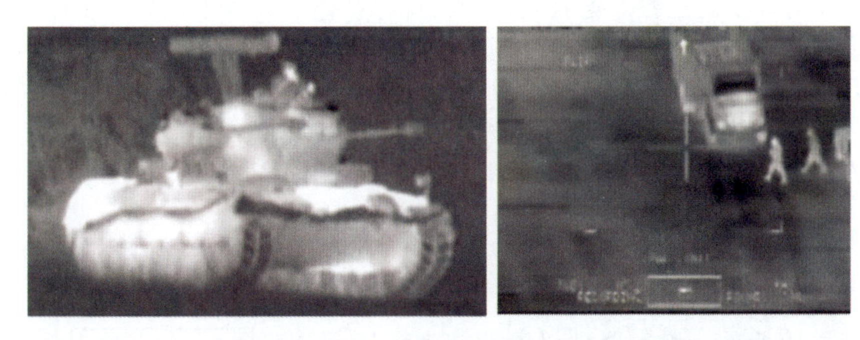

图 4-13　采用红外成像设备获得的坦克、车辆和人员的热图像

4.3.2　红外成像的特点

红外成像系统是基于物体的红外辐射成像的，与其他成像系统相比具有以下几个特点。

（1）红外系统一般以“被动”方式接收目标辐射的红外信号，与主动式探测系统相比，具有较好的隐蔽性，并可以全天候工作。

（2）红外探测是基于目标与背景之间的温差和发射率差来进行探测的，因此传统的伪装方式不可能掩盖由这种差异所形成的目标红外辐射特性，所以红外热成像系统具有比可见光系统更好的识别伪装的能力。例如，在可见光观察中，隐藏在树林中的人是发现不了的，但通过红外热像仪，可以很清楚地识别，如图 4-14 所示。另外，在一定的深度范围内，土层、水层等都不能完全屏蔽目标的红外辐射，这就使红外探测具有一定的洞察深层目标的能力，如水下的潜艇、地下的管道等。

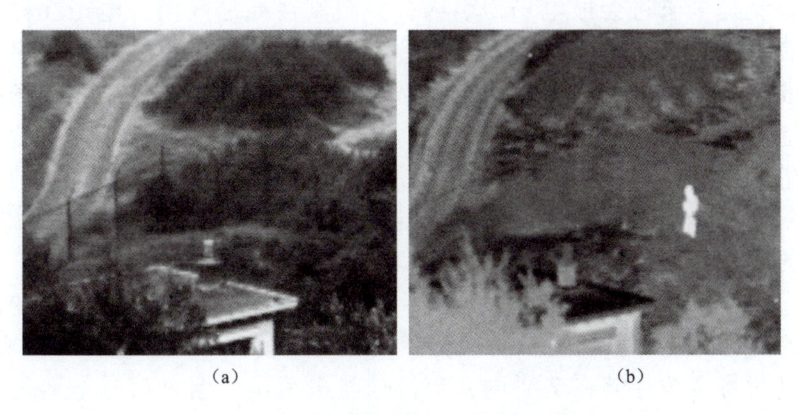

(a)　(b)

图 4-14　可见光探测与红外探测的对比

（a）可见光探测；（b）红外探测

（3）与可见光相比，红外辐射具有更强的穿透烟雾、雨雪等的能力。

4.4 电视的基本原理

电视摄像是将二维空间分布的光学图像转换为一维时间变化的视频电信号的过程。按摄像器件的不同，电视摄像机可分为摄像管摄像机和固体摄像机。从 20 世纪 50 年代左右至今，摄像管先后经历了光电摄像管、超光电摄像管、正析摄像管、超正析摄像管、光电导管等发展过程。电真空摄像器件存在体积大、重量大、机械强度差、功耗高等不足。随着半导体材料与器件制备技术的进展，人们开始考虑应用半导体器件取代摄像管。电荷耦合器件是最具代表性、最成功的固体成像器件之一。CCD 实现了全固体化，具有灵敏度高、体积小、质量轻、寿命长等特点，是现在应用最广的摄像器件。本节以 CCD 为例，介绍电视器件的成像原理。

4.4.1 CCD 结构及性能

CCD 是 1970 年由美国贝尔实验室首先研制出来的新型固体器件。该型器件以电荷作为信号载体，实现信号电荷的产生、存储、传输和检测。CCD 的基本单元是一个由金属—氧化物—半导体组成的电容器（简称 MOS 结构），理想 MOS 电容器的基本结构如图 4–15 所示。在硅片上生长一层 SiO_2 层，再蒸镀上一层金属铝作为栅电极。硅下端形成欧姆接触电极，便构成一个 MOS 二极管或 MOS 电容器。半导体称为“衬底”，衬底分为 P 型硅衬底或 N 型硅衬底，对应不同的沟道形式，由于电子的迁移率高，所以大多数 CCD 选用 P 型硅衬底。本小节以 P 型硅衬底为例来分析 MOS 电容器的电学特性。

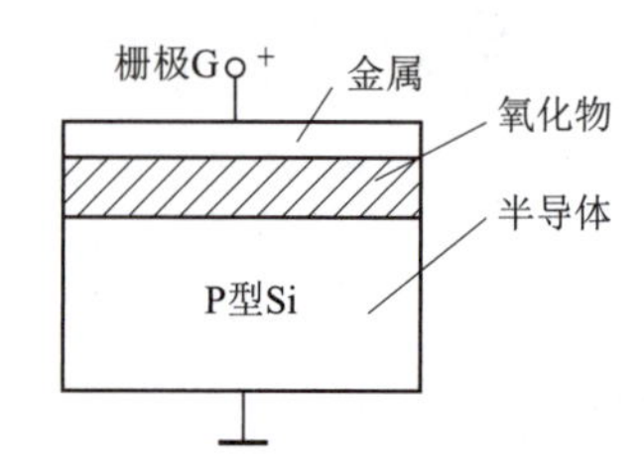

图 4–15 理想 MOS 电容器的基本结构

热平衡状态下，P 型硅中空穴的分布是均匀的。而一旦栅极加入一定的电压，就会打破这种平衡。当金属栅极加入正电压后，P 型硅表面附近区域的空穴就会被电场力排斥到半导体的下部，从而在半导体表面附近形成一个带负电荷的耗尽区。而少数载流子，也就是电子将会被电场力引入，并限制在耗尽区内，电子在耗尽区内的电势能很低，耗尽区对于电子来说就像一个“势阱”。很显然，势阱具有存储电子的能力，且存储的能力与栅极电压有很大的关系，电压越大，半导体内的电场越强，势阱越深，存储能力就越强，当势阱最深时所对应的电压称为阈值电压。当然，随着时间的推移，势阱就会被热激发产生的电子填满而消失，不再具有存储电子的能力。所以可以这样理解，在金属极板上施加一定正电压的瞬间，极板上立即感应出正电荷。P 型半导体中的空穴能跟得上这种感应速度，并随即被排斥到半导体下部，而电子的产生要慢得多，跟不上这种感应速度，因此，势阱在施加电压的瞬间是空的，势阱也最深，具有最大的存储能力。此时，若向势阱内注入电荷（如光辐射所产生的光电子），则被注入的电荷将会被存储在势阱内，形成信号电荷包，但是信号电荷包的存储时间要小于热激发电子的弛豫时间，否则势阱会被热激发的电子填满而消失，信号电荷包既不能被存进去也不能被取出来。所以 CCD 器件必须工作在非稳态。

4.4.2　CCD 成像原理

1. 电荷包的产生

利用 CCD 摄像器件拍摄光学图像时，光束照射到半导体衬底上，半导体内将产生电子 – 空穴对，多数载流子会被栅极上所加电压产生的电场排斥到底部，少数载流子则被收集到势阱中形成信号电荷包，这样具有一定照度分布的光学图像被转换成电荷分布，电荷的大小与光照的强度成正比。

2. 电荷包的存储

由上述可知，CCD 单元能够存储电荷包，且其存储能力可通过调节栅极电压的大小加以控制。

3. 电荷包的转移

CCD 中电荷包的转移过程是将电荷包从一个势阱中转入相邻的深势阱中，通过控制各栅极电压的大小来调节势阱的深度，并利用势阱的耦合原理而实现。以三相器件为例，电荷的转移（耦合）过程如图 4–16 所示。

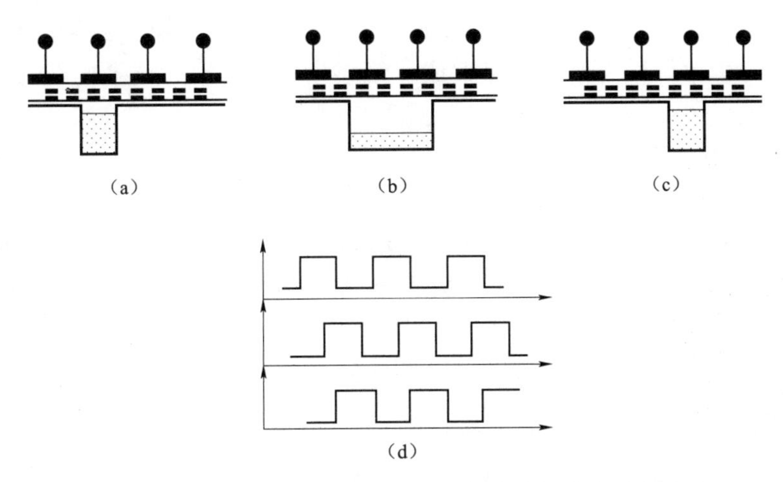

图 4–16　三相 CCD 中的电荷转移（耦合）过程

在图 4–16（a）中，由于第一个电极下为深势阱，光生电荷集中在第一个电极的势阱中；经过时间 t_1 后，第一个电极仍保持 10 V，而第二个电极电压由 2 V 变为 10 V，因为这两个电极靠得很近，它们各自的势阱耦合在一起，从而原来在第一个势阱中的电荷被耦合势阱共有，如图 4–16（b）所示；在 t_2 时刻，第一个栅极的电压由 10 V 变为 2 V，第二个栅极的电压仍为 10 V，则势阱 1 收缩，电荷包流入势阱 2，如图 4–16（c）所示。由此可见，当栅极电压按照时钟脉冲的规律不断改变，信号电荷包就按其在 CCD 中的空间排列顺序，串行地转移出去。

4. 电荷包的输出

目前 CCD 中电荷包的输出方式有电流输出、浮置扩散放大器输出和浮置栅放大器输出等方式，这里介绍一种简单的电流输出结构。

如图 4–17 所示，当信号电荷在转移脉冲的驱动下，向右转移到末极电极（图中 CR2 电极）下的势阱中后，CR2 电极上的电压由高变低时，信号电荷将通过输出栅极下的势阱进入反向偏置的二极管（图中的 N^+ 区）。进入反向偏置的二极管中的电荷，将产生输出电流，且电流的大小与注入二极管中的信号电荷量成正比。而由于输出电流的存在，使得 A 点的电位发生变化，输出电流增大，A 点电位降低，所以通过 A 点的电位可以检测出输出电流的大小。

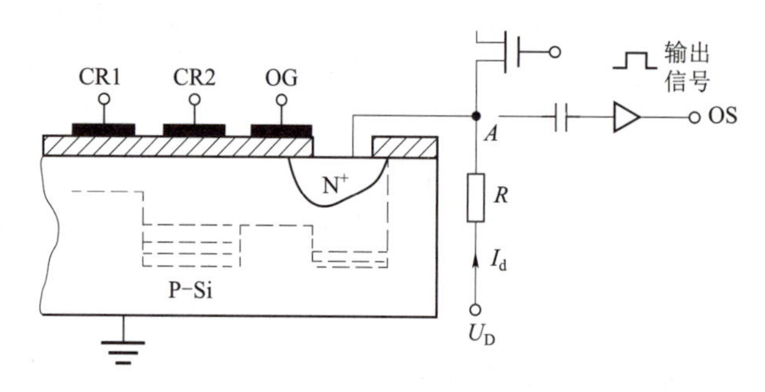

图 4-17　电荷输出电路（电流输出方式）

综上所述，对于 CCD 摄像器件，它是先将由半导体产生的，与景物照度分布相一致的信号电荷注入势阱中，再通过内部驱动脉冲控制势阱的深浅，使信号电荷沿沟道朝一定的方向转移，最后经输出电路形成一维时序电信号。

4.5　激光的基本原理

激光（light amplification by stimulation emission of radiation，LASER），意思是通过辐射的受激发射实现光放大。自从 1960 年美国科学家梅曼（T.H.Maiman）发明第一台红宝石激光器以来，激光就获得了异乎寻常的快速发展，并对人们的生活和军事产生了巨大的影响。

4.5.1　激光的产生

晶体是由规则的周期性排列的原子所组成的。每个原子又包含有原子核和核外电子。原子中的电子在特定的轨道上运动，处于定态，并具有一定的能量，原子的每一个内部能量值，称为原子的一个能级。当原子从某一能级吸收或者释放能量，变成另一能级时，就产生了跃迁。爱因斯坦认为辐射与原子的相互作用包括自发辐射跃迁、受激辐射跃迁和受激吸收跃迁。这三个跃迁伴随在激光器的发光过程中。

1. 自发辐射跃迁

高能级的原子自发地向低能级跃迁，并发射出一个能量为两个能级能量差的光子，这个过程称为自发辐射跃迁。假设高能级的能量为 E_2，低能级的能量为 E_1，如图 4-18 所示，则自发辐射跃迁所发射出的光子的频率为 $hv_{21}=E_2-E_1$。

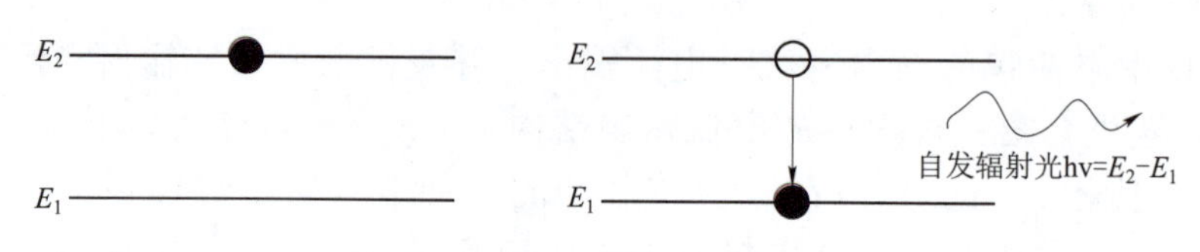

图 4-18　自发辐射跃迁

自发辐射跃迁的过程只与原子本身性质有关，与外界的辐射场无关。因此，自发辐射所发射的光子，其运动方向、偏振状态、初相位完全是随机的，是一种非相干光，普通光源就是这种性质。自发辐射跃迁概率 A_{21} 与原子处在高能级 E_2 上的平均寿命 τ_2 成反比。

2. 受激辐射跃迁

处于高能级上的原子在外来辐射场的激励或光子的诱发下，向低能级跃迁并辐射出一个与激励辐射场光子或诱发光子的状态（包括频率、相位、偏振方向、运动方向等）完全相同的过程称为受激辐射跃迁。假设原子从 E_2 能级向低能级的能量为 E_1，如图 4-19 所示，则入射光子和受激辐射跃迁辐射光子的频率为 $h\nu_{21}=E_2-E_1$。

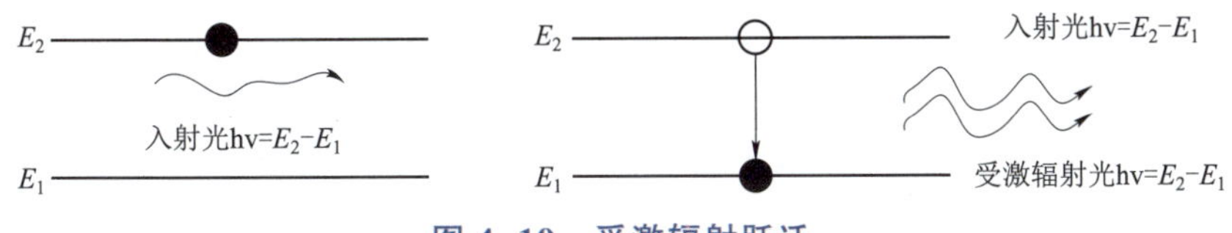

图 4-19　受激辐射跃迁

受激辐射跃迁是在外来辐射场的作用下产生的，因此，受激辐射的跃迁概率不仅与原子本身的性质有关，而且与辐射场的大小成正比。这是与自发辐射的区别。

从以上可看出，在受激辐射跃迁的过程中，处于上能级的发光粒子在外来光子的诱导下，产生一个与外来光子状态完全相同的光子，也就是一个光子变成两个光子，这两个光子再去诱发其他发光粒子，就会产生四个光子，如此过程循环，则产生更多状态相同的光子。可见，入射的是一个光子而产生的是更多的光子，所以受激辐射跃迁的过程是一个光放大的过程。而由于产生的光子的状态完全相同，因此产生的光是相干光。

3. 受激吸收跃迁

处于低能级上的原子在外来辐射场的作用下，吸收一个光子后向高能级跃迁的过程称为受激吸收跃迁。很显然，假设原子从 E_1 能级跃迁到 E_2 能级，如图 4-20 所示，则入射光子的频率满足 $h\nu_{12}=E_2-E_1$。

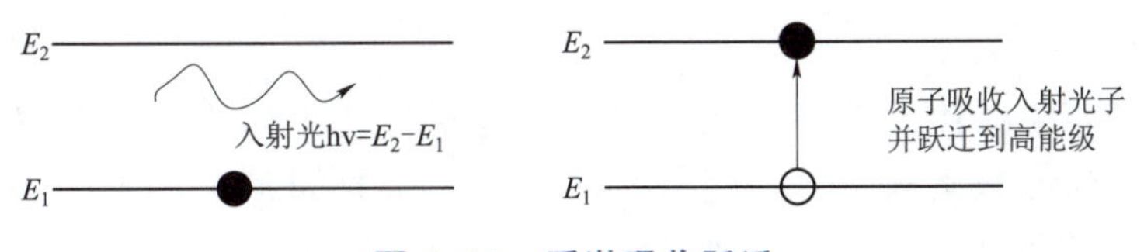

图 4-20　受激吸收跃迁

从受激吸收跃迁的过程看，受激吸收跃迁是一个光子减少的过程。而当一束光通过发光物质时，受激吸收跃迁和受激辐射跃迁是同时存在的，受激吸收跃迁使光子数减少，而受激辐射跃迁使光子数增加。所以，一束光通过发光物质后，光强是增大还是减弱，要看哪种跃迁过程占优势，而哪种跃迁过程占优势，主要看能级上的粒子数分布情况，如果低能级上的粒子数 n_1 大于高能级上的粒子数 n_2，则受激吸收跃迁占优；反之，受激辐射跃迁占优。在热平衡状态下，低能级的粒子数大于高能级的粒子数，也就是 $n_1>n_2$，所以一束光通过发光物质后，其光强减弱。因此，要实现光的放大，必须使受激辐射跃迁占优，也就是高能级上的粒子数要大于低能级上的粒子数，即 $n_1<n_2$，这种状态称为粒子数反转。

4.5.2 激光器的组成

虽然激光器的种类繁多，结构各异，但其基本结构类似，如图 4-21 所示，主要由激活介质、激励装置和谐振腔（全反射镜 + 部分反射镜）三部分组成。不同的激光器，根据其用途不同，会加入特殊的部件，如调 Q 开关、锁模装置、冷却系统等。

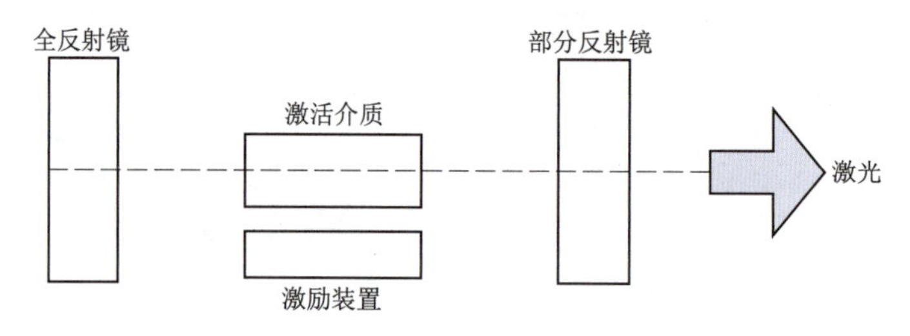

图 4-21 激光器的基本结构

1. 激活介质

为了形成稳定的激光，首先必须有能够形成粒子数反转的发光粒子，称为激活粒子。它们可以是分子、原子或离子。这些激活粒子有些可以独立存在，有些则依附于某些材料中。为激活粒子提供寄存场所的材料称为基质。基质与激活粒子统称激光工作物质，也称激活介质。

激活介质是激光器的核心，必须有适当的能级结构，能够在激励源的作用下实现粒子数反转。在实际的激光器中，激光过程一般不只发生在两个能级之间的跃迁，而是涉及多个能级之间的跃迁。激光粒子的能级系统比较复杂，但是通常可用三能级系统和四能级系统进行表示。激光器发射的激光波长主要取决于激光工作物质中激活粒子的性质。按照激活介质的物理性质，可将激活基质分为气体型、固体型、液体型和半导体型。

2. 激励装置

为了实现粒子数反转，必须要从外界注入能量，使工作物质中有尽可能多的粒子从低能级跃迁到高能级上去，这一过程称为激励，也称泵浦。激励的方法一般有光激励、放电激励、热能激励、化学激励、核能激励等。

光激励是用光照射工作物质，工作物质吸收光能后产生粒子数反转。光激励的光源可采用高效率、高强度的发光灯、太阳能和激光。大多数固体激光器都是用连续或脉冲灯激励，常用的是脉冲氙灯和连续氪灯；气体分子在高电压下发生电离导电，这种现象称为气体放电。气体放电是气体激光器常用的激励方法，在放电过程中，气体分子（或原子、离子）与被电场加速的电子碰撞，吸收电子能量后跃迁到高能级，形成粒子数反转；热能激励采用高温加热的方式使高能级上气体粒子数增多，然后突然降低气体温度，因高、低能级的热弛豫时间不同，可使粒子数反转；化学能激励是利用化学反应过程中释放的能量来激励粒子，建立粒子数反转；核能激励采用核裂变反应放出的高能粒子、放射线或裂变碎片等激励工作物质，实现粒子数反转。

3. 谐振腔

仅仅使工作物质处于粒子数反转状态，虽可获得激光，但它的寿命很短，强度也不会太高，并且光波模式多、方向性差。为了得到稳定持续、有一定功率的高质量激光输出，激光器还必须有一个谐振腔。谐振腔是激光器的重要组成部分，它不仅是形成激光振荡的必要条件，而且对输出激光的模式、功率、束散角等都有很大的影响。

谐振腔是由两个互相平行的并与激活介质轴线垂直的反射镜组成，其中一个是全反射镜，另一个是部分反射镜，激光由部分反射镜输出。谐振腔的作用是使辐射光在两个腔镜间往返振荡，经过多次放大，达到一定值时通过输出镜输出。反射镜多采用玻璃材料，表面镀介质膜形成必要的反射率。对于高能量大功率激光器，为防止反射镜被强光损坏，可采用金属反射镜，即在金属基底上镀金属反射层达到一定的反射率。中远红外波长的激光器输出镜要选用对该波长透射性能好的材料。

4.5.3　激光的基本特性

激光是一种特殊的光源，与普通光源相比具有方向性好、单色性好、相干性好以及能量集中四个特性。激光的四个特性不是彼此独立的，它们之间是互有联系的。

（1）方向性好。光源的方向性由光束的发散角来表示。普通光源发出的光是向各个方向传播的，发散角很大。激光的发散角很小，几乎相当于一束平行光。激光的方向性好，这是由受激辐射的性质和谐振腔对方向的限制作用决定的。沿轴向传播的受激辐射光在谐振腔的两个反射镜之间来回反射，不断引起新的受激辐射，使轴向行进的光得到充分放大，而沿其他方向传播的光很快从侧面逸出谐振腔。因此，从谐振腔部分反射镜输出的激光具有很好的方向性，可以定向发射，发散角较小。

（2）单色性好。不同颜色的光实际上说的是光的波长（或者说频率）不同。单色性是指光所包含的波长范围，用谱线宽度来表示。一般光源的线宽相对比较宽，而激光的线宽很窄。谐振腔对光的频率起限制作用，只有与谐振腔共振频率相匹配的光才能在腔内形成振荡，从而限制腔内光振荡的模式，使输出激光的单色性比其他光源都好，如氦氖激光器的线宽极限可以达到 10^{-4} Hz 的数量级。

（3）相干性好。激光的相干性比普通光源要强得多，一般称激光为相干光，普通光源为非相干光。相干性是指来自同一波源的两列以上的波，存在恒定的相位差，在空间相遇时，合成波在空间出现明显的强弱分布现象。由于受激辐射是在外界辐射场控制下的发光过程，产生激光的各个原子的受激辐射具有与外界辐射场相同的相位，因此各原子产生的波列具有很好的相干性。

（4）能量集中。光源的能量集中性可以用亮度来定义。亮度是指单位时间、单位面积、单位光束立体角内的能量。而由于激光的方向性很好，能量在空间上高度集中。使用脉冲技术，还可以使激光能量在时间上也高度集中。因此，激光的光亮度远比普通光源要高得多。激光是当代最亮的光源。俗称太阳灯的长弧氙灯很亮，比太阳亮几十倍，但激光却可比太阳灯亮几亿倍。

4.6 机载对地观测设备

4.6.1 光电系统基本构成

以美军装备的 AN/AVQ-26 Pavetack 机载光电系统为例，该系统将红外成像系统、激光测距 / 目标指示器结合起来，构成一个外挂的吊舱。图 4-22 展示了 AN/AVQ-26 Pavetack 光电系统及在 F-111 飞机机身下部中央位置的挂载情况。Pavetack 光电系统的红外和激光组件安装在可旋转平台上，可通过驾驶舱中的控制器，在飞行中对目标进行定位，它的视线几乎可以覆盖飞机下面的整个半球。

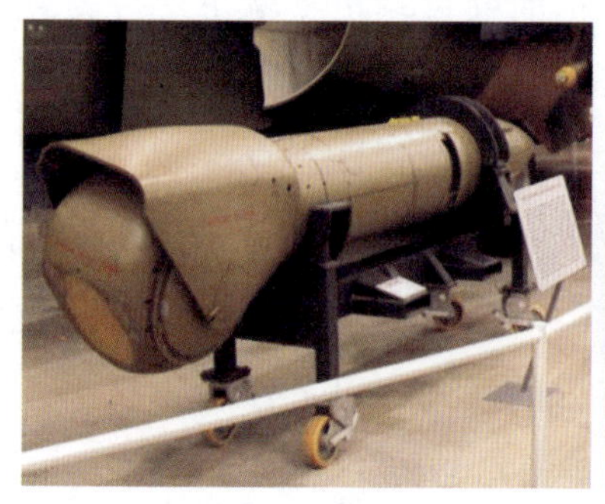

图 4-22 AN/AVQ-26 Pavetack 光电系统及在 F-111 飞机机身下部中央位置的挂载情况

红外组件获得的信息可显示在驾驶舱内的显示器上，机组人员据此可全天候对目标探测、识别和跟踪。

激光测距仪和目标指示器可为机组人员提供选定目标的精确的斜距，以及用于引导激光制导弹药，还可为飞机的导航系统提供非常精确的信息。

通常，执行对地打击任务的飞机上的光电系统包括以下几个部分。

（1）前视红外（FLIR）系统。这是一种被动式热成像仪，通过探测目标的辐射能量，获得场景的图像，通常工作在 8 ~ 12 μm 的大气窗口。

（2）红外搜索和跟踪（infra-red search and tracking，IRST）系统。IRST 与雷达系统类似，但利用的是光学部分的波谱，相比雷达系统它的角度分辨率也更高。但是，IRST 缺少雷达系统的测距功能。IRST 系统使用探测器阵列，采用扫描方式实现大视场探测，并可显示被探测目标的位置。虽然 IRST 系统缺乏测距能力，但它可以与激光测距仪结合使用，或者使用三角测量技术来确定目标的相对距离。

（3）导弹接近警告系统（missile approach warning system，MAWS）。该系统采用凝视或扫描方式，通过探测并处理导弹发动机的辐射能量，来为飞机提供告警，使其机动规避或采取其他反制措施。

（4）激光测距仪。发射激光光束照射目标，通过测量激光往返于测距仪和目标之间的时间，计算出测距仪与目标的相对距离，测距精度可达 1 m。目前，激光测距仪多采用波长为 1.064 μm 的 Nd：YAG 固态晶体激光器，有效作用距离范围通常在 20 ~ 30 km。

（5）激光目标指示器。该系统利用激光指示目标，可支持半主动激光制导武器的精确打击。

（6）激光告警装置。该系统通常采用凝视式光学系统来探测和处理接收到的激光辐射，并向机组人员告警探测到的激光类型和来袭方向。

（7）红外对抗系统（infra-red countermeasures system，IRCM）。IRCM 发射经调制的光信号，旨在干扰基于光电探测 / 跟踪系统的导弹，试图使其丢失真正的目标。

（8）通用光学系统。该系统包括电视和昼间摄像头等。

（9）图像增强器。该系统包括夜视镜、微光电视等。

4.6.2　典型光电吊舱

在军事航空系统领域，光电传感器在过去的几十年里获得了飞速的发展。在 20 世纪 50 年代，人们研制出红外制导导弹，如美国的 Sidewinder 和英国的 Firestreak、Red Top 等；20 世纪 60 年代，TV（电视）制导导弹出现，典型的型号是美国的 AGM-62 Walleye 导弹，以及英法联合研制的 TV 型 Martel 导弹；半主动激光制导弹药在越南战争的后期得到运用；20 世纪 70 年代，前视红外图像系统出现，并装备部队；随后，人们又研制出红外跟踪 / 扫描系统（IRTS）。目前，将多种类型的传感器集成在一起，形成整体式的航空吊舱，可为空对地作战提供完备的技术手段。

1. AN/AAQ-14 型瞄准吊舱

第一种提供低空导航和夜间红外瞄准的吊舱是 LANTIRN（low altitude navigation and targeting infrared for night）系统，该系统在 20 世纪 80 年代装备美国空军。LANTIRN 系统包括两个吊舱：一个是为飞行设计的 AN/AAQ-13 型导航吊舱，另一个是为对地攻击设计的 AN/AAQ-14 型目标瞄准吊舱，如图 4-23 所示。在自主操作的研制思路影响下，这些吊舱均可以单独使用。吊舱通过标准的 1553B 型数据总线与飞机系统进行通信。第一代吊舱装备了多种型号的战斗机，包括美国的 F-14、F-16C/D、F-15E 等，以及盟友的战斗机。这种产生于冷战后期的吊舱系统，显著增强了美国空军全天候精确打击地面目标的能力，它的出现彻底改变了夜间作战模式，使敌方军队难以依靠黑暗来进行隐蔽。

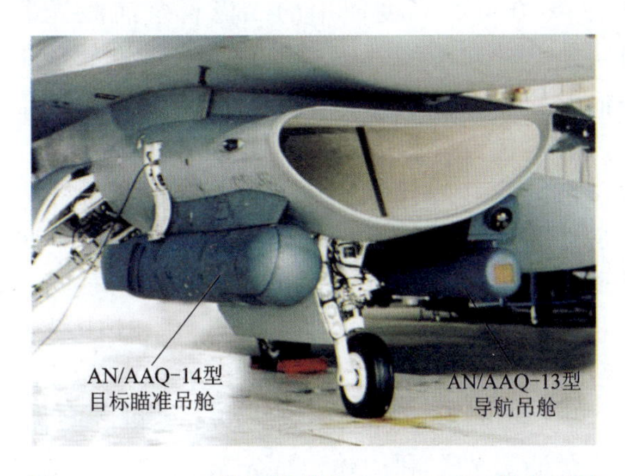

图 4-23　F-16 战机挂载的 LANTIRN 光电系统

用于对地实施攻击的 AN/AAQ-14 型目标瞄准吊舱，其长度为 251 cm，直径为 38 cm，重 235.8 kg，如图 4-24 所示。该型瞄准吊舱包含高分辨率前视红外传感器、激光目标指示器和激光测距仪，可为对地面目标的精确打击提供帮助。前视红外传感器可为飞行员提供目标的红外图像；激光目标指示器和激光测距仪用于激光半主动精确制导弹药的控制操作。激光目标指示器通过发射四位数的脉冲重复频率编码激光，可为激光制导弹药指示目标。

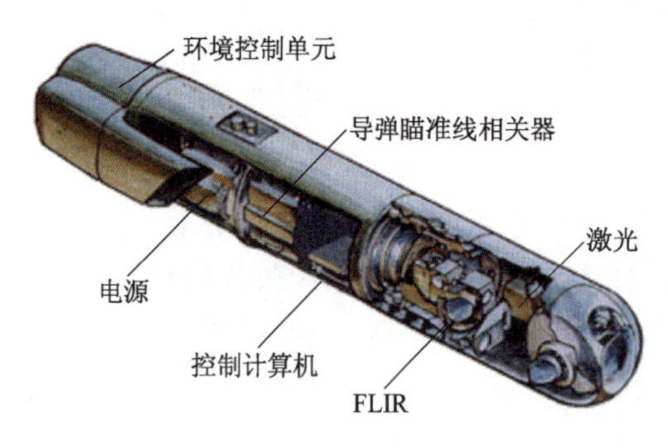

图 4-24　AN/AAQ-14 型目标瞄准吊舱

AN/AAQ-14 型目标瞄准吊舱可装备在 F-15E、F-16C/D、F-14 等型号飞机上，1999 财年的采购单价为 320 万美元。截至 2019 年，有超过 1 400 套的该型吊舱在 10 多个国家的部队服役。

2. LANTIRN 的改进型吊舱

在针对伊拉克的沙漠风暴行动中，美军认识到要保证载机的生存能力，使用半主动激光制导炸弹攻击目标，飞机的飞行高度应不低于 30 000 ft，因为这一高度超出了近程防空武器和多数中程防空导弹的防护范围。因此，光电吊舱的使用高度，应从低空提升至中空。为了完成这一目标，瞄准吊舱的性能需要得到提高。

LANTIRN 吊舱的改进型号包括 LANTIRN 2000 和 LANTIRN 2000+。

LANTIRN 2000 型是在基本型的基础上，在三个硬件方面进行了增强：量子阱红外传感器的使用；可在 40 000 ft 高度使用的二极管泵浦激光器；更紧凑、强大的计算机系统。红外探测器是一种对于红外辐射进行高灵敏度感应的光电转换器件。早期的红外探测基于红外辐射的热效应。根据电子受光子激发后输运性能的差异制作的探测器称为光子探测器。前两代红外探测器属于光子探测器。采用量子机理的量子阱红外探测器属于第三代，与其他红外技术相比，它具有高探测率、高响应度的特点，且易于大面积集成、稳定性好，成本较低。它是利用掺杂量子阱的导带中形成的子带间跃迁并将从基态激发到第一激发态的电子通过电场作用形成光电流这一物理过程实现对红外辐射的探测。量子阱红外传感器：8 ~ 12 μm 的 FLIR 采用量子阱技术，以低成本建造出高密度的探测器阵列。它将武器射程延长了 50% 以上，增加了战斗毁伤评估和侦察的任务灵活性。更大的射击距离也相应减少了飞机的磨损。第三代 FLIR 的可靠性提高了 23%。二极管泵浦激光器利用输出固定波长的半导体激光器代替了传统的氪灯或氙灯来对激光晶体进行泵浦，属于第二代激光器，具有工作时间长、低功耗、体积小等优点。与半导体激光二极管相比，它输出的激光谱线窄几个数量级，激光的发散角很小，并可很容易地获得较高的输出功率。因此，它的光斑尺寸更小，能够满足高空对目标指示的精度和能量的要求，可以在 40 000 ft 的高空使用。二极管泵浦激光器的可靠性提高了 17%，这得益于改进的电源、更少的部件和更低的工作温度。另外，LANTIRN 2000 型整合了用于战术训练的激光，可保证人眼的安全。LANTIRN 2000 型的电脑体积更小，重量只有原来的一半，耗电量更低，但软件、电缆和接口保持不变。

LANTIRN 2000+ 在 LANTIRN 2000 型的基础上进行了改进，改进的方面包括：①激光光斑跟踪器，以改善目标识别和限制附带毁伤；②用于战场毁伤评估和侦察任务支援的数字化磁盘记录器；③目标自动识别系统，通过对高优先级目标的分类来减少飞行员的工作量；④电视传感器，提供 24 h 不间断的探测能力。

3. AN/ASQ-228 型 ATFLIR 吊舱

AN/ASQ-228 型 ATFLIR 吊舱由美国雷神公司研制，主要用于装备美国海军的 F/A-18 战斗机。

敌方低空防空能力的改进迫使战术飞机在较高的空域作战，于是美国海军在 1997 年启动 ATFLIR(advanced targeting forward looking infrared，先进的瞄准用前视红外) 吊舱计划，以升级现有瞄准吊舱。ATFLIR 吊舱能够为飞机在恶劣天候条件下提供导航和瞄准功能，它整合有中波红外瞄准和导航前视红外系统，光电传感器，激光目标指示器与测距仪，激光点跟踪器，如图 4-25 所示。在该系统研发之前，F/A-18 战斗机的激光跟踪和红外瞄准功能由三个独立的吊舱来完成。

图 4-25　AN/SQ-228 型 ATFLIR 吊舱

2002 年，美国海军首次列装 ATFLIR 系统，并在持久自由行动和伊拉克战争中使用，装备该系统的飞机包括 F/A-18E/F Super Hornet、F/A-18C/D 等型号。该系统长 183 cm，重 191 kg，适用的海拔最高可达 15 240 m (≈ 50 000 ft)。目前，该系统有约 410 套 ATFLIR 吊舱交付美军，该吊舱的功能见表 4-3。

表 4-3　AN/SQ-228 型 ATFLIR 吊舱的功能

子系统	激光目标指示器	前视红外	前视红外空对空跟踪
功能	目标指示、测距	导航、目标攻击	导航、目标攻击、对空目标跟踪
最大作用距离 /km	18.5	55.6	185.2

4. AN/AAQ-33 型 Sniper 吊舱

AN/AAQ-33 型 Sniper 瞄准吊舱是由美国 Lockheed Martin 公司研制生产的先进吊舱系统，如图 4-26 所示。该吊舱系统可为所有任务提供远程目标探测 / 识别，以及持续稳定的目标监视功能，包括对地面部队提供近距空中支援。

图 4-26　AN/AAQ-33 型 Sniper 瞄准吊舱

2001 年 8 月，经过激烈竞争，AN/AAQ-33 型 Sniper 瞄准吊舱被美国空军选中，该合同需要为 F-16 和 F-15E 飞机提供吊舱及相关设备、备件。该吊舱最初计划装备美国空军的 F-16、F-15E、A-10 等战斗机。2005 年 1 月，AN/AAQ-33 型吊舱首次装备在海外部署的 F-15E 飞机上。2006 年，该吊舱装备 F-16 战斗机；2008 年，为了满足实战的迫切需要，该吊舱装备 B-1 轰炸机；2010 年，该吊舱装备 A-10C 攻击机。目前，AN/AAQ-33 型吊舱已装备美国空军及盟军的 F-15E、F-16、B-1、A-10C、Harrier GR7/9、CF-18 等型号的飞机，并得到实战验证。图 4-27 展示了 AN/AAQ-33 型 Sniper 瞄准吊舱及其在 F-16 战斗机上的挂载情况。

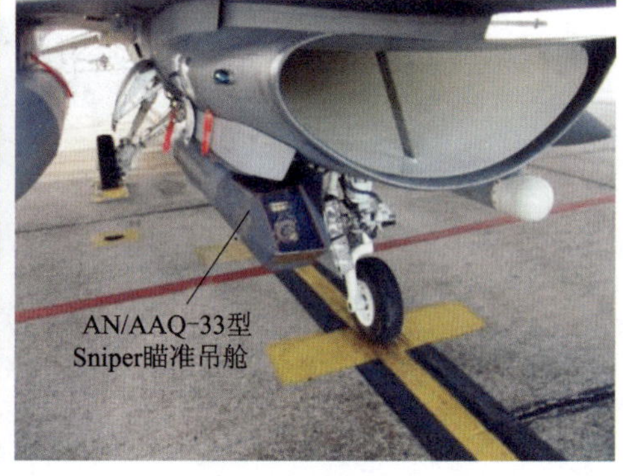

图 4-27　AN/AAQ-33 型 Sniper 瞄准吊舱及其在 F-16 战斗机上的挂载情况

AN/AAQ-33 型吊舱长度为 252 cm，直径为 30 cm，重 202 kg，它包括中波前视红外、双模激光、高清电视、激光点跟踪、激光标记、视频数据链、数字化数据记录器等组件。该吊舱将先进图像处理算法与稳定技术相结合，能够提供高分辨率的红外图像，使飞行员能够探测识别武器的隐藏所、武装人员等隐、小类目标。它能够通过实时显示在座舱显示器上的图像，自动跟踪战术级目标，并用激光目标指示器来标识目标位置，图 4-28 所示为针对不同目标的 FLIR 图像。该吊舱提供的高质量图像、视频数据链和武器级的坐标定位，可快速实现目标攻击决策，并能够保持载机在防空范围以外实施操作，确保载机的飞行安全。另外，通过视频数据链，该系统能够与地面部队共享图像。

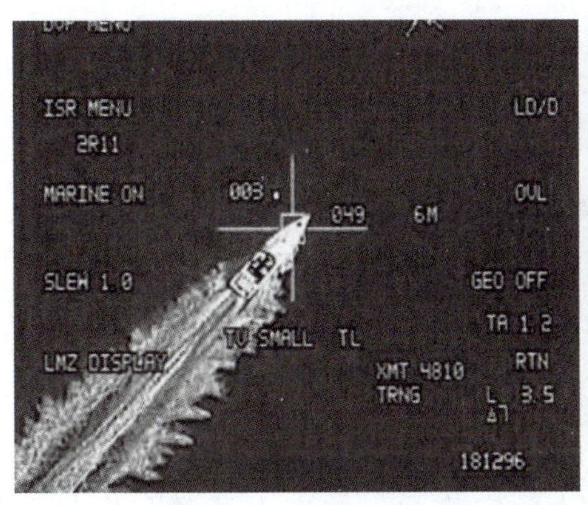

图 4-28　针对不同目标的 FLIR 图像

与传统的情报、侦察和监视系统相比，AN/AAQ-33 型吊舱能够提供更高分辨率的图像信息，使空军在作战行动中发挥更重要作用，可为地面部队提供空中保护，也增加了平民的安全。另外，该吊舱与最新型的 J 系列弹药（如 JDAM）兼容，能够对多个移动和固定目标实施精确打击。目前，Lockheed Martin 公司正在将此吊舱集成在 B-52 战略轰炸机上。该吊舱具备即插即用功能，在不更改软件的情况下即可跨平台使用。

第5章 机载无控弹药作战运用

机载无控弹药型号繁多，但主要可分为航空炸弹、航空火箭弹和机载身管武器三类。

无控航空炸弹是航空弹药的重要组成部分，由于其结构简单、威力巨大、使用方便、成本较低等因素，历来是空对地打击过程的主用弹药。在当前的高科技局部战争中，虽然空对地制导弹药的消耗比例越来越高，但在低威胁空域对地打击或在对地面压制作战中，无控航空炸弹仍被广泛应用。

5.1 航空炸弹

5.1.1 基本工作原理

无控航空炸弹不仅需要具有毁伤目标的能力，还要满足飞机可靠挂载、安全投掷、战术运用等方面的要求。无控航空炸弹基本结构如图5-1所示，它包括弹体、引信、装药、稳定/减速装置、弹耳、保险装置、解保装置、电气接口等元部件。其中引信控制炸弹的起爆时机；稳定/减速装置实现炸弹的飞行稳定和低空投掷的安全；弹耳实现炸弹与载机的连接；保险装置可保证炸弹与载机脱离之前的安全；解保装置

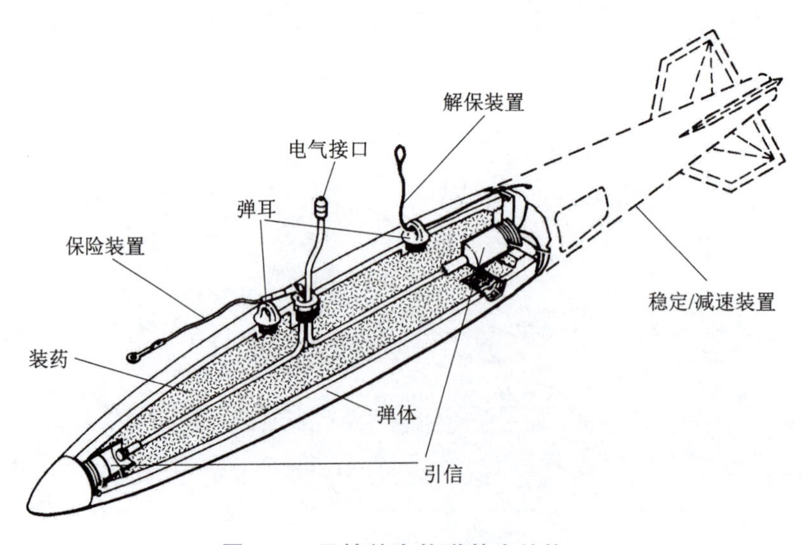

图5-1 无控航空炸弹基本结构

可看作引信的一部分，用于在炸弹脱离载机时解除引信的保险状态；电气接口用于载机与炸弹之间信号或电能的传递。通过炸弹各部件的协调工作，就可实现在保证载机飞行安全的前提下，对地面目标的高效毁伤。

对于无控航空炸弹，与其作战运用密切相关的部件是尾翼组件。尾翼组件不仅具有稳定飞行姿态的作用，有些还具有减速功能。目前，航空炸弹配用的是固定式尾翼、金属折叠式减速尾翼和柔性减速尾翼等，如图 5-2 所示。

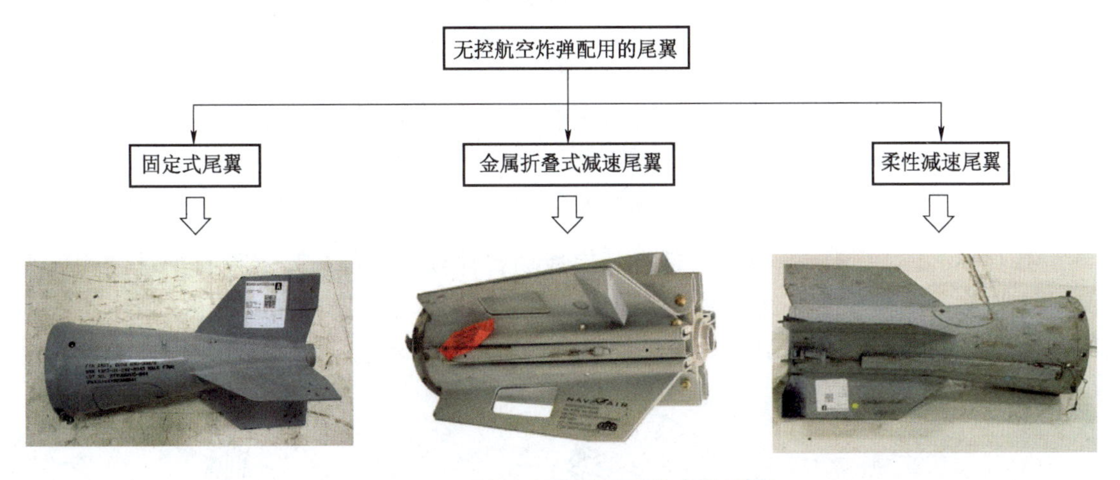

图 5-2　无控航空炸弹配用的各种尾翼

美军 Mk 82 型航空炸弹配用的 MAU-93/B 型和 BSU-33 型低阻弹尾组件，就是典型的航空炸弹用固定式尾翼。固定式尾翼没有活动部件，投弹前和投弹后尾翼的结构或状态不发生任何改变。固定式尾翼的特点是飞行阻力较小，但不适合在低空投弹时使用。加装低阻弹尾组件的 Mk 82 型航空炸弹如图 5-3 所示。

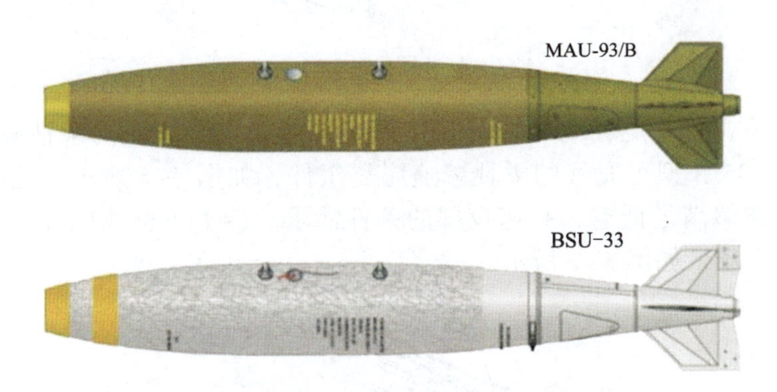

图 5-3　加装低阻弹尾组件的 Mk 82 型航空炸弹

为了降低航空炸弹的下降速度，保证载机低空投掷时的安全，Mk 82 型航空炸弹可以配用 Mk15 Snakeye 型减速尾翼组件，它属于金属折叠式减速尾翼。该组件可使炸弹以较低的速度下降，从而保证载机在低空投弹时免受爆炸破片和冲击波的损伤。配用 Mk15 Snakeye 型减速尾翼组件的 Mk 82 型航空炸弹及其投掷场景如图 5-4 所示。

图 5-4　配用 Mk15 Snakeye 型减速尾翼组件的 Mk 82 型航空炸弹及其投掷场景

Mk15 Snakeye 型减速尾翼组件在越南战场曾得到广泛的应用，但目前被结构更为简单的 BSU-86 型弹尾组件所替代。配用 BSU-86/B 型弹尾组件的 Mk 82 型炸弹的不同状态如图 5-5 所示，图中展示了尾翼折叠和展开的两种不同状态。

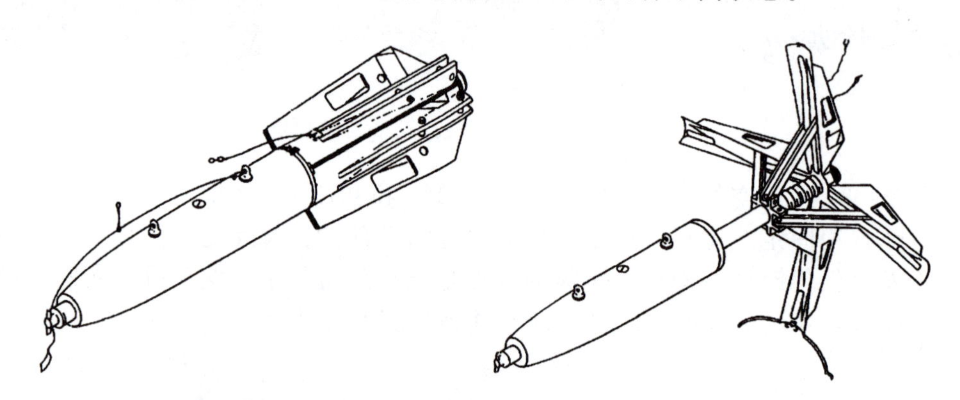

图 5-5　配用 BSU-86/B 型弹尾组件的 Mk 82 型炸弹的不同状态

除金属折叠式减速尾翼之外，航空炸弹还可以采用可充气的柔性减速尾翼组件，如典型的 BSU-85/B 型可充气的柔性减速尾翼组件，如图 5-6 所示。这种尾翼组件具有减速气囊，能够满足低空、高速投掷的条件需求。F-111 型战机投掷配备柔性减速尾翼组件的炸弹场景如图 5-7 所示。

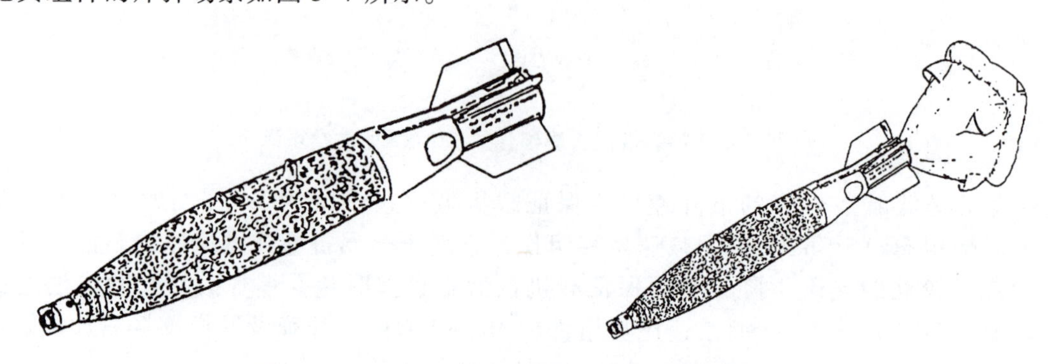

图 5-6　BSU-85/B 型可充气的柔性减速尾翼组件

图 5-7　F-111 型战机投掷配备柔性减速尾翼组件的炸弹场景

5.1.2　典型型号类型

1. Mk 80 系列通用炸弹

Mk 80 系列通用炸弹是当前美海空军主用的低阻型炸弹，共有四个型号，弹体可装填 TNT、H6、Tritonal、PBXN-109（IM）等炸药，可配用 M904-M905、FMU-139、FMU-152、FBM 21、ID 260 等型号引信。Mk 80 系列通用炸弹的形状和结构基本相同，如图 5-8 所示，不同点主要是尺寸和重量，其主要参数见表 5-1。

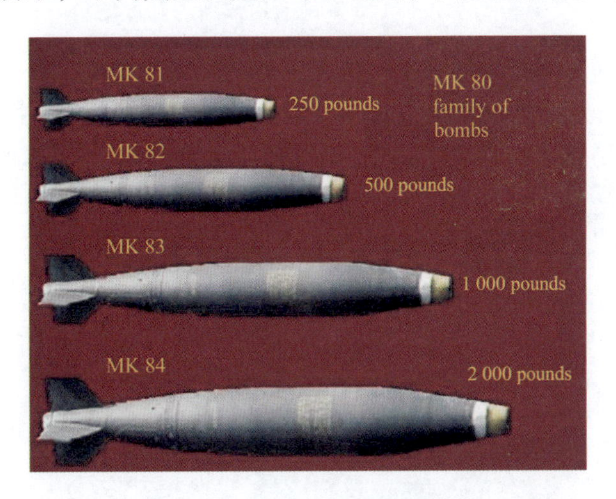

图 5-8　Mk 80 系列通用炸弹

表 5-1　Mk 80 系列通用低阻炸弹的主要参数

型号	Mk 81	Mk 82	Mk 83	Mk 84
磅级 /lbs	250	500	1 000	2 000
全重 /kg	118	213	431	871
装药质量 /kg	44	87	207	430
装药种类：TNT、H6、Tritonal、PBXN-109（IM）等				

2. BLU 100 系列炸弹

BLU 100 系列炸弹也是当前美军作战主要使用的通用炸弹，其结构与 Mk 80 系列相同，有两个吊耳，弹体头部的黄色色带表示内部装填的是高能炸药，如图 5-9 所示。BLU 100 系列与 Mk 80 系列的不同点在于弹体装药，BLU 100 系列炸弹的弹体装药为 PBXN-109。PBXN-109 属于热不敏感性炸药，因此 BLU 100 系列炸弹可更为安全地储存在舰艇的弹药舱内，主要供舰载航空兵使用，可提高舰艇被打击后的生存能力。装填 PBXN-109 炸药的 Mk 82/83/84 通用炸弹分别称为 BLU-111/110/117，即 Mk 82 变种为 BLU-111，Mk 83 变种为 BLU-110，Mk 84 变种为 BLU-117。

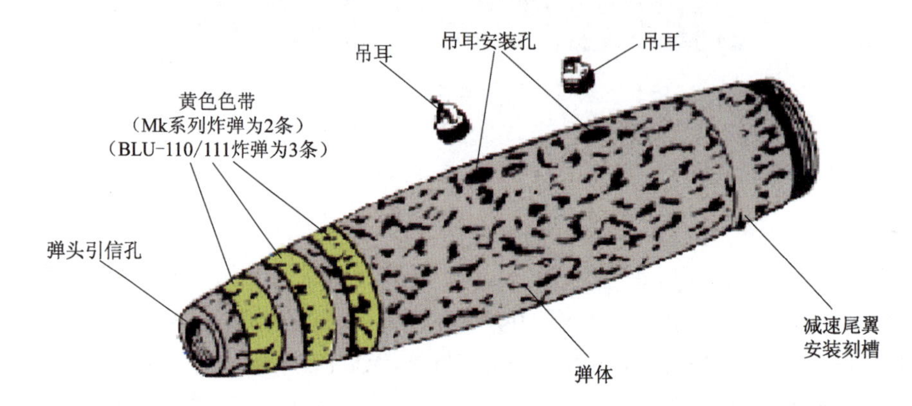

图 5-9　BLU 100 系列通用炸弹的基本结构

3. BETAB-500 混凝土侵彻炸弹

俄军装备的 BETAB-500 混凝土侵彻炸弹主要用于毁伤钢筋混凝土结构、飞机和军事装备掩体、机场跑道、公路、军舰等目标。它能贯穿 1 m 厚的钢筋混凝土结构，且上面可覆盖 3 m 厚的土层。BETAB-500 混凝土侵彻炸弹如图 5-10 所示，其重要参数见表 5-2。

图 5-10　BETAB-500 混凝土侵彻炸弹

表 5-2　BETAB-500 混凝土侵彻炸弹的重要参数

弹径 /mm	弹长 /mm	弹重 /kg	等效 TNT 装药量 /kg	投射高度 /m	投射速度 /（$km \cdot h^{-1}$）
350	2 200	477	98	30 ~ 5 000	600 ~ 1 200

4. OFAB-500U 通用杀伤爆破炸弹

俄军装备的 OFAB-500U 通用杀伤爆破炸弹主要用于毁伤军事工业设施、轻装甲、铁路枢纽、军事防御工事、人员等目标。通过引信装定的不同，可实现近地面爆炸、瞬爆和延期爆炸等作用方式。OFAB-500U 通用杀伤爆破炸弹如图 5-11 所示，其重要参数见表 5-3。

图 5-11 OFAB-500U 通用杀伤爆破炸弹

表 5-3 OFAB-500U 通用杀伤爆破炸弹的重要参数

弹径 /mm	弹长 /mm	弹重 /kg	等效 TNT 装药量 /kg	投射高度 /m	投射速度 /（km·h^{-1}）
400	2 300	515	230	50 ~ 8 000	500 ~ 1 350

5. OFZAB-500 杀伤爆破燃烧炸弹

俄军装备的 OFZAB-500 杀伤爆破燃烧炸弹爆炸后能够产生破片杀伤和纵火作用，主要用于杀伤轻装甲、油罐车、燃料库等目标。OFZAB-500 杀伤爆破燃烧炸弹如图 5-12 所示，其重要参数见表 5-4。

图 5-12 OFZAB-500 杀伤爆破燃烧炸弹

表 5-4 OFZAB-500 杀伤爆破燃烧炸弹的重要参数

弹径 /mm	弹长 /mm	弹重 /kg	等效 TNT 装药量 /kg	投射高度 /m	投射速度 /（km·h^{-1}）
450	2 385	500	250	900 ~ 12 000	550 ~ 1 850

6. FAB-500 M-62 杀伤爆破炸弹

俄军装备的 FAB-500 M-62 杀伤爆破炸弹主要用于毁伤军事工业设施、铁路枢纽、轻装甲、人员、军事防御工事等目标。FAB-500 M-62 杀伤爆破炸弹如图 5-13 所示，其重要参数见表 5-5。

图 5-13　FAB-500 M-62 杀伤爆破炸弹

表 5-5　FAB-500 M-62 杀伤爆破炸弹的重要参数

弹径 /mm	弹长 /mm	弹重 /kg	等效 TNT 装药量 /kg	投射高度 /m	投射速度 /（km·h^{-1}）
400	2 470	500	300	570 ~ 12 000	500 ~ 1 900

7. ODAB-500PMV 燃料空气炸弹

俄军装备的 ODAB-500PMV 燃料空气炸弹主要用于毁伤工业设施、软目标、人员等，以及清除反人员和反坦克雷场。ODAB-500PMV 燃料空气炸弹如图 5-14 所示，其重要参数见表 5-6。

图 5-14　ODAB-500PMV 燃料空气炸弹

表 5-6　ODAB-500PMV 燃料空气炸弹的重要参数

弹径 /mm	弹长 /mm	弹重 /kg	等效 TNT 装药量 /kg	投射高度 /m	投射速度 /（km·h^{-1}）
500	2 380	525	193	200 ~ 12 000	1 500

5.1.3　战场运用

在理论上，固定翼和旋转翼飞机均可使用无控航空炸弹，但实际主要以固定翼飞机使用为主。以美国空军为例，其装备的能够执行对地直接攻击任务的飞机，如图 5-15 所示。其中，B-1 Lancer 轰炸机、B-52H Stratofortress 轰炸机、F-15E Strike Eagle 战斗机、F-16 Fighting Falcon 战斗机，以及 A-10 Thunderbolt Ⅱ 攻击机都具备投掷无控航空炸弹的能力。F-22A Raptor、F-35 Lightning Ⅱ、B-2 Spirit 为了发挥低探测性优势，即具备隐身能力，往往不配备无控航空炸弹。MQ-1 Predator、MQ-9 Reaper 等无人机，通常也不配备无控航空炸弹，如 MQ-1 Predator 中空长航时无人机，通常挂载 2 枚 Hellfire 导弹。

图 5-15　美国空军装备的能够执行对地直接攻击任务的飞机

当固定翼飞机采用无控航空炸弹攻击地面目标时，通常采用高速、低空突防的方式，缩短防守方预警雷达发现的时间，使敌人难以实施有效的反击。进攻方的战机会尽量飞行在防守方防空炮火之外，或以 800 km/h 以上的速度在 300 m 以下的高度飞行。进攻方的战机将利用诱饵弹、箔条弹和电子干扰等自我防护方式，以及选择有利的航线来飞行和攻击目标，如利用强红外背景，来降低光学侦测和识别的概率，接近目标的航线可以选择太阳的方向或利用水、冰、雪的耀眼反光。另外，地形是航线选择的非常重要的因素，它可以为战机的低空飞行提供有效遮蔽，避免被敌方雷达过早地发现。由于战机的高速度，飞机通常沿着目标的长轴方向进入，以获得更长的攻击时间。如果需要多次进入攻击航线，飞行员通常会选择不同的方向，而不使用原来的航向。针对地面目标，固定翼飞机主要采用水平轰炸和俯冲轰炸两种方式来投掷无控航空炸弹。

水平轰炸是指飞机在平飞状态下实施的轰炸行动，轰炸机通常采用这种轰炸方式。这种轰炸方式适用于各种气象条件和各种投弹高度。在水平轰炸时，飞机从超低空进入预定轰炸空域，进行瞄准并投下炸弹，而后立即跃升脱离爆炸区域，如图 5-16 所示。

采用水平轰炸方式投弹时，载机向正前方高速飞行，这样炸弹会由于惯性作用，在下落过程中继续向前移动，无法准确地命中目标。然而，采用俯冲轰炸方式就可以避免这种情况。俯冲轰炸是指飞机沿较陡的向下倾斜轨迹，甚至垂直向下做直线加速

图 5-16　水平轰炸方式

飞行时进行的轰炸形式。战斗机通常采用俯冲轰炸方式，在低空接近目标区域后，首先迅速跃升，而后马上对正轰炸目标实施俯冲，并投下炸弹，完毕后加速脱离，如图 5-17 所示。

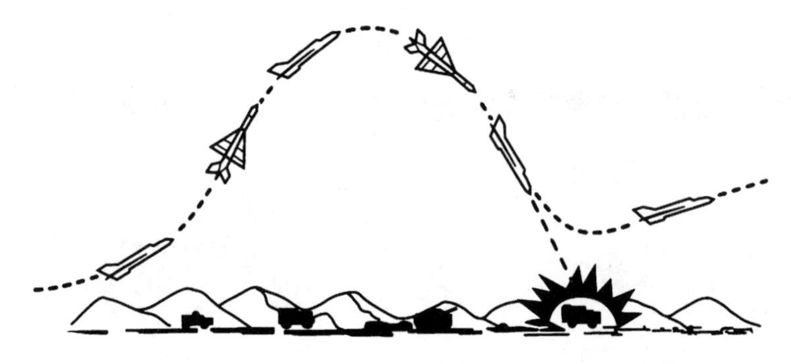

图 5-17　俯冲轰炸方式

目前，轰炸技术也有了质的进步，普遍采用了先进的综合火控系统。通常，航空炸弹的投放任务由平视显示器、大气数据计算器、火控计算机、测距雷达等组成的复杂火控系统，以及飞行员及时准确的决策处置来完成。火控系统中的航弹攻击模式包括炸弹连续计算命中点和连续计算投放点两种模式，其中连续计算命中点模式更为常用。在炸弹连续计算命中点模式下，综合火控系统将不间断地计算连续时间段内炸弹最终的命中点。系统根据载机传感器测出的高度、速度、航向等数据，以及预先输入的该型航弹的弹道参数，连续计算出即时投弹条件下，炸弹将落在目标所处水平面的何处，并将这个点的位置作为命中点输出到平面显示器中。飞行员只需在机舱显示器上叠加命中点的目标图像，操纵飞机使命中点与目标重合，并投放炸弹，就可实现攻击目标的操作。装备综合火控系统的作战飞机，其投弹准确度大大提高。

5.2　航空火箭弹

航空火箭弹又称机载火箭弹，是指由飞机携带以火箭发动机为主要动力，从空中发射主要用于攻击地面 / 海面目标的非制导弹药。这种类型的弹药在直升机和固定翼飞机上均可使用，图 5-18 所示为不同平台发射航空火箭弹的场景。航空火箭弹无制导组件，与飞机脱离时速度低，易受环境影响，通常命中精度比较差，但由于其价格低廉，可以被大量装备和运用。航空火箭弹主要用于对敌人实施火力压制。按航空火箭弹的挂载方式，航空火箭弹可分为发射巢式和导轨式。

图 5-18　不同平台发射航空火箭弹的场景

5.2.1　发射巢式

采用发射巢携带航空火箭弹的最大特点是携带数量多、弹种选择灵活、发射时火力密度大。例如，美军的 M261 型火箭发射巢有 19 个定向管，飞机的单个挂点就可携带 19 枚不同类型的火箭弹。

目前，最典型的发射巢式航空火箭弹武器系统是美国研制的 Hydra 70 系列火箭弹，该火箭弹及其装填过程如图 5-19 所示。该型火箭弹采用模块化设计，多种类型的战斗部和火箭发动机配合可组成不同的弹种型号。

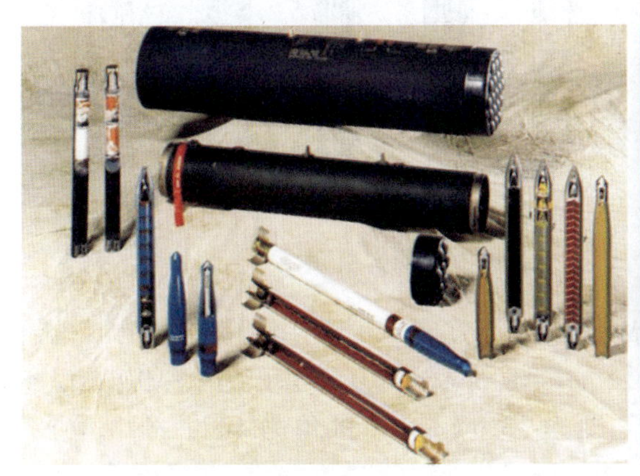

图 5-19　美国研制的 Hydra 70 系列火箭弹及其装填过程

机载火箭弹的射程与弹药本身、发射速度、角度、高度等多种因素有关。Hydra 70 系列火箭弹的发动机可选用 Mk40、Mk66 等多种型号。其中，Mk40 型火箭发动机采用低旋折叠式尾翼，长 133.86 cm，重 9.39 kg；Mk66 型火箭发动机采用卷绕式尾翼，长 140.90 cm，重 10.39 kg。该系列火箭弹最大飞行速度可达 700 m/s，有效射程为 3 000 ~ 4 000 m。据称，该系列火箭弹的最远射程为 8 km，但在此射程下，命中点可能偏离目标 100 m 以上。Apache 武装直升机最多可携带 76 枚（4 × 19）Hydra 70 系列火箭弹。

根据战场需要，Hydra 70 系列火箭弹的战斗部包括子母弹、目标训练弹、发烟弹、镖弹、照明弹、红外照明弹、杀爆弹、训练弹、发烟训练弹等，具体型号见表 5-7。

表 5-7 Hydra 70 系列火箭弹的弹种型号

型号	M261	M267	M264	W/M255A1	M257	M278	M229	M151	WTU-1/B	M274
弹种	子母弹	目标训练弹	发烟弹	镖弹	照明弹	红外照明弹	增强型杀爆弹	杀爆弹	训练弹	发烟训练弹
引信	M439 型可编程时间引信				M442 型空炸引信		M423 型碰炸引信或 M433 可编程碰炸引信		无	M423 型碰炸引信

Hydra 70 mm 航空火箭弹战斗部剖面图如图 5-20 所示。其中 M261 型为多用途子母弹，M267 型为目标训练弹，M264 型为发烟弹，W/M255A1 型为镖弹，M257 型为照明弹，M278 型为红外照明弹，M229 型为增强型杀爆弹，M151 型为杀爆弹，WTU-1/B 型为训练弹，M274 型为发烟训练弹，各弹种详细信息如下所述。

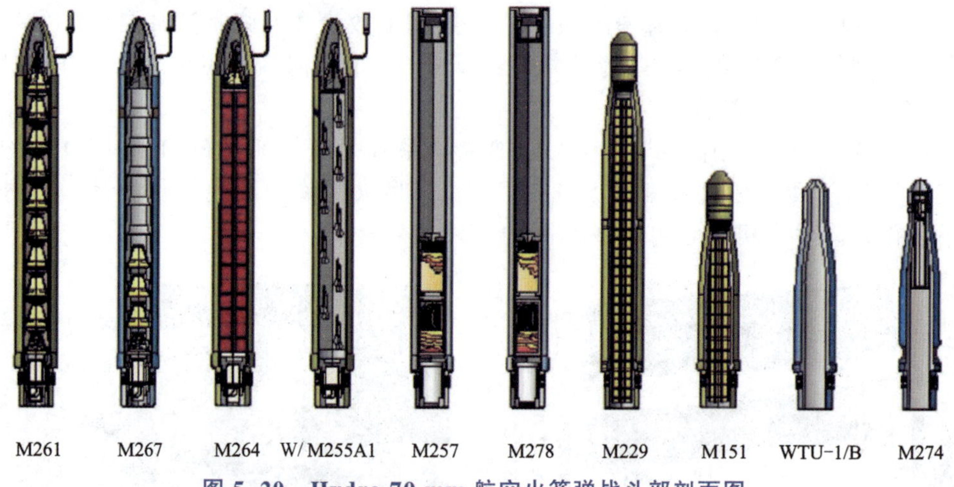

图 5-20 Hydra 70 mm 航空火箭弹战斗部剖面图

M261 型为多用途子母弹，内装 9 枚 M73 型多用途子弹药，用于杀伤人员、器材和轻型装甲车辆。M73 型多用途子弹药直径为 64.8 mm，重 0.54 kg，内装 90 g Comp B 炸药，铜质药型罩的直径为 50.8 mm，高度为 33.02 mm，锥角为 44°。M73 型多用途子弹药的基本结构如图 5-21 所示。

M267 型为目标训练弹，战斗部包括 3 枚 M75 型发烟信号子弹药和 6 枚模拟子弹药，每枚发烟子弹药装有 17 g 发烟剂，主要用于射击训练时指示命中点。M75 型发烟信号子弹药的基本结构如图 5-22 所示。

M264 型为发烟弹，一组火箭弹可提供 5 min 的烟雾遮蔽，其铝制弹体内部装填有 72 枚发烟块。

W/M255A1 型为镖弹，内装 1 179 枚镖箭，用于杀伤有生力量、摧毁轻型车辆和器材装备。

M257 型为照明弹，为远距离打击目标提供敌方区域的照明，战斗部重 4.90 kg，照明剂重 2.47 kg，标准照明时间为 120 s。

M278 型为红外照明弹，战斗部重 4.90 kg，照明剂重 2.27 kg，标准照明时间为 180 s。

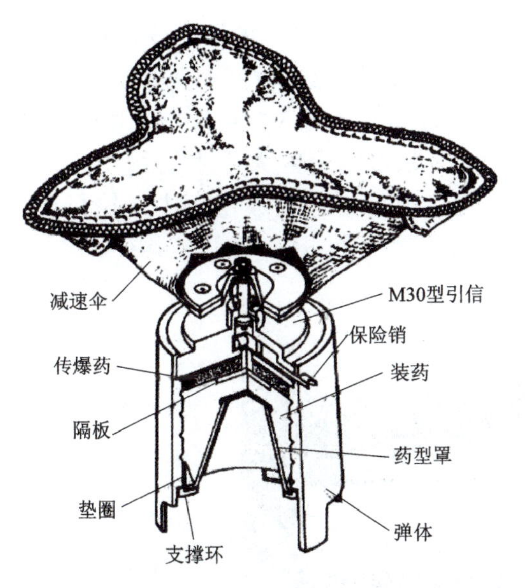

图 5-21　M73 型多用途子弹药的基本结构

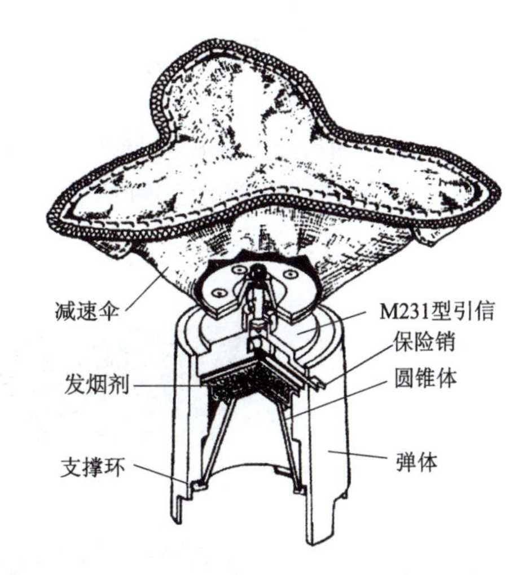

图 5-22　M75 型发烟信号子弹药的基本结构

M229 型为增强型杀爆弹，是 M151 型战斗部的威力增强版本，战斗部重 8.21 kg，内装 Comp B4 炸药 2.18 kg。

M151 型为杀爆弹，战斗部重 3.95 kg，内装 Comp B4 炸药 1.04 kg。

WTU-1/B 型为训练弹，用于训练以及火箭弹其他部件的测试。

M274 型为发烟训练弹，用于训练和性能测试，该型号是 WTU-1/B 训练弹的改进型，其作用目标时能够产生烟雾。

除美国研制的 Hydra 70 系列火箭弹外，世界各国还研制装备了多种型号的发射巢式航空火箭弹武器系统。例如，印度军队装备的 UB16 型和 UB32 型航空火箭发射巢如图 5-23 所示。其中 UB16 型发射巢能携带 16 枚 57 mm 口径的航空火箭弹，适用于固定翼飞机和直升机；UB32 型发射巢能携带 32 枚 57 mm 口径的航空火箭弹。Mi-17 战斗机在执行对地打击任务时，能够挂载 6 套发射巢。

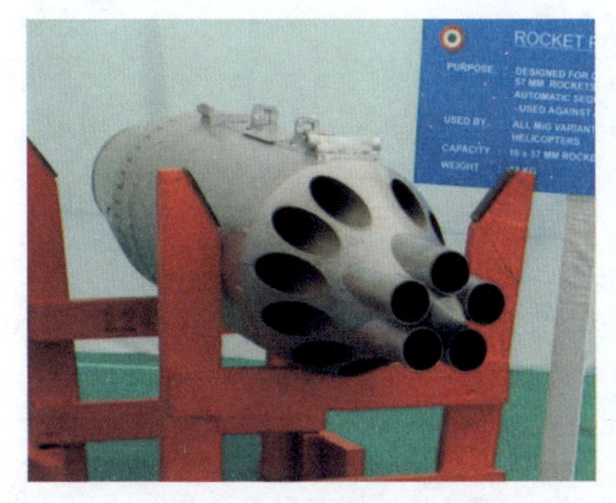

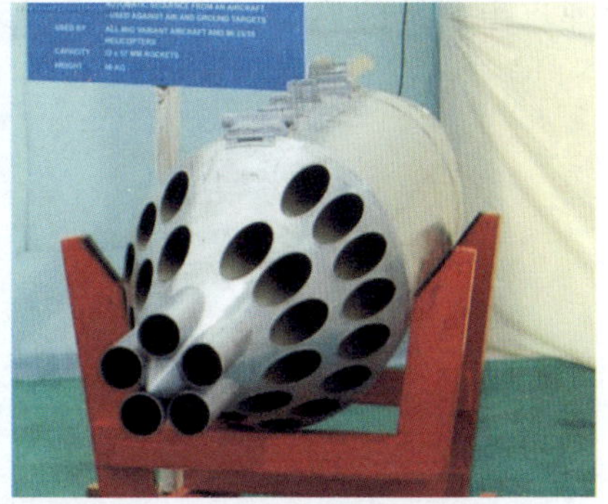

图 5-23　印度军队装备的 UB16 型和 UB32 型航空火箭发射巢

5.2.2　导轨式

当航空火箭弹的尺寸、质量较大时，一般采用导轨直接挂载的方式。例如，S-24

型非制导航空火箭弹可直接在战斗机武器挂架的导轨上发射，如图 5-24 所示。该型航空火箭弹重 235 kg，直径 240 mm，其固体火箭发动机燃烧时间约为 1.1 s，飞行速度可达 1.2 Mach，其射程为 2 600 ~ 2 800 m，精度偏差为 0.3% ~ 0.4%。该弹采用杀爆战斗部，弹丸重 123 kg，其中装药重 23.5 kg，爆炸威力巨大，主要用于打击地面的坚固目标。但是，受武器挂架数量的限制，飞机携带的弹药数量较少，执行压制任务时火力不足，因此目前这种方式较少运用。

图 5-24　S-24 型非制导航空火箭弹采用导轨直接挂载方式

5.2.3　战场运用

近年来，防空系统的反应速度越来越快，迫使飞机采用更小的俯冲角度实施攻击。以前通常采用 20° ~ 30° 的俯冲角，目前采用的俯冲角仅为几度，甚至有些火力采用水平射击包线。当被召唤攻击地面目标时，飞机要在尽可能短的时间内从低空进入攻击状态，而武器系统的射击要求决定着这一时间的长短。以航空火箭弹的发射为例，首先飞机需要拉高来捕获目标，时间的长短与目标的辨识难易度有关，如桥梁等特征明显的大型目标就很容易辨识，而带有伪装的军用车辆目标辨识起来就比较困难；随后，飞机下降高度，进入攻击航线，通过调整飞机航向瞄准目标，适时开火射击；射击完毕后，要迅速改出航线，以免进入弹药爆炸所造成的危险区域。固定翼飞机使用航空火箭弹攻击目标的典型过程如图 5-25 所示。

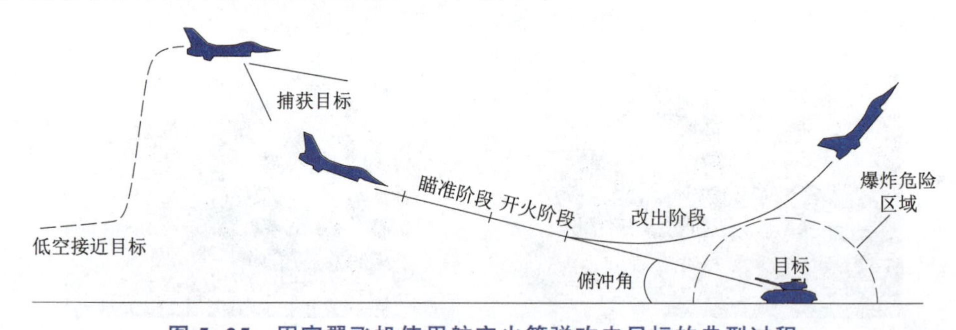

图 5-25　固定翼飞机使用航空火箭弹攻击目标的典型过程

当然，采用小角度的超低空俯冲式攻击方式也存在不足，特别是当目标区域有沙尘暴等恶劣天气时，会在接近地表的空中形成浓密的视线遮挡，不利于发现和确认目标。而采用高空俯冲式攻击方式，视线会相对清晰，如图 5-26 所示。

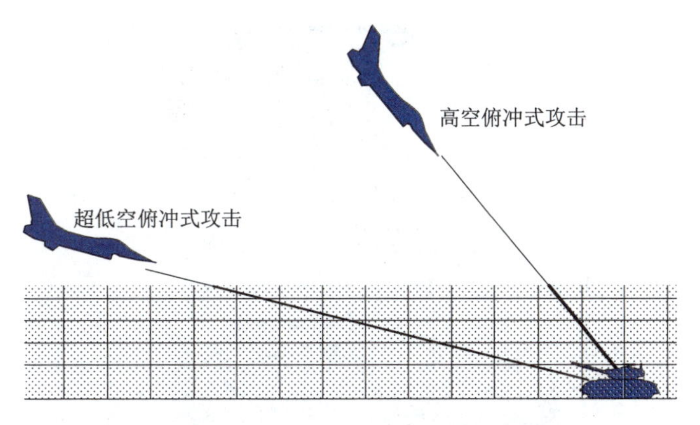

图 5-26　低空恶劣气象条件对攻击方式的影响

受航空集束炸弹发展的影响，目前固定翼飞机较少使用航空火箭弹，除非确认敌方缺少防空手段。因为，集束炸弹的子弹药具有与航空火箭弹类似的集群杀伤效果，而且子弹药的数量会更多、更密集。

5.3　机载身管武器

机载身管武器包括很多种类和样式，但多数为自动武器。攻击机和战斗机的机载身管武器通常安装在机头，也有部分采用武器吊舱的携带方式，挂载在飞机的外部，一些通用直升机会将武器安装在机舱门处。因此，按机载身管武器的安装方式，机载身管武器可分为机体内埋式、内外结合式、翼挂吊舱式和舱门侧装式四种。

5.3.1　机体内埋式

机体内埋式机炮多装备高速飞行的战斗机，这种安装方式可以减小其飞行阻力，并使载机同时具备空战和对地攻击能力。

例如，F-16 战斗机装备的 M61 型机炮，该机炮为 20 mm 口径的 6 管转管机炮，射速可达 6 000 发 /min。M61 型机炮及其在战机上的安装位置和炮口特写如图 5-27 所示。该机炮可发射 PGU-28A/B 型炮弹，这种炮弹为半穿甲杀爆燃烧弹，能够对装甲等坚固目标实施毁伤，如图 5-28 所示。

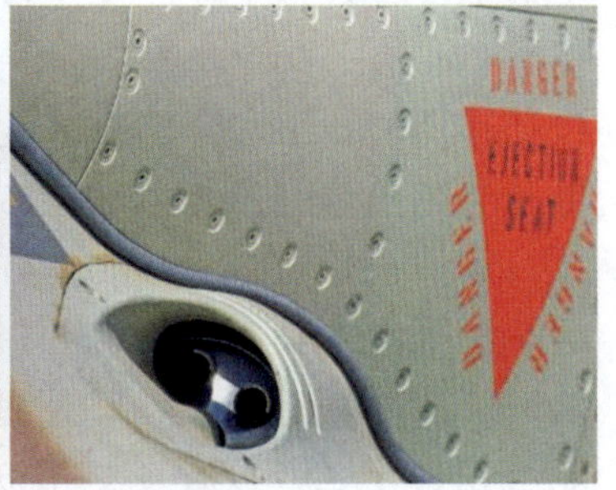

图 5-27　M61 型机炮及其在战机上的安装位置和炮口特写

图 5-28　M61 型机炮配用的 PGU-28A/B 型炮弹

另一种典型的内埋式机炮是 GAU-8/A Avenger，它是口径为 30 mm 的 7 管转管机炮，采用外接动力驱动，主要装备 A-10 Thunderbolt Ⅱ攻击机。该型飞机是一种单座、直翼、喷气式飞机，主要执行近距空中支援任务。A-10 攻击机及其装备的 GAU-8/A 型机炮如图 5-29 所示。

图 5-29　A-10 攻击机及其装备的 GAU-8/A 型机炮

在近年的局部战争中，A-10 攻击机扮演了装甲目标克星的角色，其部分可以归功于 GAU-8/A 型机炮，因为 GAU-8/A 几乎是当今世界上威力最大的机载火炮。该机炮长 2.896 m，直径 0.356 m，全重 281.2 kg。该机炮装备的穿甲弹采用贫铀弹芯，出炮口速度为 988 m/s，穿甲能力非常强，能够高效地毁伤装甲目标和碉堡；装备的杀爆曳光弹的出炮口速度在 1 036 ~ 1 052 m/s，适合杀伤软目标。

该型火炮具有 2 100 发 /min 和 4 200 发 /min 两种射速模式，开火时会产生大量的热，开火 10 s 后，系统必须冷却 1 min 后，才能继续射击。为了降低整个系统的重量，弹药采用铝制药筒，使整个系统减重达 272.2 kg。圆柱形弹箱安装在火炮的后面，能够携带 1 350 枚弹药。战机的标准携弹量为 1 174 枚。当满载弹药时，整个火炮系统的重量为 1 828 kg，长度达到 6.058 m，高度为 1.01 m。GAU-8/A 型机炮及 A-10 攻击机射击时的场景如图 5-30 所示。

图 5-30　GAU-8/A 型机炮及 A-10 攻击机射击时的场景

5.3.2　内外结合式

内外结合式机炮多装备在武装直升机上，这种武器系统的机炮部分安装于飞机外部，而供弹部分则内置于机体内部。这种类型的航空机炮的身管通常能够在一定角度范围内灵活地转动，因此无须调整飞机的姿态，就可实现对不同方位目标的射击。这种机载身管武器主要用于打击软目标，目的是“Keep Enemy Heads Down”，即对敌方进行火力压制。

以美军的 AH-64 Apache 武装直升机为例，它安装有 M230A1 型机炮，主要用于打击软目标和轻型装甲车辆，如图 5-31 所示。M230A1 型机炮为单管 30 mm 航空机炮，采用外接动力驱动，其炮口制退器长 1.889 m，宽 0.254 m，高 0.292 m，武器全重 55.8 kg。

图 5-31　美军的 AH-64 Apache 武装直升机及其装备的 M230A1 型机炮

Apache 直升机最多可携带 1 200 枚弹药，射速为 600 ~ 650 发 /min，有效射程为 1 500 ~ 1 700 m，最大射程为 4 000 m。

M230 链式机炮可使用 M789 型高爆双用途弹药（high-explosive dual-purpose，HEDP），以及 M788 型目标训练弹和 M799 型杀伤爆破燃烧弹，但 M799 型没有进行实际生产。另外，还包括 XM-977 型目标训练曳光弹。这些弹药均属于轻型 30 × 113 B（LW30）弹族。ATK 公司生产的 M789 型高爆双用途弹药和 M788 型目标训练弹及对应的剖面图如图 5-32 所示。

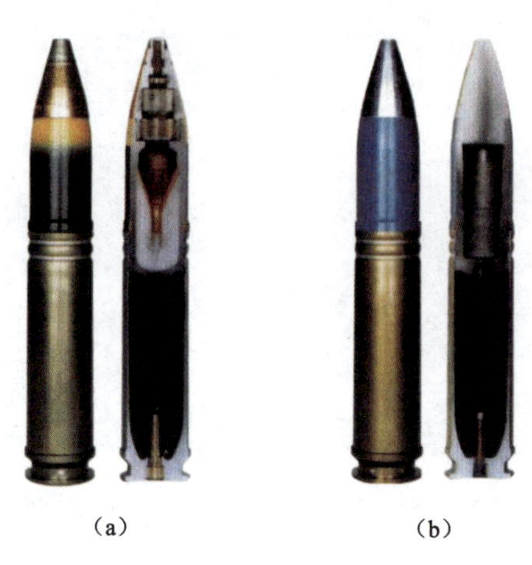

图 5-32　ATK 公司生产的 M789 型高爆双用途弹药和 M788 型目标训练弹及对应的剖面图

（a）M789 型；（b）M788 型

M789 型弹药是 M230A1 型机炮的主用弹药，全弹重 339 g，其中弹丸重 236.6 g。其弹丸采用经热处理的 4130 号钢材，内部装填 27 g PBXN-5 型炸药，并装有锥角为 50° 的旋转补偿式铜质药型罩。该弹炮口初速为 805 m/s，在 4 000 m 内能击穿轻型装甲车辆，如 BMP 系列的步兵战车。该弹典型的穿甲性能是贯穿 500 m 处倾角为 50° 的 25 mm 厚 RHA。该弹药配用 M759 型铝制弹头引信，其发射药采用 WC 855 型球形装药，重 50 g，膛压为 280 ~ 310 MPa。

5.3.3　翼挂吊舱式

翼挂吊舱式身管武器通常将发射系统、弹药等集成在一个吊舱内，给飞机的发射系统预留了控制接口，可实现在座舱内的遥控射击。这种武器外观流线型较好，因此风阻较小，在固定翼和旋转翼飞机上均可使用。

图 5-33 所示为 Dillon Aero 公司研制的 DAP-6 型机载武器吊舱及其在飞机上的挂载情况，它采用 M134D 转管机炮，弹药为 7.62 mm 的北约标准枪弹，射程约为 1 km，射速可达 3 000 发 /min。

图 5-33　Dillon Aero 公司研制的 DAP-6 型机载武器吊舱及其在飞机上的挂载情况

图 5-34 展示了 DAP-6 型机载武器吊舱的内部结构。该吊舱长 236 cm，宽 33.3 cm，高 39.1 cm，空重 73.5 kg，满载弹药时重约 160 kg。

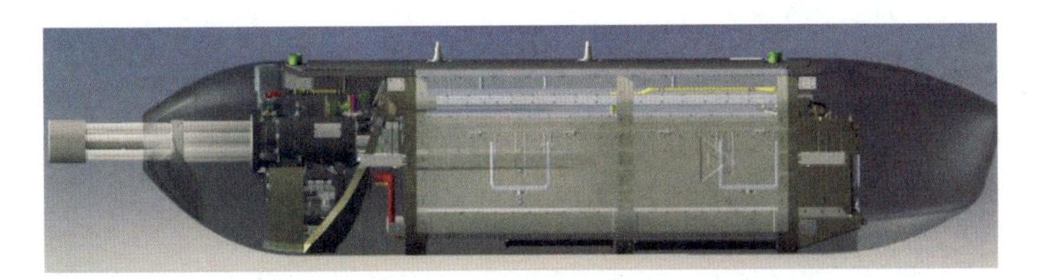

图 5-34　DAP-6 型机载武器吊舱的内部结构

5.3.4　舱门侧装式

舱门侧装式身管武器是指根据作战任务的不同，临时安装在航空器的舱门处，由专人操作，方便拆装的一种武器系统。它一般采用小口径、高射速的武器，通常装备在低速飞机上，如直升机等。为了减少高速射击时火药燃气对射手的危害，这种形式的武器往往配备排烟系统。图 5-35 展示了安装在直升机侧门处的 M134D 型转管机炮。

图 5-35　安装在直升机侧门处的 M134D 型转管机炮

除具备高射速的转管武器外，机枪也是航空器经常采用的一种临时性安装使用的对地压制 / 火力支援武器。图 5-36 展示了安装在直升机上的 M60 型机枪。该型号机枪是在 MG42 的基础上研制的，射程约为 1 km，采用 7.62 mm 北约标准枪弹，射速为 550 发 /min，虽然射速比 MG42 略低，但重量更轻，更适合安装在飞行器上使用。图 5-37 展示了安装在直升机上的 M240 型机枪，M240 是美军装备的通用机枪，它发射 7.62 mm 北约标准枪弹，M240 型总量为 10.1 kg，射速为 550 ~ 650 发 /min，面目标压制时射程为 1 800 m。

图 5-36　安装在直升机上的 M60 型机枪

图 5-37　安装在直升机上的 M240 型机枪

第 6 章
激光制导航空弹药作战运用

自从 1960 年发明第一台红宝石激光器以来，激光技术就获得了异乎寻常的快速发展，并在军事领域产生了巨大影响。1967 年，美国研制成功激光制导炸弹，在埃格林空军基地进行了试验，并于 1970 年开始用于越南战场。在 2003 年的伊拉克战争中，以美国为首的联军部队共消耗制导弹药 19 948 枚，其中激光制导炸弹就有 8 716 枚，占比高达 43.7%，可见采用激光制导技术的航空弹药已成为空对地精确制导弹药的主力之一。

6.1 基本工作原理

1960 年 7 月 8 日，美国科学家梅曼发明了红宝石激光器，从此为激光类武器的发展奠定了基础。激光的单色性好，即波长范围很窄，因此不易受到外界环境干扰。另外，激光的光束集中，其发散角极小，以红宝石激光器为例，射至 10 km 远的激光光斑直径仅有 1 m，几乎为一束平行光，这是其他光源达不到的。因此，在精确制导技术领域，激光特别适合用于指示目标，于是在激光器发明之后，很快就研制成功了激光制导弹药。

6.1.1 制导原理及过程

以美军装备的 Paveway 系列激光制导炸弹为例，它是在常规炸弹上增加激光制导部件和尾翼装置而成的，属于采用激光半主动制导方式的弹药。其主要组成部分包括激光导引头、控制舱、常规炸弹弹体以及弹翼等，如图 6-1 所示。

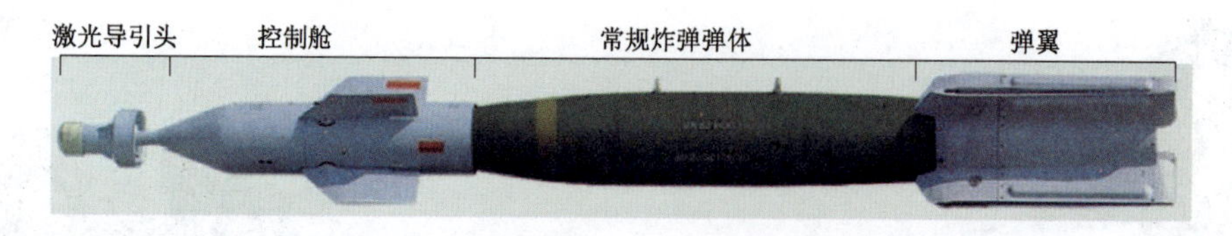

图 6-1　美军激光制导炸弹的主要组成部分

激光导引头位于炸弹前端，其后部装有稳定环，整体与控制舱连接起来，并能实现与弹轴呈一定角度的摆动。激光导引头能够接收目标反射的激光信号，其视场范围为 25° ~ 40°，从目标反射回来的激光，通过滤光片将其他波长的光滤掉，再通过透镜聚焦在光敏元件上。光敏元件将光信号变成电信号，传至控制舱的控制器，控制舵面的偏转实现飞行控制。光敏元件一般采用四象限结构，当反射的激光从导引头正面射来，会聚焦在光敏元件的中心，不产生电信号，不做修正；如果反射激光斜向射来，将聚焦在光敏元件上 4 个象限区域的某处，就会产生相应的信号电流，控制器将操纵控制舵面，使炸弹对向反射光斑，也就是目标上的激光照射点，从而达到精确命中目标的目的。激光导引头及其结构简图如图 6–2 所示。

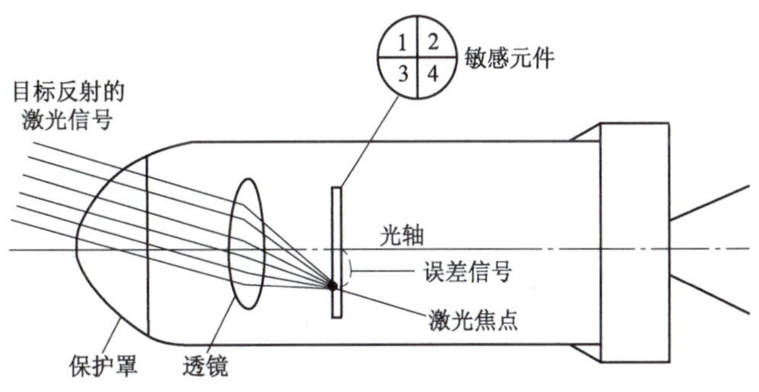

图 6–2　激光导引头及其结构简图

控制舱位于激光导引头和炸弹弹体之间，其内部有制导计算机、舵机系统、电源等元部件。控制舱外侧安装有 4 个气动舵面，能够根据激光导引头探测到的激光光斑，在制导计算机控制下，使气动舵面发生偏转，实现对炸弹飞行轨迹的修正。

激光制导炸弹的尾部安装有弹翼，4 片大型弹翼可保证炸弹的飞行稳定性，并能够增加升力，提高炸弹射程。

为了保证炸弹能够命中目标，目标应当在炸弹的视场范围以内，且激光导引头接收的激光能量应足够大。否则，激光制导炸弹将像常规炸弹一样，按自由弹道下落，命中精度会大大降低。在制导过程中，激光导引头对目标的探测，如图 6–3 所示。

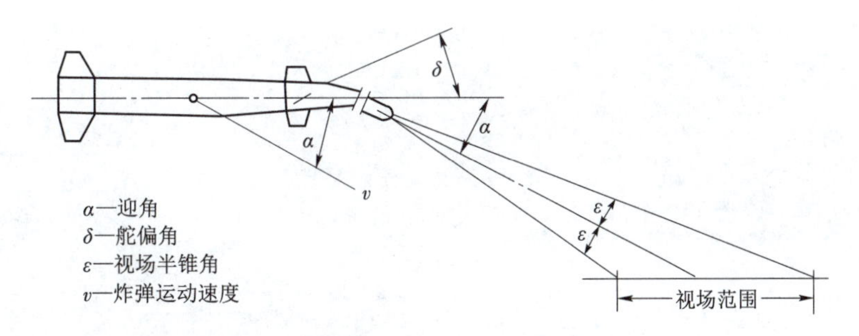

图 6–3　激光导引头对目标的探测

与普通航弹相比，激光制导炸弹能自动修正投弹的误差，或者说，不用进行精确瞄准也能准确地命中目标，但其修正量是有一定限度的。最大机动弹道和最大视场弹道决定了激光制导炸弹投弹的空间区域。所谓最大机动弹道，就是指用最大修正量能修正到目标的弹道，这主要受炸弹本身弹道修正机动能力的限制，如果投弹过早或过晚，炸弹将不能修正到目标位置。最大视场弹道是指能用最大视场角接收反射激光的弹道，这受激光导引头视场角的限制，如果投弹位置超过视场角，导引头就接收不到目标反射的激光信号，从而无法进行制导。因此，激光制导炸弹必须在允许的空间内投射，如图 6-4 所示，才能保证命中目标。

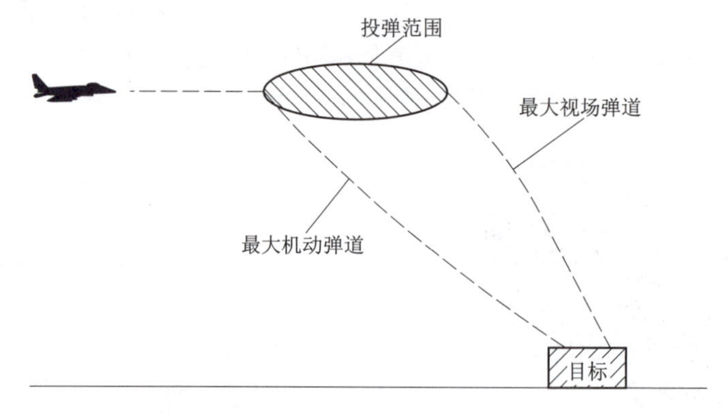

图 6-4 激光制导炸弹的投弹范围

以上所说的投弹范围就是指激光制导炸弹的投放域。当载机在一定的环境、速度、飞行姿态等条件下，采用一定的投弹方式，如俯冲、上仰或水平方式等，若在某个封闭的区域内进行投弹均能命中目标，则这个区域就称为投放域。影响激光制导炸弹投放域边界的因素很多，但主要可分为两类：第一类为内部因素，包括激光导引头特性、控制系统、炸弹弹体的形状和质量等；第二类为外部因素，包括载机的投弹方式、投弹误差、大气环境、目标的机动等。

对于航空弹药，除激光制导炸弹外，还包括激光制导导弹，如美国的 Hellfire 导弹等。激光制导导弹在制导方面与激光制导炸弹类似，不同之处在于激光制导导弹装备有火箭发动机。自身具备动力的激光制导导弹可以从低空发射，甚至能够越过山脊打击背面的目标，极大地提高了载机的生存能力和攻击的突然性。武装直升机发射激光制导导弹攻击目标的示意图如图 6-5 所示。

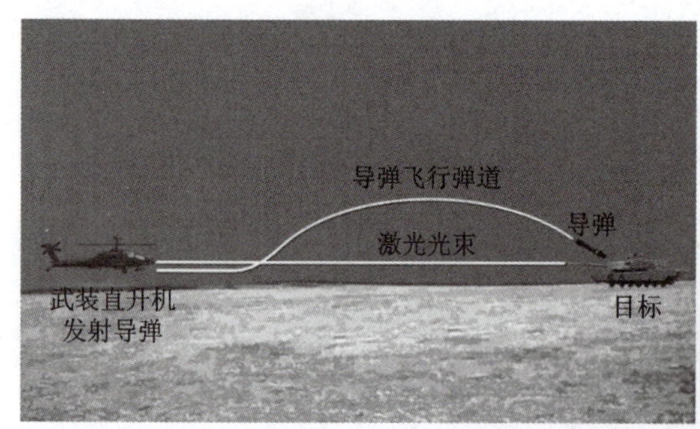

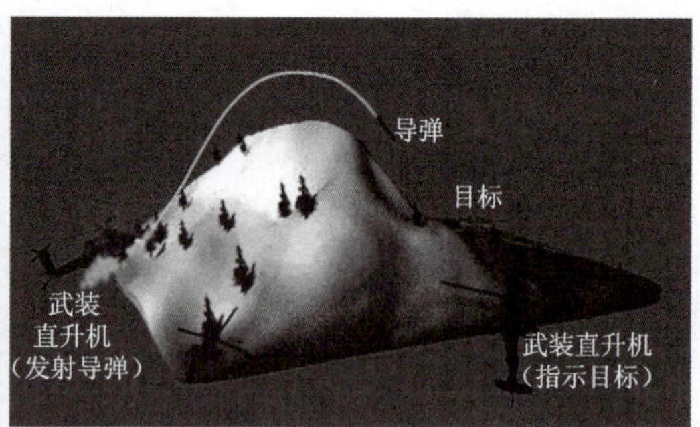

图 6-5 武装直升机发射激光制导导弹攻击目标的示意图

6.1.2 激光目标指示

在激光指示器照射目标的过程中，为提高导引头的抗干扰能力，实现多枚炸弹同时攻击各自不同的目标，除采用光学滤波技术外，还要对目标指示器发射的激光进行编码。激光编码一般通过控制各脉冲之间的时间间隔来实现，如图 6-6 所示。

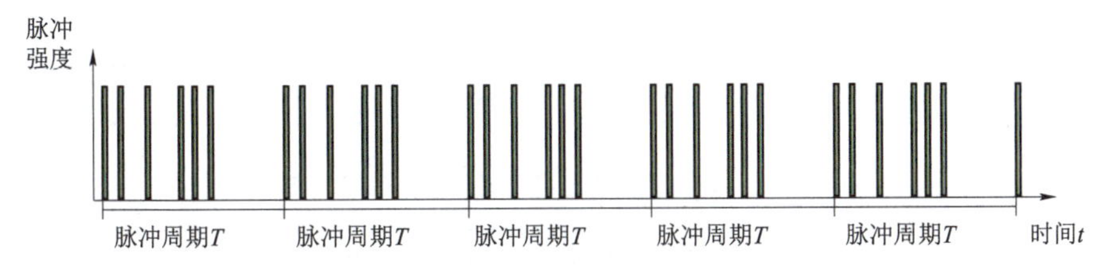

图 6-6　激光编码原理

激光脉冲的宽度很窄，幅值相对稳定，通过调整各脉冲之间的时间间隔，实现激光脉冲的信息加载。多个激光脉冲组成一个脉冲周期，激光目标指示器重复发射具有一定编码规律的激光脉冲序列，此脉冲序列预先在导引头中设置，最终实现导引头只跟踪与之匹配的脉冲式激光光斑。图 6-7 所示为采用红外成像设备拍摄的激光光束及在目标上的光斑。

图 6-7　采用红外成像设备拍摄的激光光束及在目标上的光斑

目前，激光目标指示器多采用红外波段的激光器，用肉眼难以发现激光光束和目标反射的激光光斑，且通常在一定距离内会对人眼造成伤害，表 6-1 列出了典型军用激光器的波长及人眼正常视觉危险距离。

表 6-1　典型军用激光器的波长及人眼正常视觉危险距离

激光器配用的光电系统	工作模式	波长 /nm	人眼正常视觉危险距离 /km
AN/AVQ-26 Pave Tack（F-111F）	目标指示	1 064	16.00
AN/AAQ-14 LATIRN	目标指示	1 064	20.50
	训练	1 540	0.00
ATFLIR（F/A-18）	目标指示	1 064	23.30
	训练	1 570	0.20
AN/AAQ-28 LITENING Ⅱ	目标指示	1 064	12.00
	标记	808	0.19
AN/AAG-28 LITENING GEN 4	目标指示	1 064	26.62
	标记	804	0.25
	训练	1 570	0.17

续表

激光器配用的光电系统	工作模式	波长 /nm	人眼正常视觉危险距离 /km
AN/AAQ-33 ATP Sniper XR	标记	804	0.25
	训练	1 570	0.00
	目标指示	1 064	15.60
IRADS（F-117A）	目标指示	1 064	18.50
Night Targeting System-NTS（AH-1W）	目标指示	1 064	15.00
TADS（AH-64）	目标指示	1 064	30.00

6.2 典型型号类型

6.2.1 美军的激光制导航空弹药

1. Paveway Ⅱ激光制导炸弹

激光制导炸弹，或者准确地说，应该是激光制导组件，是应越南战争的迫切需求而研发的。在20世纪60年代，战术飞机急需配备能够精确命中目标的弹药。PAVE（precision avionics vectoring equipment，精确航空引导装备）制导组件最早由Texas Instruments公司研制，随后Raytheon公司获得研发合同。目前，针对Paveway制导组件，在美国有两个生产商，分别是Raytheon Missile Systems公司和Lockheed Martin Missiles and Fire Control公司。

Paveway Ⅱ炸弹是低成本、高可靠性激光制导炸弹的典范，其优点包括高命中精度、低附带毁伤、高可靠性、较低的采购成本以及作战能力被实战所验证。

自1968年以来，Paveway系列激光制导炸弹彻底改变了战术级空对地打击模式，是目前最成功的低成本空对地武器系统。与传统的非制导炸弹相比，激光制导炸弹的命中精度极高，如图6-8所示。因此，将传统非制导炸弹改造为半主动激光制导方式，不仅可以达到以往常规武器无法达到的命中精度，而且大大减少了摧毁目标所需的弹药数量，具有很好的经济效益。另外，模块化的激光制导组件有很强的通用性，可使通用炸弹很容易地被改装成精确制导弹药。

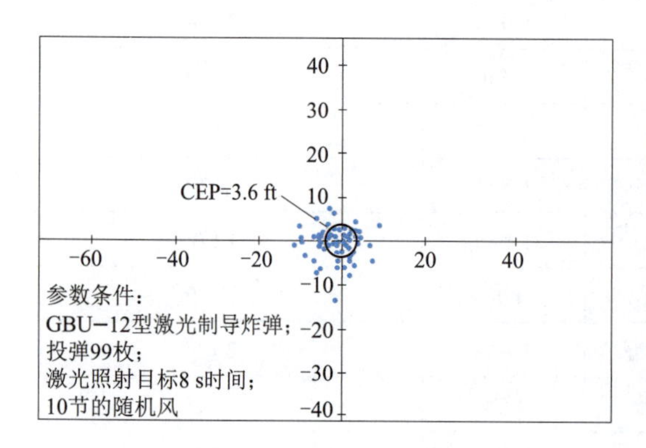

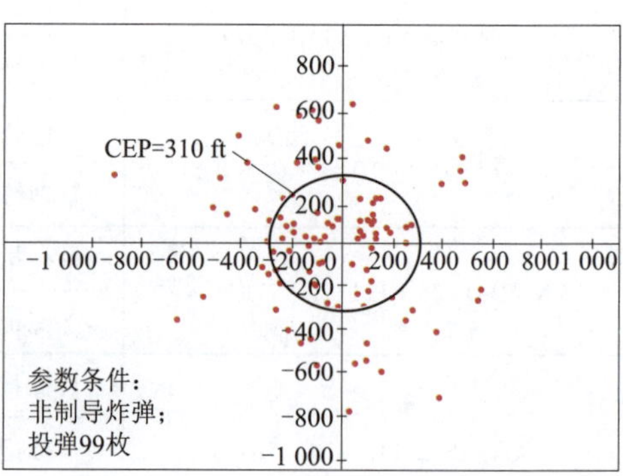

图6-8 GBU-12型激光制导炸弹与传统非制导炸弹命中精度的对比

Paveway 激光制导炸弹打击的目标范围很广，其中包括飞机掩体、机场跑道、桥梁、建筑物、指挥掩体、导弹发射装置以及移动目标等。该型炸弹在美军参与的多次军事行动中均被大量使用，其中包括 Operation Desert Fox、Operations Northern and Southern Watch、Operation Allied Force、Operation Enduring Freedom 和 Operation Iraqi Freedom 等。Paveway Ⅱ激光制导炸弹有多个弹种型号见表 6-2。

表 6-2　Paveway Ⅱ激光制导炸弹的弹种型号

弹药型号	战斗部	重量 /lb	长度 /in	制导组件	弹翼组件
GBU-10	Mk-84	2 081	170	MAU-169	MXU-651/B
Paveway Ⅱ UK	Mk-13/20	1 205	136	MAU-169	MXU-651/B
GBU-16	Mk-83	1 092	145	MAU-169	MXU-667/B
GBU-12	Mk-82	611	131	MAU-169	MXU-650/B
GBU Mk-81	Mk-81	376	116	MAU-169	MXU-650/B

各种不同型号的 Paveway Ⅱ激光制导炸弹如图 6-9 所示。其中，GBU-10 型制导炸弹可由 A-6、A-7、F-4、F-5、F-14、F-15、F-16、F/A-18、F-111、F-117 等型号战机发射；Paveway Ⅱ UK 型制导炸弹可由 Buccaneer、Harrier、Jaguar、Mirage 2000、Tornado 等型号战机发射；GBU-16 型制导炸弹可由 A-4、A-6、A-7、F-4、F-5、F-14、F-15、F-16、F/A-18、F-111、Harrier、Jaguar、Mirage Ⅲ、Mirage F-1、Mirage 2000、Super Etendard 等型号战机发射；GBU-12 型制导炸弹可由 A-4、A-6、A-7、F-4、F-5、F-14、F-16、F/A-18、AMX、Harrier、Jaguar、Mirage 2000、Mirage F-1、Tornado 等型号战机发射；GBU Mk-81 型制导炸弹可由 Mirage 2000、Mirage F-1 等型号战机发射。

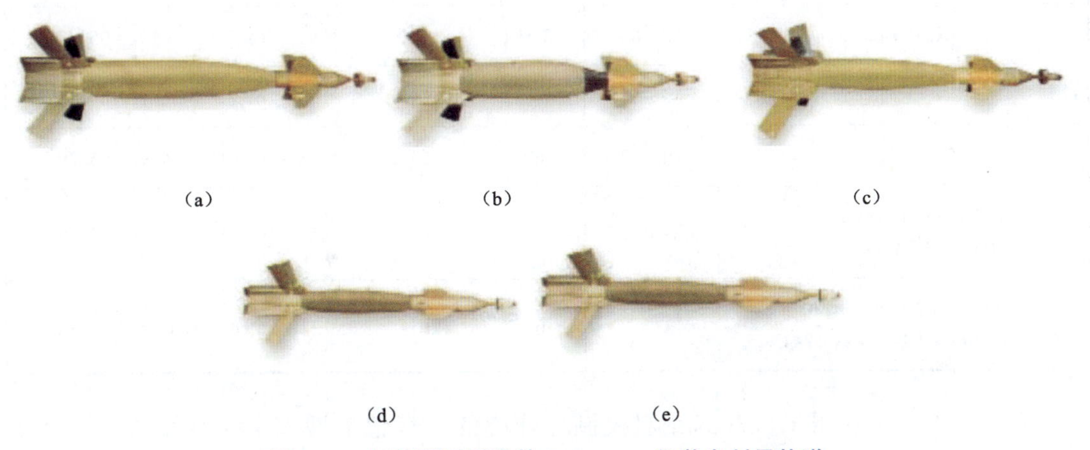

(a)　(b)　(c)　(d)　(e)

图 6-9　各种不同型号的 Paveway Ⅱ激光制导炸弹

(a) GBU-10；(b) Paveway Ⅱ UK；(c) GBU-16；(d) GBU-12；(e) GBU Mk-81

这种采用激光半主动制导方式的弹药在运用时，目标可采用本机照射、他机照射或地面照射等多种方式。另外，Paveway Ⅱ激光制导炸弹具有很大的投弹范围，便于载机的灵活运用，而且可采用多种投弹方式，包括俯冲投弹、水平投弹、突然拉起投弹、上仰投弹等，如图 6-10 所示。

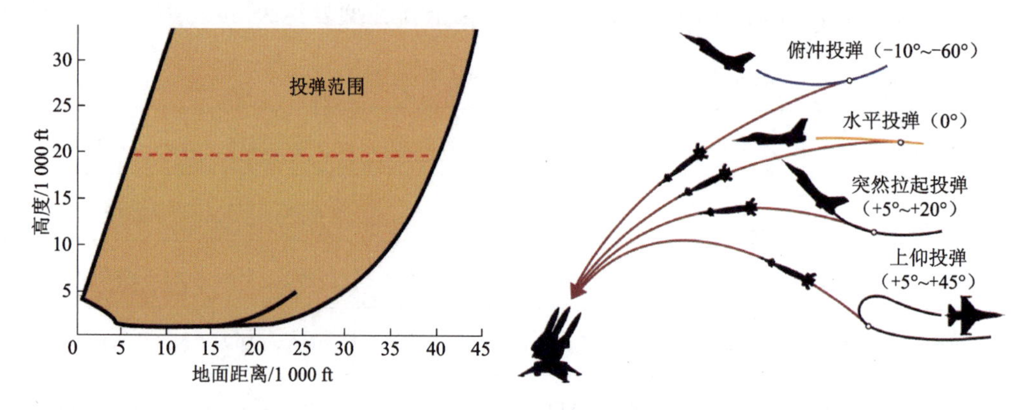

图 6-10　Paveway Ⅱ激光制导炸弹的投弹范围及投弹方式

据称，Paveway Ⅱ激光制导炸弹组件生产数量超过 250 000 枚，装备了超过 30 个国家和地区的军队，能够在 30 多种类型飞机上运用，在实战中消耗数量超过 40 000 枚。

2. 增强型 Paveway Ⅱ GPS/Laser 双模制导炸弹

增强型 Paveway Ⅱ GPS/Laser 双模制导炸弹简称 DMLGB，是 Paveway Ⅱ系列激光制导炸弹的下一代产品。它的作战效能已经由英国皇家空军在 Operation Southern Watch、Operation Enduring Freedom 和 Operation Iraqi Freedom 作战行动中证明。不同型号的增强型 Paveway Ⅱ GPS/Laser 双模制导炸弹及其重要参数见表 6-3。采用 Paveway Ⅱ GPS/Laser 双模制导组件的弹药型号及批次如图 6-11 所示。

表 6-3　不同型号的增强型 Paveway Ⅱ GPS/Laser 双模制导炸弹及其重要参数

弹药型号及批次	战斗部	重量 /lb	长度 /in	制导组件	尾翼组件
EGBU-10 Lot 2/3	Mk-84	2 101	170	MAU-169	MXU-651/B
EGBU-16 Lot 2/3	Mk-83	1 110	145	MAU-169	MXU-667/B
EGBU-12 Lot 2/3	Mk-82	627	131	MAU-169	MXU-650/B
Enhanced Paveway Ⅱ DMLGB Lot 1（UK）	Mk-13/20	1 228	136	MAU-169	MXU-651/B
Enhanced Paveway Ⅱ DMLGB Lot 4（Paveway IV-UK）	Mk-82E	680	131	MAU-169	MXU-650/B（改型）

增强型 Paveway Ⅱ GPS/Laser 双模制导炸弹的优点包括增大了作战距离、降低了附带毁伤、保持了 Paveway Ⅱ激光制导炸弹的高命中精度。在实验测试中，增强型 Paveway Ⅱ GPS/Laser 双模制导炸弹精确命中靶标如图 6-12 所示。

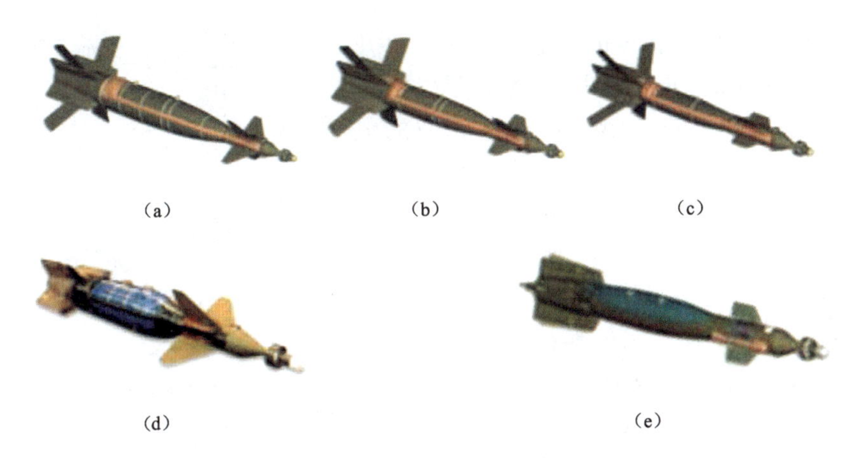

图 6-11　采用 Paveway Ⅱ GPS/Laser 双模制导组件的弹药型号及批次

（a）EGBU-10 Lot 2/3；（b）EGBU-16 Lot 2/3；（c）EGBU-12 Lot 2/3；
（d）Enhanced Paveway Ⅱ DMLGB Lot Ⅰ（UK）；（e）Enhanced Paveway Ⅱ DMLGB Lot 4（Paveway Ⅳ-UK）

图 6-12　增强型 Paveway Ⅱ GPS/Laser 双模制导炸弹精确命中靶标

DMLGB 双模制导炸弹组合使用半主动激光制导和 GPS/INS 制导技术，使其成为具备低成本、全天候、高精度等特点的打击武器，可以实现自主式 GPS 辅助制导和半主动激光末制导的攻击方式。半主动激光制导系统可确保命中精度，并且“人在回路”的作战方式使之具备攻击移动目标和机会目标的能力；GPS 制导系统使炸弹具备全天候攻击已知目标的能力，可在云层天气下使用；另外该型炸弹的着靶姿态也更灵活，能够更高效地毁伤不同类型的目标，如图 6-13 所示。

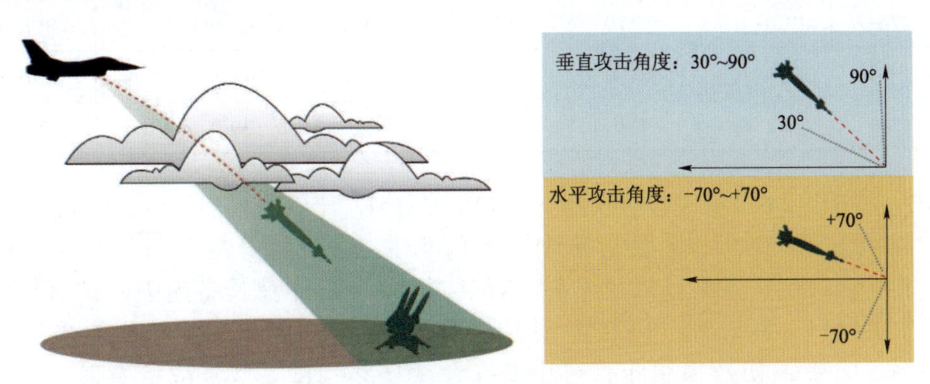

图 6-13　DMLGB 双模制导炸弹在云层天气下使用及其灵活的着靶姿态

另外，在半主动激光制导的基础上增加 GPS/INS 制导系统，使 Paveway Ⅱ制导炸弹具备更好的风修正能力，扩大了炸弹的投放域，增加了作战的灵活性。在 20 000 ft（约 6 000 m）的高度上，增强型 Paveway Ⅱ GPS/Laser 双模制导炸弹与 Paveway Ⅱ制导炸弹的投放域的对比如图 6-14 所示。

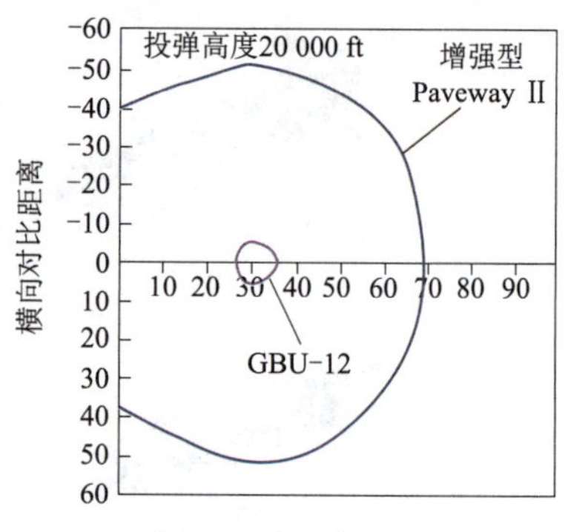

图 6-14 增强型 Paveway Ⅱ GPS/Laser 双模制导炸弹与 Paveway Ⅱ制导炸弹的投放域的对比

目前，英国皇家空军列装了增强型 Paveway Ⅱ GPS/Laser 双模制导炸弹，它的作战能力已在实战中得到验证。该型制导炸弹具备多种工作模式，其中包括 GPS/IMU（惯性测量元件）only、Laser only、GPS then laser、GPS laser GPS、IMU only 等。与单纯的 GPS 或激光制导弹药相比，GPS/IMU 制导方式显著增大了炸弹的飞行包面，提高了作战的灵活性和载机的战场生存能力。通过提供自主的中段和末端制导模式，Raytheon 公司的 GPS 辅助惯性导航系统扩展了武器的制导能力，随需可选的激光制导选项可修正武器高达 5 000 ft 的目标定位误差。

3. Paveway Ⅲ激光制导炸弹

Paveway Ⅲ激光制导炸弹属于第三代激光制导炸弹。该型弹药是一种高可靠性的精确制导炸弹，能够灵活更换任务载荷，具备执行多种任务的灵活性和针对点防御目标的防区外打击能力。它具备的优点包括极高的命中精度、末端高效侵彻毁伤的姿态优化能力、兼具高低空投射能力、增大攻击距离。Paveway Ⅲ激光制导炸弹的型号及其关键参数见表 6-4。

表 6-4 Paveway Ⅲ激光制导炸弹的型号及其关键参数

弹药型号	战斗部	重量 /lb	长度 / in	制导组件	尾翼组件
GBU-24/B	Mk-84	2 315	173	WGU-12B/B、39/B、43/B	BSU-84A/B
GBU-24A/B	BLU-109	2 350	170	WGU-12B/B、39/B、43/B	BSU-84A/B
GBU-24B/B	BLU-109	2 350	170	WGU-12B/B、39/B、43/B	BSU-84/B
GBU-27/B	BLU-109	2 170	167	WGU-25B/B、39A/B	BSU-88/B
GBU-28A/B	BLU-113	4 700	230	WGU-36A/B	BSU-92/B
GBU-22/B	Mk-82	720	138	WGU-12B/B、39/B、43/B	BSU-82/B

其中，GBU-24 型制导炸弹可由 F-111、F-15E、F/A-18、F-14、F-16、Tornado 等型号战机发射；GBU-27 型制导炸弹专门为 F-117A 隐身战斗机设计，但也可由 B-1B、F-15、F-16 等型号战机发射；GBU-28 型制导炸弹具备超强的硬目标毁伤能力，可由 F-111、F-15E、B-52 等型号战机发射；GBU-22 型制导炸弹采用轻型通用战斗部，附带毁伤效果很小，可由 F-16、Mirage 2K 等型号战机发射。各型号的 Paveway Ⅲ激光制导炸弹如图 6-15 所示。

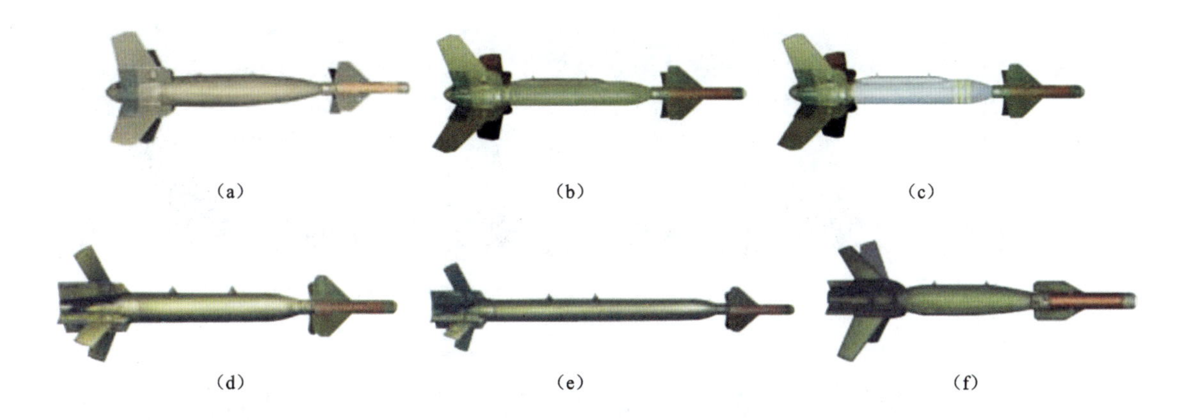

图 6-15　各型号的 Paveway Ⅲ激光制导炸弹

(a) GBU-24/B；(b) GBU-24A/B；(c) GBU-24B/B；(d) GBU-27/B；(e) GBU-28A/B；(f) GBU-22/B

Paveway Ⅲ激光制导炸弹通过采用自适应数字自动驾驶仪和高灵敏度导引头，具备了最佳的实战应用灵活性。该炸弹具备低中高空的全高度投射能力、较好的防区外打击能力、恶劣天气条件下的全时段运用能力。该型炸弹进行低空投射的弹道示意图如图 6-16 所示。

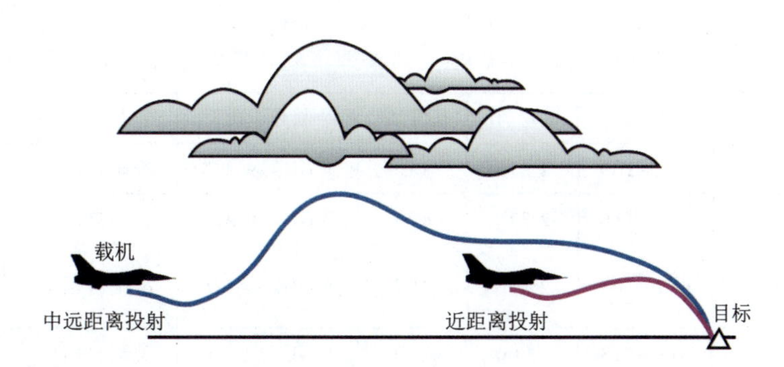

图 6-16　Paveway Ⅲ激光制导炸弹进行低空投射的弹道示意图

该型炸弹采用比例制导方式，可有效减小自然风和目标移动带来的精度影响，并能最大限度保存炸弹的冲击能量，提高针对硬目标的侵彻能力。该型炸弹还具备弹道控制能力，命中目标的落角可控，且命中精度更高，更能够实现“One target, One bomb”的目的。Paveway Ⅲ激光制导炸弹以不同的姿态命中目标时的实验场景，如图 6-17 所示。

4. 增强型 Paveway Ⅲ GPS/Laser 双模制导炸弹

增强型 Paveway Ⅲ GPS/Laser 双模制导炸弹综合运用 GPS 和激光半主动末制导技术，使其具备全天候精确打击坚固目标的能力。该型炸弹基于 GPS 制导技术，在恶劣天气条件下可由 GPS 制导，实现全天候的运用；当天气允许或 GPS 信号被干扰时，基于半主动激光制导技术，可满足高精度的命中要求，并降低附带毁伤。激光制导方式可以帮助 GPS 制导提高精度，这种双模制导方式可以减小目标位置误差的影响，甚至炸弹在命中目标前 10 s 时丢失激光光斑，也可以精确命中目标。该型炸弹的飞行包面得到进一步的扩展，能够在偏离瞄准线很远时，精确命中目标；而且在飞行过程

图 6-17　Paveway Ⅲ激光制导炸弹以不同的姿态命中目标时的实验场景

中，能够重新瞄准目标和进行模式选择。它的出现使 Paveway Ⅲ激光制导炸弹真正具备了全天候的运用能力。增强型 Paveway Ⅲ GPS/Laser 双模制导炸弹的型号及其关键参数见表 6-5。

表 6-5　增强型 Paveway Ⅲ GPS/Laser 双模制导炸弹的型号及其关键参数

弹药型号	战斗部	重量 /lb	长度 /in	制导组件	装备国家	装备战机
EGBU-24 E/B	BLU-109	2 375	170	WGU-39 A/B	美国自用	F/A-18、F-14
EGBU-24 G/B	BLU-116	2 375	170	WGU-39 A/B	美国自用	F/A-18
EGBU-27 A/B	BLU-109	2 170	167	WGU-39 A/B	美国自用	F-15E、F-16、F-117
EGBU-28 B/B	BLU-113	4 700	230	WGU-39 C/B	美国自用	B-2、F-15E
EGBU-28 C/B	BLU-122	4 700	234	WGU-39 D/B	美国自用	B-2、F-15E
EGBU-24（V）9/B	Mk-84	2 315	173	WGU-43 G/B	美国外贸	Tornado
EGBU-24（V）10/B	BLU-109	2 375	170	WGU-43 G/B	美国外贸	Tornado
Enhanced Paveway Ⅲ（UK）	BLU-109	2 375	170	WGU-39（UK）	美国外贸	Tornado

不同型号的增强型 Paveway Ⅲ GPS/Laser 双模制导炸弹，如图 6-18 所示。增强型 Paveway Ⅲ GPS/Laser 双模制导炸弹是在 Paveway Ⅲ激光制导炸弹的基础上，增加 GPS/INS 制导模块，它采用比例制导方式，自适应自动驾驶仪、扫描式导引头，并能够储存多达 8 个的目标信息。

该型炸弹的研制原因来自沙漠风暴行动中作战人员的反馈，它整合了激光制导和 GPS/INS 制导的优势，可实现在记录激光指示的目标位置之后，在关闭激光目标指示器的条件下，单纯依靠 GPS/INS 制导来精确命中目标。这种制导和运用方式，为作战人员提供了一种真正灵活、全天候的精确打击武器。在伊拉克自由行动中，F-117 隐

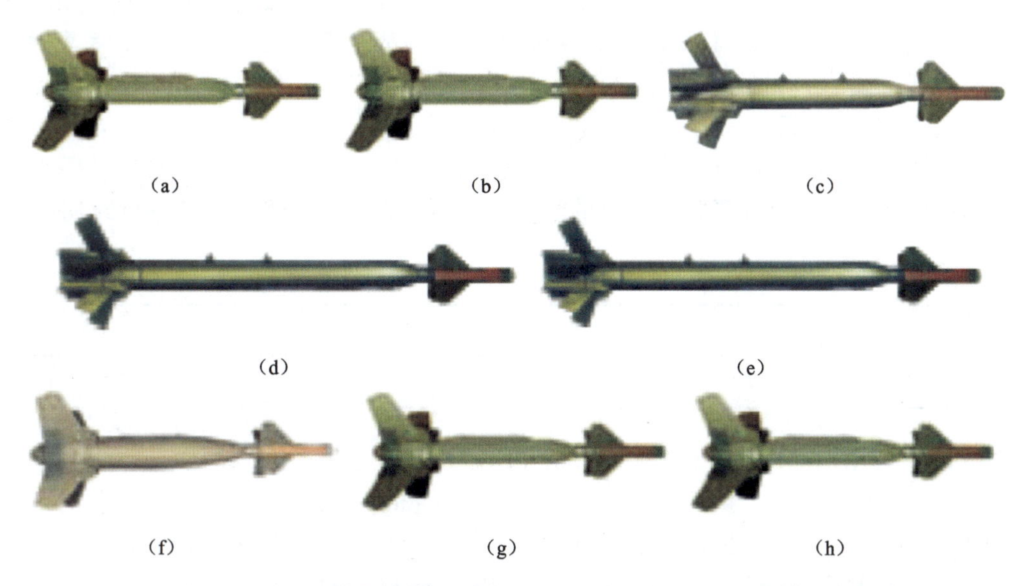

图 6-18　不同型号的增强型 Paveway Ⅲ GPS/Laser 双模制导炸弹

（a）EGBU-24 E/B;（b）EGBU-24 G/B;（c）EGBU-27 A/B;（d）EGBU-28 B/B;（e）EGBU-28 C/B;（f）EGBU-24（V）9/B;（g）EGBU-24（V）10/B;（h）Enhanced Paveway Ⅲ（UK）

形战机的飞行员曾表示："新武器（EGBU-27）帮助我们在不伤害伊拉克无辜公民的情况下，精确打击伊拉克领导人，从而实现这次行动的总体目标。"

5. AGM-114 Hellfire 激光制导导弹

AGM-114 Hellfire 激光制导导弹由美国 Lockheed Martin 公司研制，是一种空对地精确制导战术导弹，最初的型号是专为反装甲用途而研发的，后续的型号也可对其他类型的目标实施打击，如图 6-19 所示。AGM-114 Hellfire 导弹的名称是由英语 heliborne（直升机装载）、laser（激光）、fire and forget（发射后不管）发展而来的。它具有多任务、多目标精确打击能力，可从多种空中、海上和地面平台发射，包括"捕食者"无人机。Hellfire 导弹为 100 磅级的空对地精确制导战术导弹，目前装备于美军和其他许多国家的武装部队，装备的型号主要包括 Hellfire Ⅱ 和 Longbow Hellfire。

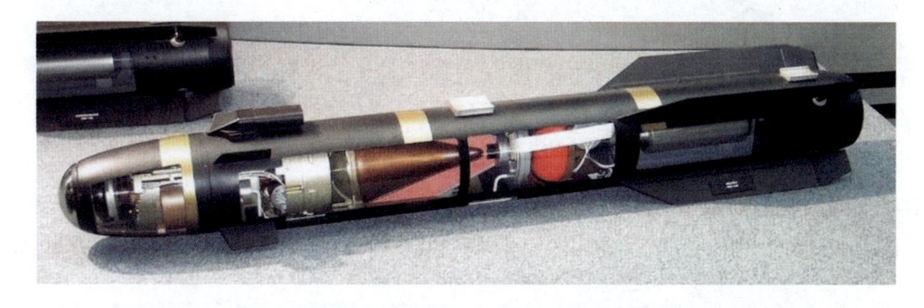

图 6-19　AGM-114 Hellfire 空对地精确制导战术导弹

Hellfire Ⅱ 导弹是一种半主动激光制导导弹，主要装备 AH-64 Apache 武装直升机、OH-58 Kiowa Warrior 武装侦察直升机，MQ-1C 无人机、AH-1W 武装直升机、Predator/Reaper 无人机等。AGM-114 Hellfire 导弹的性能指标见表 6-6。

Hellfire Ⅱ导弹通过接收目标反射的激光信号来打击目标，需要操作员使用激光指示器来照射需要打击的目标。Hellfire Ⅱ导弹共有三种战斗部类型：AGM-114K 配用串联破甲战斗部，适合打击装甲目标；AGM-114M 配用杀爆战斗部，适合打击建筑结构、巡逻艇以及其他软目标；AGM-114N 配用金属增强装药（metal augmented charge），适合打击建筑结构、碉堡、雷达站、通信站、桥梁等。另外，2012 年研制的 AGM-114R 导弹，采用可选择毁伤效果的战斗部，可根据目标类型的不同进行毁伤设置。

表 6-6　AGM-114 Hellfire 导弹的性能指标

弹径 /in	弹重 /lb	弹长 /in	直接攻击的最大射程 /km	间接攻击的最大射程 /km	最小射程 /km
7	99.8 ~ 107	64 ~ 69	7	8	0.5 ~ 1.5

Longbow Hellfire 导弹的型号是 AGM-114L，它采用主动毫米波雷达制导，而不是常用的激光制导方式，主要由 AH-64D Apache Longbow 武装直升机使用。AGM-114L 导弹配用与 Hellfire Ⅱ相同的破甲战斗部。这种导弹可以具备超视线的攻击能力，可实现“发射后不管”，可在恶劣的天候和战场环境中使用。

6.2.2　俄军的激光制导炸弹

1. KAB-1500LG-F-E 激光制导杀伤爆破炸弹

KAB-1500LG-F-E 激光制导杀伤爆破炸弹采用半主动激光制导方式，如图 6-20 所示。该型弹药的战斗部为杀伤爆破型，引信采用冲击延期起爆方式，主要用于毁伤固定目标和面目标，如公路或铁路的桥梁、军事工业设施、军舰和运输船只、弹药库、铁路枢纽等目标。

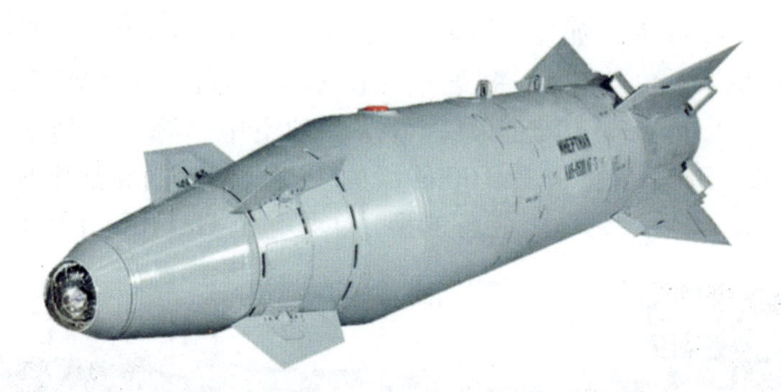

图 6-20　KAB-1500LG-F-E 激光制导杀伤爆破炸弹

KAB-1500LG-F-E 激光制导杀伤爆破炸弹是前线歼轰机和攻击机武器系统的重要组成部分，可由机载或地面激光目标指示器为炸弹指示目标位置，其重要参数见表 6-7。

表 6-7　KAB-1500LG-F-E 激光制导杀伤爆破炸弹的重要参数

弹径 /m	弹长 /m	弹重 /kg	战斗部重 / kg	装药量 / kg	弹尾翼展（展开）/m	投射高度 / m	投射速度 /（$km \cdot h^{-1}$）	CEP/ m
0.58	4.28	1 525	1 170	440	1.3	1 000 ~ 8 000	550 ~ 1 100	4 ~ 7

2. KAB-1500LG-Pr-E 激光制导混凝土侵彻炸弹

KAB-1500LG-Pr-E 激光制导混凝土侵彻炸弹采用半主动激光制导方式，如图 6-21 所示。该型弹药的战斗部为混凝土侵彻型，引信采用冲击延期起爆方式，主要用于毁伤固定的小型加固或深埋目标，如加固机堡、地下指挥所等。

图 6-21 KAB-1500LG-Pr-E 激光制导混凝土侵彻炸弹

KAB-1500LG-Pr-E 激光制导混凝土侵彻炸弹是前线歼轰机和攻击机武器系统的重要组成部分，可由机载或地面激光目标指示器为炸弹指示目标位置，其重要参数见表 6-8。

表 6-8 KAB-1500LG-Pr-E 激光制导混凝土侵彻炸弹的重要参数

弹径 /m	弹长 /m	弹重 /kg	战斗部重 / kg	装药量 / kg	弹尾翼展（展开）/m	投射高度 / m	投射速度 /（km·h^{-1}）	CEP/m
0.58	4.28	1 525	1 120	210	1.3	1 000 ~ 8 000	550 ~ 1 100	4 ~ 7

3. KAB-1500LG-OD-E 激光制导燃料空气炸弹

KAB-1500LG-OD-E 激光制导燃料空气炸弹采用半主动激光制导方式，如图 6-22 所示。该型弹药的战斗部装填燃料空气炸药，引信采用瞬发冲击起爆方式，主要用于毁伤固定目标或面目标，如铁路或公路桥梁、军事工业设施、舰船、运输船只、弹药库、铁路枢纽以及隐蔽在复杂地形中的目标。

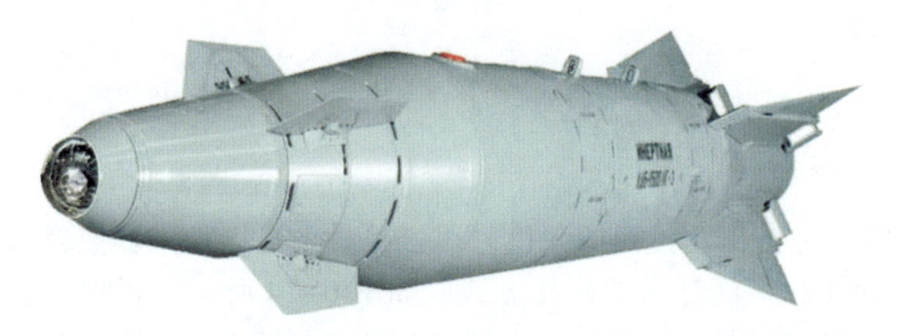

图 6-22 KAB-1500LG-OD-E 激光制导燃料空气炸弹

KAB-1500LG-OD-E 激光制导燃料空气炸弹是前线歼轰机和攻击机武器系统的重要组成部分，可由机载或地面激光目标指示器为炸弹指示目标位置，其重要参数见表 6-9。

表 6-9　KAB-1500LG-OD-E 激光制导燃料空气炸弹的重要参数

弹径 /m	弹长 /m	弹重 /kg	战斗部重 / kg	装药量 / kg	弹尾翼展（展开）/m	投射高度 / m	投射速度 /（km·h^{-1}）	CEP/m
0.58	4.24	1 450	1 170	650	1.3	1 000 ~ 10 000	550 ~ 1 100	4 ~ 7

6.3 激光制导航空弹药战场运用

激光制导航空弹药的作战方式主要包括地面照射、他机照射和本机照射三种形式。

6.3.1 地面照射

地面照射方式是在目标附近的地面，用便携式激光照射器照射目标，如图 6-23 所示。照射器发射的激光照到目标后，部分激光能量会向空间漫反射出去。投弹飞机的飞行员借助座舱内的显示系统来观察目标，即目标上的激光光斑，并确定最佳投弹时机。激光制导炸弹投下后，将追踪从目标反射回的激光信号，自动修正飞行弹道，飞向被照射的目标。因此，在炸弹命中目标前，激光照射器应始终照射目标。由于战场环境中地面烟尘大，激光能量会损失很多，故地面照射实战应用价值有限。

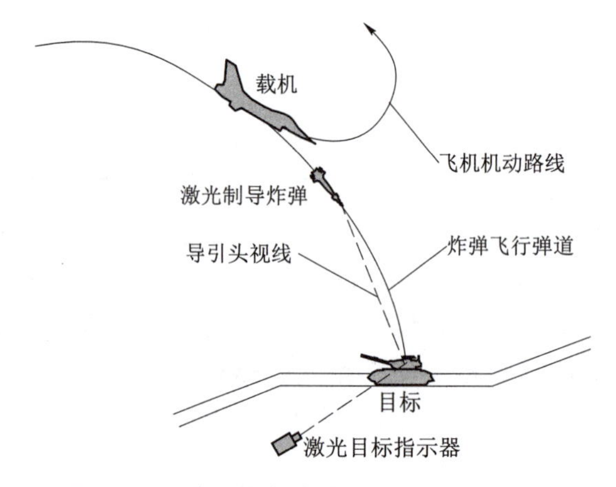

图 6-23　地面照射方式制导激光制导炸弹

6.3.2 他机照射

他机照射方式是指由非投弹的飞机采用机载激光目标指示器照射目标，由其他飞机投射激光制导炸弹实施打击的作战方式，如图 6-24 所示。根据美军在越南战场上常用的方式，一般由一架飞机在目标空域 3 000 ~ 4 000 m 高度上逆时针盘旋，使机上的激光照射器始终照射目标，直到激光制导炸弹命中目标，投弹飞机进入目标区域投弹后即可脱离。这种方式使照射和投弹各有分工，攻击命中效果好，但负责照射的飞机在目标区的活动时间长，易受地面防空火力的打击，因此美军还曾试验用小型无人驾驶飞机来代替有人飞机执行目标指示任务。

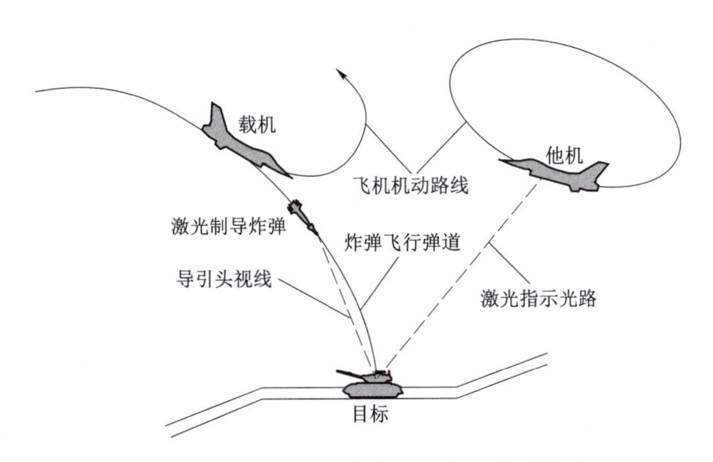

图 6–24　他机照射方式制导激光制导炸弹

6.3.3　本机照射

本机照射方式是指由同一架飞机照射目标并进行投弹的方式，如图 6–25 所示。这种方式对机载设备要求较高，要求飞机在投弹前后做任何机动时，机上的电视摄像机始终能自动跟踪目标，而激光照射器与电视摄像机保持同步，这样可以保证激光照射器始终指向目标。采用这种方式，投弹飞机在目标区内，除投弹前进行瞄准的一段时间外，一直可以进行机动，从而大大提高了载机的战场生存能力。这种方式比较符合作战要求，是目前采用的主要打击方式。

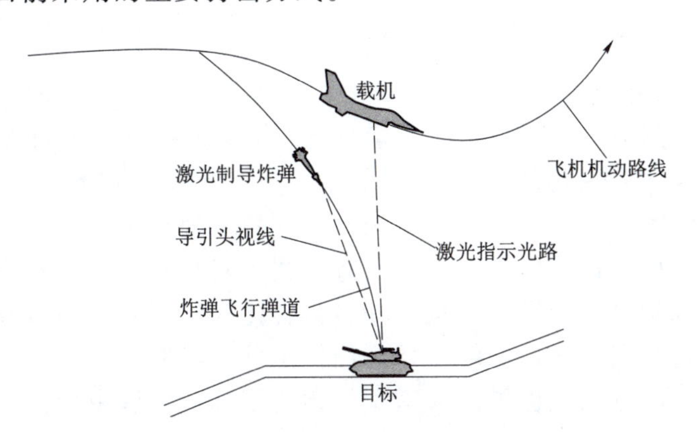

图 6–25　本机照射方式制导激光制导炸弹

第 7 章
成像制导航空弹药作战运用

成像制导是精确制导技术中非常重要的一种制导技术，并广泛应用于空对地打击弹药领域。成像制导航空弹药是利用弹载成像设备，在外弹道末段实时获取目标区域图像，直接或经数据链传给飞机，机载接收系统实时处理并显示回传的图像数据，然后通过人工或自动识别的方式将弹药导向目标。在精确打击武器中，成像制导弹药具有打击目标与毁伤评估的双重功能，已受到各国的高度重视。特别是有成像制导参与的多模复合制导技术，也成为当前精确制导技术的研究热点。按目标成像的基本原理，成像技术可分为电视成像、红外成像、雷达成像和激光成像四种方式。

7.1 基本工作原理

7.1.1 电视成像制导技术

20 世纪 60 年代中期，美国大力发展光电制导的精确制导武器，空对地战术导弹也得到长足进步。其中，列装美军部队就包括采用电视制导方式的 AGM-62 Walleye、AGM-65 Maverick 等空对地战术导弹。

电视成像制导属于被动式制导，是光电制导的一种类型。电视成像制导是通过弹载电视导引头，利用目标反射的可见光信息，实现对目标的捕获和跟踪。电视摄像机首先接收来自目标的可见光辐射能量，并将其转化为电信号，通过通信设备传送给控制器，控制器通过数据解码，最终将目标图像呈现在机舱的显示器上。制导过程可以采用“人在回路”的方式，也可以人工预先锁定目标，而后由导弹自动导引直至命中目标。

电视成像制导技术具有隐蔽性好、分辨率高、抗干扰性强等特点，还能够对目标的毁伤情况进行实时评估。不足之处在于，只能昼间工作，这在一定程度上限制了相关弹药的战场运用。

7.1.2 红外成像制导技术

红外成像制导技术诞生于 20 世纪 70 年代，经过几十年的发展，目前已取得长足进步。红外成像制导技术是利用红外成像导引头接收来自目标场景的红外辐射能量，通过光电转换器件形成二维温度分布图像，利用目标与背景之间的红外辐射差异，来识别、捕获和跟踪目标，并将制导武器导向目标的技术。

红外成像属于被动成像技术，因此具有战场运用的隐蔽性。相比电视成像制导技术，红外成像制导技术的最大优势就是能够全天时工作，在较低能见度下也能够获得比较好的图像，具有很强的目标识别和抗干扰能力，在弹药运用领域能够实现“发射后不管”。因此，红外成像制导技术是当今世界各国军事领域重点研究与运用的精确制导技术之一。

7.1.3　雷达成像制导技术

雷达成像技术是 20 世纪 50 年代发展起来的，是雷达发展的一个重要里程碑。雷达成像技术应用最多的是合成孔径雷达（synthetic aperture radar，SAR）。它是利用与目标做相对运动的小孔径天线，把在不同位置接收的回波进行相干处理，从而获得较高分辨率的成像雷达。就目前的技术而言，合成孔径雷达主要用于机载和星载，弹载合成孔径雷达成像技术目前正处于研制发展阶段。

毫米波制导是雷达制导的重要方式之一。毫米波是频率介于微波和红外之间的电磁波，波长范围是 1 ~ 10 mm，对应的频率范围是 300 ~ 30 GHz。与红外、微波相比，毫米波具有精度高、抗干扰能力强、不易受大气环境影响等优点。毫米波辐射可以穿透云层、烟雾、灰尘、水汽等，在目标的探测领域具有独特的优势。毫米波的另一个重要优点是能够有效区别自然环境与金属目标，特别适合在复杂环境中探测坦克、步兵战车等目标。这是因为金属目标的毫米波辐射率接近于零。无论金属目标的温度是否与周围环境一致，使用被动式毫米波辐射计都能相对容易地探测并识别出金属目标，而这种能力是红外波段所不具备的。另外，在性能方面，毫米波制导和红外制导能够相互补充，在实际应用中可以获得很好的效果。因此，毫米波 / 红外复合制导是目前最有前途的制导模式之一。

按弹载毫米波制导系统的工作方式，毫米波制导系统可分为主动式、被动式和主动 / 被动复合式。主动式是指弹载导引头发射毫米波并进行探测和识别目标的方式。由于装甲目标的反射率远高于背景环境，其反射的毫米波强度远大于背景环境的反射，导引头就可以根据这种差异来发现和识别目标。采用主动的工作方式，导引头的有效探测距离比较远。被动式是指弹载导引头不发射毫米波，仅依靠目标与背景环境的辐射温差来制导的方式。在这种情况下，由于装甲目标的辐射率远低于背景环境，当毫米波辐射计天线扫描到装甲目标时，会得到负脉冲信号，导引头就可利用负脉冲来实现制导。主动 / 被动复合式是指远距离采用主动式，而在近距离时转换为被动式的制导方式。这种方式兼具主动式和被动式两者的优点，采用主动式可以增加有效探测距离，在近距离采用被动式可避免角闪烁效应的产生。

近年来，毫米波固体元器件的迅速发展，使毫米波制导系统的实现成为可能。在毫米波制导系统工作的频段，主要选择和使用 35 GHz（8 mm）、94 GHz（3 mm）两个大气窗口。采用主动式毫米波制导系统的弹药，装备毫米波雷达（非成像式）来探测和识别目标；而采用被动式毫米波制导系统的弹药，装备毫米波辐射计，通过接收目标自身辐射的毫米波能量来进行探测。毫米波技术虽然能够成像，但就目前技术和经济性而言，在弹药领域还未出现采用毫米波成像的型号装备。但是，在弹药上应用毫米波成像制导方式，将是未来重要的发展方向。

7.1.4 激光成像制导技术

激光雷达是以发射激光束探测目标的位置、速度等特征量的雷达系统，是20世纪60年代以后迅速发展起来的。其工作原理是向目标发射激光束并探测回波信号，然后将接收到的反射信号与发射信号进行比较、处理后就可获得目标的相关信息。激光雷达是激光、雷达、大气光学、目标和环境特性、光机电一体化和计算机等技术相结合的产物。激光雷达用的激光频率比微波要高几个数量级，相应的能量也较大，因此具有角分辨率高、距离与速度分辨率高、抗干扰能力强等优点。

虽然激光雷达成像具有诸多优点，但由于目前激光雷达的成像速率较低，所以尚未出现采用激光成像制导的型号弹药。

7.1.5 成像制导航空弹药的运用方式

采用成像制导方式的航空弹药具有“所见即所打”的特殊优势，适合人眼识别、人工锁定目标，便于实现“人在回路”的运用方式。目前，按弹药作战运用过程的不同，成像制导航空弹药主要可分为发射前锁定方式和发射后锁定方式两种。

1. 发射前锁定方式

采用发射前锁定方式的航空弹药，其成像器件和制导指令形成装置均在导弹上，射手参与目标的搜索、识别和锁定。采用发射前锁定方式的导弹的攻击过程如图7-1所示。开始攻击时，飞机首先采取俯冲方式飞向目标，使目标进入导弹的视场内，在此期间飞机座舱的监视器实时显示导弹获取的图像。当导弹的成像器件捕获到目标时，武器操作员通过控制手柄将目标锁定在瞄准十字线的中心，而后按下目标跟踪开关，实现对目标的锁定。导引头锁定目标后，发射导弹，载机迅速脱离目标区域。之后，导弹会自动完成跟踪与控制，使目标始终处于瞄准十字线的中心，直到击中目标。

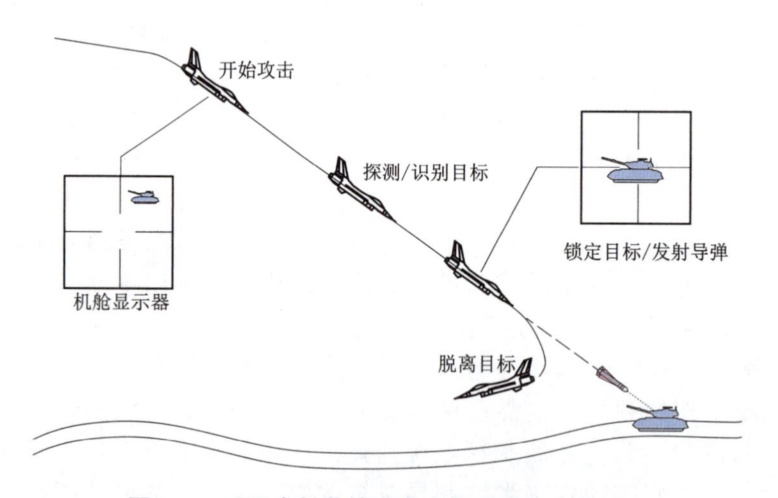

图7-1 采用发射前锁定方式的导弹的攻击过程

发射前锁定方式，具有灵活的目标选择能力，甚至能够在导弹发射前停止攻击行动。但这种方式的缺点也是显而易见的，载机需要接近目标才能发射导弹，使载机暴露于目标区域，增大了载机的危险性。发射前锁定目标是目前广为采用的方法。

2. 发射后锁定方式

采用发射后锁定方式的航空弹药，除安装有成像器件外，还装备有有线或无线数据传输组件，目前常用的是双向无线数据链系统。双向数据链可将弹载成像器件捕获的目标图像传给载机，并把载机的控制指令传送给导弹。采用发射后锁定方式时，当获得目标的大致区域坐标后，载机就可以发射导弹。在飞行弹道中段，导弹依靠惯性导航系统飞向目标区域。当导弹接近目标区域后，位于机舱内的武器操作员通过数据链回传的导弹探测的图像，识别和确定目标的具体位置，并手动控制导引头锁定目标。然后，导弹的制导指令形成装置发出指令，自动控制导弹飞行目标。以上所述的攻击过程，属于发射后锁定目标自动寻的攻击方式，如图 7-2 所示。

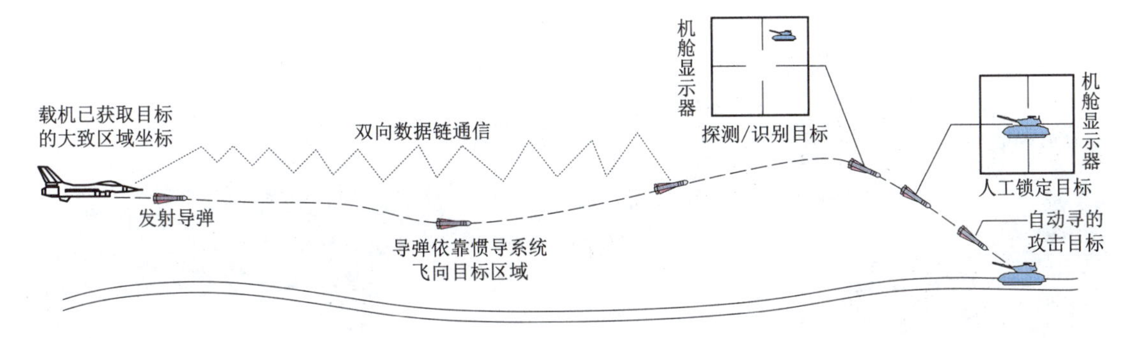

图 7-2　发射后锁定目标自动寻的攻击方式

除自动寻的攻击方式外，发射后锁定方式还能够采用手动遥控攻击方式，如图 7-3 所示。与发射后锁定目标自动寻的攻击方式相同，只是在弹道末段依靠武器操作员的手动控制使导弹飞向目标，而非导弹自动飞向目标。这种攻击方式虽然对武器操作员的技术水平要求较高，但不宜受到战场复杂环境的影响，可提高对目标的命中概率。

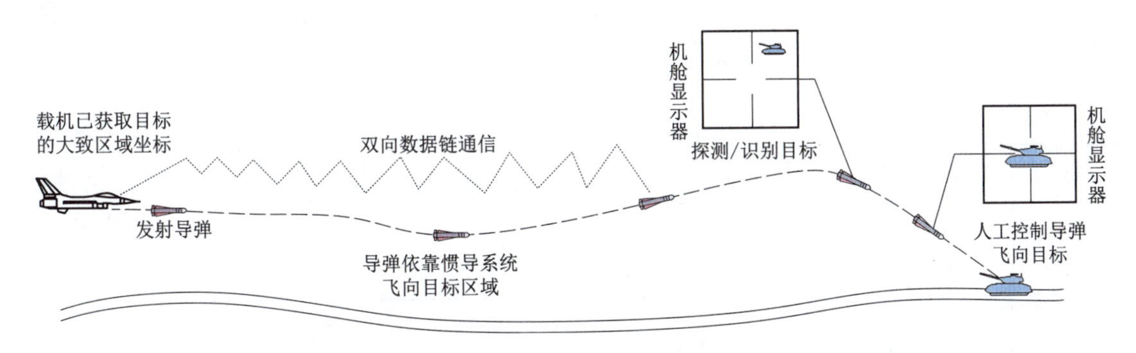

图 7-3　发射后锁定目标手动遥控攻击方式

采用发射后锁定方式，其优点在于载机可以在远距离发射导弹攻击目标，甚至不需要建立与目标的通视条件，从而提高载机的安全性和打击的隐蔽性、突然性。然而，这种方式是基于双向数据链系统的，这不仅会提高导弹的采购成本，而且在复杂电磁环境下运用的可靠性也值得考虑。

就目前的技术发展方向而言，采用成像制导方式的航空弹药更趋向于同时具备发射前锁定和发射后锁定两种能力，以使载机的作战方式更加灵活。

7.2 典型型号类型

7.2.1 成像制导航空弹药

1. Martel 电视制导导弹

英法联合研制的 Martel 导弹是最早被广泛运用的电视制导武器之一，该型导弹有电视制导和雷达寻的（反辐射）两个型号，如图 7-4 所示。该导弹于 1972 年服役，主要装备英国部队。

(a)

(b)

图 7-4 电视制导型和雷达寻的型 Martel 导弹

(a) 电视制导型；(b) 雷达寻的型

在 20 世纪 70 年代至 80 年代期间，Martel 导弹曾是英国皇家海军主要的海上攻击武器。Martel 导弹的重要参数见表 7-1。

表 7-1 Martel 导弹的重要参数

弹重 / kg	弹长 / m	弹径 / m	战斗部重 /kg	发动机	翼展 / m	射程 / km	飞行速度 / Mach
550	4.18	0.4	150	两级固体火箭发动机	1.2	60	>0.9

2. AGM-62 Walleye 电视制导炸弹

20 世纪 60 年代，美国研制成功 AGM-62 Walleye 电视制导炸弹，该炸弹及飞机投掷的场景如图 7-5 所示。该型炸弹由原 Martin Marietta 公司研制，主要装备美军部队。AGM-62 武器系统包括载机、弹药、AN/AWW-9B 型数据链吊舱和 OK-293/AWW 型控制站。这种炸弹没有动力系统，主要是在滑翔的过程中通过电视制导系统飞向目标。

图 7-5　AGM-62 Walleye 电视制导炸弹及飞机投掷的场景

投弹时，飞机首先向目标方向俯冲，此时位于炸弹前端的电视摄像机会将图像传输到驾驶舱的显示器上，一旦飞行员在屏幕上获得目标的清晰图像，就可以指定一个瞄准点，并释放炸弹，炸弹会自动地朝指定的目标飞去。AGM-62 Walleye 炸弹具有“发射后不管”的能力，因此一旦发射，飞机就可以立即脱离，从而提高了载机的生存能力。AGM-62 Walleye 炸弹的后续改型采用了增程型数据链系统，使飞行员能够在投掷炸弹后继续控制其飞行过程，甚至在飞行中通过指令改变瞄准点。

AGM-62 Walleye 电视制导炸弹在越南战争中得到应用，其重要参数见表 7-2。截至 1967 年 5 月，美国海军的飞行员在越南投下了几枚该型炸弹，并取得了巨大的成功。

表 7-2　AGM-62 Walleye 电视制导炸弹的重要参数

<table>
<tr><th rowspan="2">型号</th><th rowspan="2">弹长 /m</th><th rowspan="2">翼展 /m</th><th rowspan="2">弹径 /m</th><th rowspan="2">重量 /kg</th><th rowspan="2">射程 /km</th><th rowspan="2">飞行速度</th><th colspan="3">战斗部</th></tr>
<tr><th>型号</th><th>重量 /kg</th><th>类型</th></tr>
<tr><td>Walleye I MK 1 MOD 0</td><td>3.45</td><td>1.15</td><td>0.318</td><td>510</td><td>30</td><td rowspan="2">高亚音速</td><td>Mk 58</td><td>374</td><td rowspan="2">成型装药</td></tr>
<tr><td>Walleye Ⅱ MK 5 MOD 4</td><td>4.04</td><td>1.30</td><td>0.457</td><td>1 060</td><td>45</td><td>Mk 87</td><td>900</td></tr>
</table>

1967 年 5 月 19 日，美国海军“好人理查德”号（Bon Homme Richard）航空母舰的一架飞机采用 AGM-62 Walleye 炸弹直接命中了河内发电厂。两天后，海军再次用该型制导炸弹袭击了该工厂，彻底摧毁了河内的主要电力来源。但由于 AGM-62 Walleye 炸弹的威力不足，在 1967 年对位于河内南部的清化桥（Thanh Hoa Bridge）进行轰炸时，虽然 AGM-62 Walleye 炸弹直接命中了目标，但仍然没有摧毁该桥梁。目前，该型炸弹已经被 AGM-65 Maverick 空对地战术导弹所替代。

3. AGM-65 Maverick 系列空对地战术导弹

AGM-65 Maverick 系列空对地战术导弹的 A/B/H/J/K 型采用电视制导方式（其中 H/J/K 型装备新型 CCD 导引头），C/E 型采用半主动激光制导方式，D/F/G 型采用红外成像制导方式。AGM-65 Maverick 是美国空军装备的第一种“发射后不用管”的战术空对地导弹。它的产量非常大，其后续版本至今仍在美军中服役。AGM-65 Maverick 系列导弹及其发射场景，如图 7-6 所示。

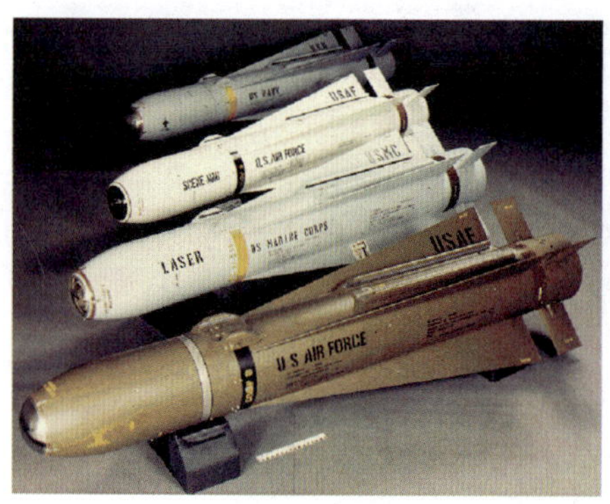

图 7-6 AGM-65 Maverick 系列导弹及其发射场景

Maverick 导弹的发展始于 1965 年，是因 AGM-12 Bullpup 导弹在东南亚的糟糕表现而引发的。1972 年 8 月，第一枚生产型 AGM-65A 导弹交付给美国空军。

AGM-65A 是一种相对较小的导弹，由一台 Thiokol TX-481（SR109-TC-1）双推力固体燃料火箭发动机提供动力。它采用光电（电视）制导系统，导弹前端的电视摄像机获取的图像可显示在驾驶舱的屏幕上。当飞行员选定要打击的目标后，导弹的导引头会将目标图像锁定，随后可以发射导弹。导弹发射后，AGM-65A 持续地将电视图像与锁定的目标图像进行匹配，从而定位目标位置。AGM-65A 导弹采用 57 kg 的 WDU-20/B 型成型装药战斗部，并装备冲击起爆引信。据称，AGM-65A 导弹的圆概率误差大约为 1.5 m。AGM-65A 的一个缺点是它获取的电视图像相对较小，作战时需要飞行员驾机非常接近目标时才能发射，而这是非常危险的。因此，后续研发了放大场景、提高分辨率的 AGM-65B 导弹，从而使导弹具备了在较远距离上攻击较小目标的能力。AGM-65A 导弹获取的电视图像与 AGM-65B 导弹获取的电视图像的对比如图 7-7 所示。AGM-65B 于 1975 年开始研制，并在 20 世纪 70 年代后期交付部队。1978 年，AGM-65A/B 电视制导导弹停产，总共生产数量超过 35 000 枚。

（a）

（b）

图 7-7 AGM-65A 导弹获取的电视图像与 AGM-65B 导弹获取的电视图像的对比

（a）AGM-65A 获取图像；（b）AGM-65B 获取图像

AGM-65C 是为美国海军陆战队研制的一种半主动激光制导型导弹，主要用于执行近距空中支援任务。该型导弹装备 Mk 19 型杀爆战斗部，重量为 113 kg。该项目从 1978 年开始，但后来因费用太高而被取消，仅生产了少量导弹。

AGM-65D 是 AGM-65A 的改型，它使用 WGU-10/B 型红外成像导引头替代原来的电视制导部分，如图 7-8 所示。该导引头的锁定目标距离几乎是 AGM-65A 的两倍，并允许在夜间或恶劣天气下使用导弹。AGM-65D 导弹在 1977 年开始研制，于 1983 年 10 月交付给美国空军，并在 1986 年 2 月达到初始作战能力。AGM-65D-2 是 AGM-65D 的升级型号，它采用采样速率更快的导引头，以便于跟踪移动目标和获得更高的命中精度。

图 7-8　AGM-65D 红外成像型导弹

当 AGM-65C 导弹研制项目被取消后，转而为美国海军陆战队研发 AGM-65E 导弹。AGM-65E 导弹采用半主动激光制导方式，于 1985 年装备部队，如图 7-9 所示。该型导弹装备的 WGU-9/B 型激光制导部件，相比 AGM-65C 采用的部件更加便宜。AGM-65E 装备有重 136 kg 的 WDU-24/B 型侵爆战斗部，采用 FMU-135/B 型触发延迟起爆引信。

图 7-9　AGM-65E 激光制导型导弹

美国海军装备的红外成像制导型号称为 AGM-65F，它采用 AGM-65D 的红外成像导引头和 AGM-65E 的侵爆战斗部与发动机。AGM-65F 导弹采用了安全解保装置，以便于在舰船上更安全地开展勤务工作。同时，为了更好地跟踪水面舰艇目标，AGM-65F采用的导引头在软件方面也做了稍微的改动。

美国空军装备的红外成像导弹型号称为AGM-65G，于1989年进入美国空军服役，如图7-10所示。它是在AGM-65D导弹的基础上，采用了AGM-65E/F的重型战斗部和引信，主要用于打击加固的战术目标。同时，AGM-65G采用了新型数字化自动驾驶仪和改进的跟踪与目标选择模式。新型自动驾驶仪允许驾驶员选择较低的飞行轨迹，以防止云层使导弹失去对目标的锁定。

图7-10 美国空军装备的AGM-65G红外成像型导弹

美国空军在沙漠风暴行动中广泛使用了Maverick，发射的AGM-65B/D/G型导弹数量超过5 000枚，主要由A-10A型飞机发射。据报道，AGM-65导弹的命中率为80%～90%。美国海军陆战队也在沙漠风暴行动中发射了几枚AGM-65E导弹，据称命中率约为60%。

在沙漠风暴行动中，沙漠环境温度过热使得AGM-65D导弹的红外成像导引头产生了热杂波。因此，美国空军决定使用Raytheon公司研发的新型CCD导引头来替代导弹的红外成像导引头。新型CCD导引头使AGM-65导弹具备了更高的可靠性、更大的锁定距离以及更好的微光性能。但是，这种新型CCD导引头不能在夜间工作。AGM-65H导弹是对AGM-65B/D的升级改造，将原来的导引头更换为新型CCD导引头。在相同条件下，AGM-65H导弹获取的宽、窄视场图像如图7-11所示，相比图7-7展示的AGM-65A/B导弹获得的图像要强很多。

最初计划将许多老式的AGM-65B导弹和AGM-65D导弹改造为AGM-65H，但是该改造计划被取消，而改为对AGM-65G导弹的升级计划。AGM-65K是用新型CCD导引头升级的AGM-65G导弹。截至目前，至少有1 200枚AGM-65G导弹，甚至有高达2 500枚的导弹被改造成AGM-65K。

AGM-65J是将美国海军装备的AGM-65F导弹更换新型CCD导引头后的型号。因此，它非常类似于美国空军的AGM-65K。

目前，美国发射AGM-65导弹的平台主要是A-10攻击机、F-16战斗机和F/A-18战斗机。AGM-65 Maverick导弹的重要参数见表7-3。

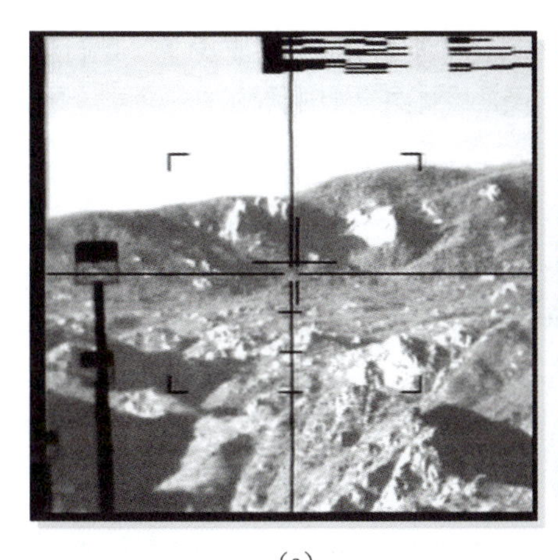

（a）

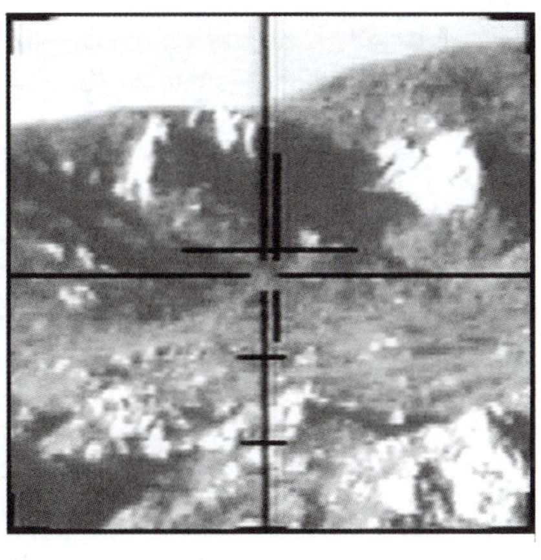

（b）

图 7-11　AGM-65H 导弹获取的宽、窄视场图像

（a）宽视场；（b）窄视场

表 7-3　AGM-65 Maverick 导弹的重要参数

导弹型号	AGM-65A/B	AGM-65D	AGM-65E	AGM-65F/G
制导模式	电视成像制导	红外成像制导	半主动激光制导	红外成像制导
弹长 /m	2.49	2.49	2.49	2.49
翼展 /cm	71.9	71.9	71.9	71.9
弹径 /cm	30.5	30.5	30.5	30.5
弹重 /kg	209	220	285	304
射程 /km	>27	>27	>27	>27
战斗部类型	57 kg WDU-20/B 成型装药		136 kg WDU-24/B 侵爆	

4. Kh-29 系列近程空对地导弹

Kh-29 是一系列近程超音速空对地导弹，是苏联研制的与美国 AGM-65 系列导弹的对应型号。最初，苏联研制了 Kh-29T 和 Kh-29TE 两种型号的电视制导航空弹药，其中 Kh-29TE 是 Kh-29T 的增程版本，Kh-29TE 的射程达到 30 km，如图 7-12 所示。

图 7-12　Kh-29TE 电视制导空对地导弹

1980 年，Kh-29 进入苏联空军服役，并且被大量出口其他国家和地区。Kh-29D 是 Kh-29 系列航空弹药中的红外成像制导型号，如图 7-13 所示。

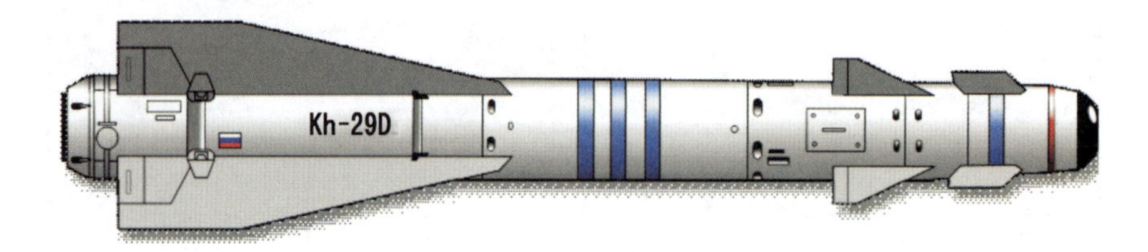

图 7-13　Kh-29D 红外成像制导空对地导弹

Kh-29D 红外成像制导导弹的重要参数见表 7-4。该系列导弹可装备 Mig-27、Su-17、Su-22、Su-24、Su-25 等型号战机，主要用于摧毁地面固定的坚固目标和水面目标，如大型铁路和公路桥梁、工业设施、混凝土跑道、钢筋混凝土掩体，以及排水量高达 10 000 t 的水面舰艇。

表 7-4　Kh-29D 红外成像制导导弹的重要参数

弹径 /mm	弹长 /m	翼展 /mm	弹重 /kg	最大射程 /km	最大速度 /（$m \cdot s^{-1}$）	战斗部重 /kg
380	3.87	780	670	10	600	317

5. Kh-59ME 电视制导型空对地导弹

在 Kh-29 系列空对地导弹的基础上，为了进一步提高射程，俄罗斯研制了 Kh-59 系列空对地导弹，并于 1980 年服役。Kh-59ME 空对地导弹是 Kh-59 系列导弹的电视制导型号，如图 7-14 所示。在 Kh-59ME 导弹的主弹体下方有一个外置的涡扇发动机，用于巡航飞行时提供动力，但仍保留有火箭推进器。

图 7-14　Kh-59ME 电视制导型空对地导弹

Kh-59ME 导弹采用惯导 / 电视双制导系统，发射前将目标坐标输入导弹，通过惯性制导系统将导弹引导到目标区域。在距离目标 10 km 处，电视制导系统被激活，飞机上的操作员通过机舱内的监视器识别目标，并用导弹将其锁定，从而实现末段精确制导。Kh-59ME 空对地导弹的重要参数见表 7-5。

表 7-5　Kh-59ME 空对地导弹的重要参数

弹重 /kg	弹长 /cm	弹径 /cm	战斗部类型	战斗部重 /kg	翼展 /cm	射程 /km	飞行速度 / Mach
930	570	38.0	子母或成型装药	320	130	115	0.72 ~ 0.88

6. GBU-15 光电精确制导炸弹

1974 年，美国的 Rockwell International 公司开始研制 GBU-15 光电精确制导炸弹。该型炸弹是一种采用光电制导方式的无动力滑翔制导武器，主要用于摧毁敌方的高价值目标，于 1975 年服役至今，主要装备美国空军。它可以装备 F-15E Strike Eagle、F-111 Aardvark 和 F-4 Phantom Ⅱ等型号的战斗机，也可由 B-52 Stratofortress 轰炸机投射，用于对舰船目标实施远程打击。GBU-15（V）1/B 型制导炸弹及其在 1985 年由 F-4E 战斗机投掷的场景如图 7-15 所示。

图 7-15　GBU-15（V）1/B 型制导炸弹及其在 1985 年由 F-4E 战斗机投掷的场景

GBU-15 制导炸弹主要包括 GBU-15（V）1/B、GBU-15（V）21/B、GBU-15（V）22/B、GBU-15（V）31/B、GBU-15（V）32/B 等多种型号，其中 GBU-15（V）1/B、GBU-15（V）21/B、GBU-15（V）22/B 采用 Mk 84 杀爆战斗部，GBU-15（V）31/B、GBU-15（V）32/B 采用 BLU-109/B 攻坚战斗部。

GBU-15 制导炸弹主要包括 5 个部件：前端制导段、战斗部、控制模块、弹翼组件和武器数据链路。

前端制导段包括电视制导系统，用于昼间作战，或采用红外成像系统，用于夜间、恶劣天气下作战。安装在弹尾的数据链系统可与飞机进行实时通信，通过这种“人在回路”的控制方式，可保证 GBU-15 制导炸弹精确地命中目标。

弹尾的控制部分由 4 个翼片组成，呈 X 形分布，翼片后缘的襟翼可控制炸弹的飞行轨迹。控制模块包含自动驾驶仪，它从制导段接收引导数据，并将信息转换为襟翼的偏转信号，以改变炸弹的飞行路径。

GBU-15 制导炸弹是用于越南战争的 GBU-8 HOBOS 炸弹的改进型号，其重要参数见表 7-6。GBU-8 制导炸弹必须在发射前锁定目标，投放后炸弹就不能被控制，但这需要战机飞抵目标附近，武器系统操作员才能捕获到目标。一旦锁定目标，释放 GBU-8 制导炸弹后，飞机就可以机动脱离。在作战运用方面，GBU-15 制导炸弹比 GBU-8 更灵活，它既可以直接攻击目标，也可以间接攻击目标。在直接攻击模式中，飞行员在发射前选择目标，并用炸弹将其锁定，然后进行发射。在这种模式下，GBU-15 制导炸弹自主引导命中目标，飞行员发射后就可离开该区域。在间接攻击模式中，GBU-15 制导炸弹在发射后由远程控制引导飞行。飞行员首先投射炸弹，然后采用遥控方式搜索敌方目标，一旦捕获目标，炸弹就可将其锁定，或者通过飞机上的 AN/AXQ-14 数据链系统采用手动方式引导炸弹飞向目标。

表 7-6 GBU-15 制导炸弹的重要参数

弹长 /m	弹径 /mm	战斗部重 /kg	翼展 /m	有效射程 /km	飞行速度	制导方式
3.9	475	910	1.5	27.8	高亚音速	TV+ 数据链 红外图像制导

GBU-15 制导炸弹具有很好的机动性能，在低、中海拔具有极高的精确命中能力，同时也具备一定的防区外打击能力。在沙漠风暴行动中，共投射了 71 枚 GBU-15 制导炸弹，它们均由 F-111F 战斗机完成。

7. AGM-130 防区外精确制导导弹

AGM-130 导弹是由 Rockwell 公司研制的防区外发射武器系统，它是在 GBU-15 炸弹的基础上研制的。这是由于 GBU-15 制导炸弹在低空发射时的有效射程不足 7.5 km，而要增大滑翔炸弹的射程只能是提高弹药的投射高度，但这会暴露飞机的位置，增加载机被击落的概率。当执行打击高设防目标的任务时，如 SA-6 地对空导弹，其射高为 0.06 ~ 10 km，射程为 5 ~ 25 km，载机的生存概率很低。在执行对地攻击任务时，飞机在至少几千米的飞行路径上会将自身暴露给地面防空武器。因此，需要研制一种具备动力的 GBU-15 炸弹，即 AGM-130 防区外精确制导导弹，该导弹及其在战机上的挂载情况如图 7-16 所示。AGM-130 导弹可以在地面防空导弹的雷达视线外远距离发射，来打击有密集防护的高价值目标。

图 7-16 AGM-130 防区外精确制导导弹及其在战机上的挂载情况

在综合武器系统管理过程中，AGM-130 和 GBU-15 两种系统因具有通用性，而成为同一弹药族系的成员。AGM-130 继承了 GBU-15 制导武器系统的模块化概念，并采用火箭发动机增大了射程，同时装备了高度计来实现高度控制。相比 GBU-15，

AGM-130 导弹的射程显著增加。

AGM-130 有两种型号：AGM-130A 携带 Mk-84 杀爆战斗部，AGM-130C 携带 BLU-109 攻坚战斗部。1997 年 6 月，在佛罗里达州西北部的埃格林空军基地，美国空军演示验证了 AGM-130 制导炸弹的毁伤能力，能够有效毁伤地下掩体和建筑物等坚固目标。F-15 战斗机发射 AGM-130 防区外精确制导导弹及其攻击目标示意图如图 7-17 所示。

图 7-17　F-15 战斗机发射 AGM-130 防区外精确制导导弹及其攻击目标示意图

AGM-130 通过双向数据链控制，可在很宽的高度范围内投射，兼具高、低空投射能力。它通过数据链系统，载机可以实时接收导弹回传的目标与周围环境的视频图像，并通过飞机驾驶舱的电视监视器显示出来，拥有“人在回路”运用方式所具备的高命中精度。该型导弹可在发射前或发射后锁定目标，通过自动控制或人工操纵的方式实施打击，具有很强的运用灵活性。作战时，战机发射 AGM-130 导弹，导弹脱离战机一定时间后，助推发动机点火使导弹加速，从而提高导弹的射程。当火箭发动机燃烧完毕后，与弹体脱离，而后弹体依靠惯性和势能继续飞行，直至命中目标。AGM-130 导弹攻击目标的作用过程，如图 7-18 所示，其中图（f）是图（g）时刻导弹回传的图像，图（h）是图（i）时刻导弹回传的图像。

另外，1998 年 9 月 21 日，波音公司测试了一种涡轮喷气发动机，用于增强 AGM-130 导弹的防区外打击能力。在释放后的 6 s 内，涡轮喷气发动机达到了 100% 的推力，使导弹在 11 min 内飞行了大约 189 km。

8. KAB-500Kr 电视制导混凝土侵彻炸弹

KAB-500Kr 是俄罗斯研制的一种 500 kg 级的电视制导混凝土侵彻炸弹。该型制导炸弹采用电视制导方式，可实现“发射后不管”。它配备有 380 kg 的侵爆战斗部，引信采用延期起爆方式，主要用于毁伤坚固目标，如加固机堡、公路和铁路桥梁、军事工业设施、舰艇、运输船等，但仅能在良好天气下使用。KAB-500Kr 电视制导混凝土侵彻炸弹及其在俄军 Mig-35 战斗机上的挂载情况，如图 7-19 所示。

KAB-500Kr 炸弹的制导系统包括一个带有地形匹配算法的电视传感器，该传感器可将目标位置与目标图像关联起来，并将炸弹修正到正确的飞行路径上，从而实现精确命中目标。当有足够的目标参考坐标时，该型炸弹的制导系统也适用于攻击掩蔽目标。该炸弹的 CEP（圆概率误差）达到 4 ~ 7 m，投放高度为 500 ~ 5 000 m，投放速度为 550 ~ 1 100 km/h。KAB-500Kr 电视制导混凝土侵彻炸弹的重要参数见表 7-7。

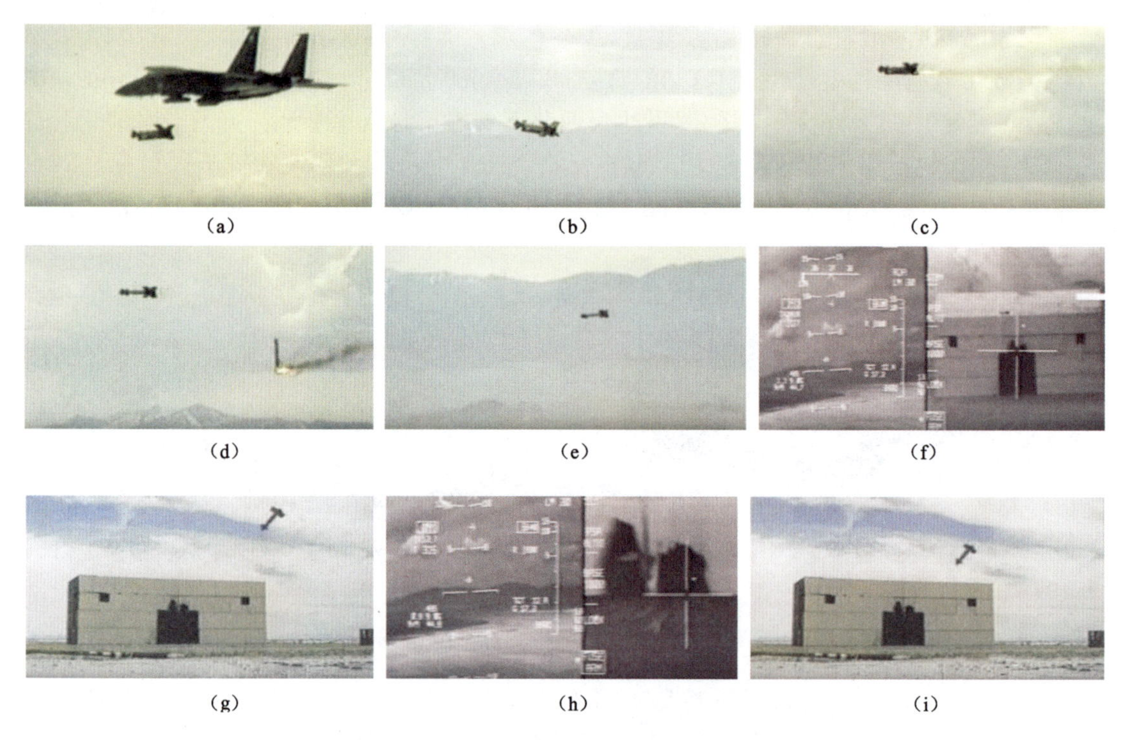
(a) (b) (c)
(d) (e) (f)
(g) (h) (i)

图 7-18　AGM-130 导弹攻击目标的作用过程

图 7-19　KAB-500Kr 电视制导混凝土侵彻炸弹及其在俄军 Mig-35 战斗机上的挂载情况

表 7-7　KAB-500Kr 电视制导混凝土侵彻炸弹的重要参数

弹径 / m	弹长 / m	弹重 / kg	战斗部重 / kg	装药量 / kg	弹尾翼展 / m	投射高度 / m	投射速度 / ($km \cdot h^{-1}$)	CEP/m
0.35	3.05	520	380	100	0.75	500 ~ 5 000	550 ~ 1 100	4 ~ 7

KAB-500Kr 电视制导混凝土侵彻炸弹是前线歼轰机和攻击机武器系统的重要组成部分，可装备俄军的 Su-24M、Su-30、Su-34、Mig-29 等型号战机。20 世纪 90 年代，俄罗斯在针对车臣的军事行动中，成功地使用了 KAB-500Kr 炸弹。

9. KAB-500OD 电视制导燃料空气炸弹

KAB-500OD 是俄罗斯研制的一种 500 kg 级精确制导炸弹，如图 7-20 所示。该型制导炸弹采用电视制导方式，可实现“发射后不管”。KAB-500OD 炸弹的制导系统包括一个带有地形匹配算法的电视传感器，该传感器可将目标位置与目标图像关联起来，并将炸弹修正到正确的飞行路径上，从而实现精确命中目标。当有足够的目标参考坐标时，该型炸弹也适用于攻击掩蔽的目标。

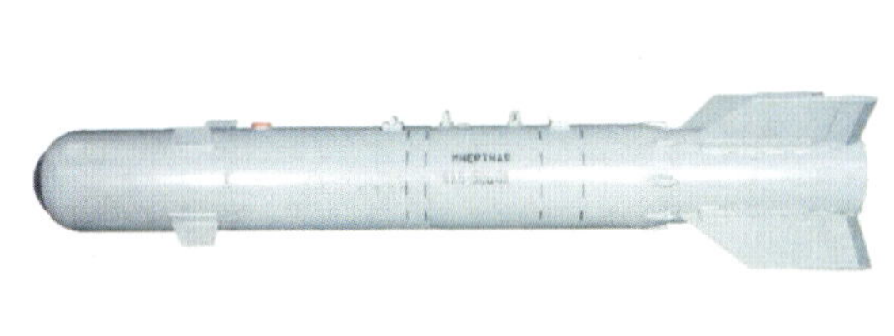

图 7-20　KAB-500OD 电视制导燃料空气炸弹及其在战机上的挂载情况（机翼内侧各 1 枚）

该炸弹的 CEP 为 4 ~ 7 m，投放高度为 500 ~ 5 000 m，投放速度为 550 ~ 1 100 km/h。它配备 250 kg 的 FAE 战斗部，引信采用瞬发冲击起爆方式，主要用于毁伤位于隐蔽地形中的炮位掩体、人员等目标，但仅能在良好天气下使用。KAB-500OD 电视制导炸弹的重要参数见表 7-8。

表 7-8　KAB-500OD 电视制导炸弹的重要参数

弹径 / m	弹长 / m	弹重 / kg	战斗部重 / kg	装药量 / kg	弹尾翼展 / m	投射高度 /m	投射速度 / ($km \cdot h^{-1}$)	CEP/m
0.35	3.05	370	250	140	0.75	500 ~ 5 000	550 ~ 1 100	4 ~ 7

KAB-500OD 电视制导炸弹是前线歼轰机和攻击机武器系统的重要组成部分，主要装备俄军的 Su-24M、Su-30、Su-34、Mig-29 等型号战机。2015 年 12 月 16 日，俄罗斯空军部队在叙利亚的 Hmeymim 空军基地为 Su-34 战机挂载 KAB-500OD 制导炸弹的场景，如图 7-21 所示。

图 7-21　俄军在 Su-34 战机上挂载 KAB-500OD 制导炸弹的场景

10. KAB-1500Kr-Pr 电视制导混凝土侵彻炸弹

由俄罗斯研制的 KAB-1500Kr-Pr 型混凝土侵彻炸弹，采用电视制导方式，可实现“发射后不管”，如图 7-22 所示。它的引信采用冲击延期起爆方式，主要用于毁伤固定的小型加固或深埋目标，如加固机堡、地下指挥所等。

图 7-22　KAB-1500Kr-Pr 电视制导混凝土侵彻炸弹

KAB-1500Kr-Pr 电视制导混凝土侵彻炸弹是前线歼轰机和攻击机武器系统的重要组成部分，其重要参数见表 7-9。

表 7-9　KAB-1500Kr-Pr 电视制导混凝土侵彻炸弹的重要参数

弹径 / m	弹长 / m	弹重 / kg	战斗部重 / kg	装药量 / kg	弹尾翼展（展开）/m	投射高度 / m	投射速度 / $(km \cdot h^{-1})$	CEP/m
0.58	4.63	1 525	1 170	440	1.3	1 000 ~ 8 000	550 ~ 1 100	4 ~ 7

11. KAB-1500Kr 电视制导杀伤爆破炸弹

由俄罗斯研制的 KAB-1500Kr 型制导炸弹，采用电视制导方式，可实现“发射后不管”，如图 7-23 所示。它的战斗部为杀伤爆破型，引信采用冲击延期起爆方式，主要用于毁伤加固目标或面目标，如加固机堡、军事工业设施、仓库、港口码头等，但仅能在正常天气下使用。

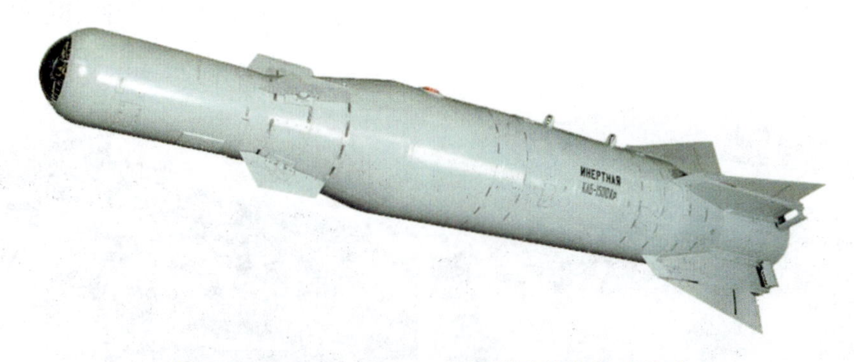

图 7-23　KAB-1500Kr 电视制导杀伤爆破炸弹

KAB-1500Kr 电视制导杀伤爆破炸弹是前线歼轰机和攻击机武器系统的重要组成部分，其重要参数见表 7-10。

表 7-10　KAB-1500Kr 电视制导杀伤爆破炸弹的重要参数

弹径 / m	弹长 / m	弹重 / kg	战斗部重 / kg	装药量 / kg	弹尾翼展（展开）/m	投射高度 / m	投射速度 / (km·h^{-1})	CEP/m
0.58	4.63	1 525	1 100	210	1.3	1 000 ~ 8 000	550 ~ 1 100	4 ~ 7

12. KAB-1500Kr-OD 电视制导燃料空气炸弹

由俄罗斯研制的 KAB-1500Kr-OD 型制导炸弹，采用电视制导方式，可实现“发射后不管”，如图 7-24 所示。它的战斗部装填燃料空气炸药，引信采用冲击瞬发起爆方式，主要用于毁伤固定目标或面目标，如军事工业设施、弹药仓库、舰艇、运输船、铁路枢纽以及隐蔽在复杂地形中的目标。

图 7-24　KAB-1500Kr-OD 电视制导燃料空气炸弹

KAB-1500Kr-OD 电视制导燃料空气炸弹是前线歼轰机和攻击机武器系统的重要组成部分，其重要参数见表 7-11。

表 7-11　KAB-1500Kr-OD 电视制导燃料空气炸弹的重要参数

弹径 / m	弹长 / m	弹重 / kg	战斗部重 / kg	装药量 / kg	弹尾翼展（展开）/m	投射高度 / m	投射速度 / (km·h^{-1})	CEP/m
0.58	4.63	1 525	1 170	650	1.3	1 000 ~ 8 000	550 ~ 1 100	4 ~ 7

7.2.2　毫米波制导航空弹药

1. Brimstone 毫米波雷达制导导弹

Brimstone 是由欧洲的 MBDA 公司研发的一种空对地导弹，于 2005 年服役，主要装备英国、德国和沙特的空军部队，如图 7-25 所示。研制 Brimstone 导弹的目的是对抗敌方大规模的装甲编队，它采用串联成型装药战斗部和 94 GHz 毫米波主动雷达寻的导引头，能够确保对装甲移动目标的毁伤能力和准确性，并具备“发射后不管”的能力。该型导弹尺寸较小，一个发射架上能够携带 3 枚导弹，因此可以使飞机携带更多的导弹。

图 7-25 Brimstone 毫米波雷达制导导弹

受政治因素的影响，最初 Brimstone 导弹不允许在阿富汗使用，因为该导弹不具备“人在回路”的运用模式。2008 年，根据实战的迫切需求，对 300 多枚现有导弹的导引头和软件进行了修改，从而产生了双模式 Brimstone 导弹。该新型导弹符合 STANAG 3733 标准，在保留毫米波导引头的同时，增加了半主动激光制导方式。飞行员可以在驾驶舱内选择某种模式，也可以同时使用两种模式。半主动激光制导方式可允许在复杂的环境中攻击特定的敌方目标，而毫米波雷达导引头能够保证对移动目标的准确性。Brimstone 毫米波雷达制导导弹的重要参数见表 7-12。

表 7-12 Brimstone 毫米波雷达制导导弹的重要参数

<table>
<tr><th rowspan="3">弹重 /
kg</th><th rowspan="3">弹长 /
cm</th><th rowspan="3">弹径 /
cm</th><th rowspan="3">发动机</th><th colspan="4">射程 /km</th><th rowspan="3">飞行速度 /
($m \cdot s^{-1}$)</th></tr>
<tr><th colspan="2">Brimstone Ⅰ</th><th colspan="2">Brimstone Ⅱ</th></tr>
<tr><th>固定翼飞机</th><th>旋转翼飞机</th><th>固定翼飞机</th><th>旋转翼飞机</th></tr>
<tr><td>48.5</td><td>180</td><td>17.8</td><td>固体火箭</td><td>>20</td><td>>12</td><td>>60</td><td>>40</td><td>450</td></tr>
</table>

Brimstone 导弹在实战中已得到广泛运用。2011 年，在利比亚的埃拉米行动（Operation Ellamy）中广泛使用了 Brimstone 导弹。2011 年 3 月 26 日，英国皇家空军的战斗机向米苏拉塔（Misrata）和艾季达比耶（Ajdabiya）镇发射了数枚 Brimstone 导弹，共摧毁 5 辆卡扎菲政权的装甲车。在利比亚战争的前四周，就发射了 60 枚 Brimstone 导弹，这促使国防部要求 MBDA 公司将更多导弹改装为双模式版本。2012 年 3 月，第 500 枚双模 Brimstone 导弹交付部队，当时在战斗中已经消耗了 200 多枚。2014 年 9 月，英国皇家空军第 2 中队的 Tornado GR4 战斗机开始在伊拉克上空进行武装飞行，以支持英国对伊拉克和黎凡特伊斯兰国（Islamic State of Iraq and the Levant）的军事干预行动——“阴影行动”（Operation Shader）。9 月 30 日，飞机进行了首次对地轰炸，用 Paveway Ⅳ激光制导炸弹和 Brimstone 导弹攻击了一个重炮阵地。2015 年 12 月，英国军队开始在叙利亚使用 Brimstone 导弹。

2. AGM-114L Longbow Hellfire 导弹

AGM-114 Hellfire 导弹设计用于在防区外打击敌方的装甲车辆。美国陆军携带这种导弹的主要平台是 AH-64 Apache 和 AH-1 Cobra 武装直升机。但是，Hellfire 导弹也可以从其他直升机和固定翼飞机平台发射。AGM-114L Longbow Hellfire 导弹是 AGM-114 系列导弹的最新型号，采用毫米波 /INS 制导系统，主要装备美国陆军的 AH-64D Longbow Apache 武装直升机。AH-64D 武装直升机及其挂载的 AGM-114L 导弹如图 7-26 所示。

图 7-26　AH-64D 武装直升机及其挂载的 AGM-114L 导弹

AGM-114L 导弹具有“发射后不管”的能力，可提高直升机的战场生存能力。该型导弹可以在发射前或发射后锁定目标，并具有很强的抗干扰能力。AGM-114L Longbow Hellfire 导弹的重要参数见表 7-13。根据目前计划，美国陆军拟采购多达 12 905 枚 AGM-114L 导弹，该型导弹的研发和生产成本高达 25.1 亿美元。

表 7-13　AGM-114L Longbow Hellfire 导弹的重要参数

型号	弹长 /cm	弹重 /kg	战斗部类型	战斗部重 /kg	制导方式	射程 /km
AGM-114L	176	49	串联成型装药	9.0	毫米波 + 惯导系统	8.0

3. AGM-179 JAGM 导弹

AGM-179 JAGM 是美国陆军、海军和海军陆战队共同开发的一种空对地导弹，目的是为多个平台提供单一的导弹型号，从而在增加操作灵活性的基础上降低后勤保障成本。JAGM 导弹计划用来取代目前装备的空射型 BGM-71 TOW、AGM-114 Hellfire 和 AGM-65 Maverick 导弹。AGM-179 JAGM 导弹采用半主动激光和毫米波雷达双模制导方式，主要用于打击敌方装甲目标。AGM-179 JAGM 导弹及其测试场景如图 7-27 所示。

AGM-179 JAGM 是在 2007 年 6 月启动的联合空对地导弹研制项目，并于 2018 年被批准了 JAGM 导弹的低速初始生产合同，由 Lockheed Martin 公司负责生产。AGM-179 JAGM 导弹的重要参数见表 7-14。

图 7-27 AGM-179 JAGM 导弹及其测试场景

表 7-14 AGM-179 JAGM 导弹的重要参数

弹长 /mm	弹径 /mm	弹重 /kg	有效射程 /km	制导方式	单价 / 万美元
1 800	180	49	8.0	半主动激光 + 毫米波雷达	32.48（2021 财年）

7.3 成像制导航空弹药战场运用

美国研制并大量装备部队的 AGM-65 Maverick 系列导弹，包括 TV/CCD 制导方式、红外成像制导方式和半主动激光制导方式，其中 TV/CCD 和红外成像均属于成像制导类型，如图 7-28 所示。AGM-65 导弹作为成像制导式航空弹药的典型代表，本节将对其战场运用情况做简要分析和介绍。

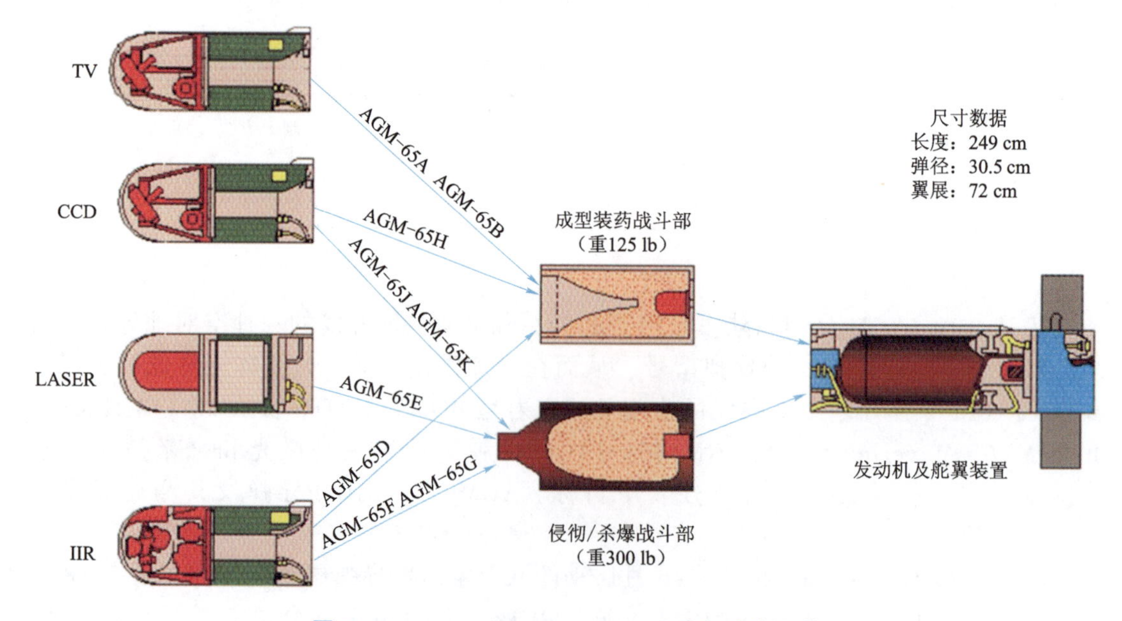

图 7-28 AGM-65 Maverick 系列空对地导弹

AGM-65 导弹采用模块化设计方式，通过将不同的导引头和战斗部结合在相同的固体燃料火箭发动机上，从而构成不同型号的弹药。AGM-65 导弹主要采用两种类型的战斗部，即 125 lb 重的成型装药战斗部和 300 lb 重的侵彻 / 杀爆战斗部。装备成型装药战斗部的 AGM-65 导弹，特别适合毁伤装甲类目标。AGM-65 导弹对装甲目标的毁伤情况如图 7-29 所示。

图 7-29　AGM-65 导弹对装甲目标的毁伤情况

AGM-65 E/F/G/J/K 导弹装备有侵彻 / 杀爆战斗部，该战斗部配备延迟引信，可以依靠动能穿透目标后再引爆，能够有效毁伤大型的坚固目标。装备侵彻 / 杀爆战斗部的 AGM-65 导弹对舰艇的毁伤情况如图 7-30 所示。

图 7-30　装备侵彻 / 杀爆战斗部的 AGM-65 导弹对舰艇的毁伤情况

除了对大型坚固目标进行有效毁伤外，使用装备侵彻 / 杀爆战斗部的 AGM-65 导弹攻击坦克时，其威力更是绰绰有余。AGM-65G 导弹对坦克目标的毁伤情况如图 7-31 所示。

AGM-65 Maverick 系列导弹作为执行近距空中支援任务的利器，可有效打击各种战术目标，包括装甲车辆、防空设备、水面舰艇、燃料储存设施及弹药库等，曾广泛

(a)

(b)

图 7-31　AGM-65G 导弹对坦克目标的毁伤情况

(a) 毁伤前; (b) 毁伤后

运用于各种规模的战争行动中。AGM-65 系列导弹的具体应用情况见表 7-15。从命中率可以看出，AGM-65 系列导弹的作战效率是非常高的。

表 7-15　AGM-65 系列导弹的具体应用情况

时间	地点 / 军事行动	弹药型号	耗弹量 / 枚	弹药命中数 / 枚	命中率 /%
1973 年 1 月	泰国	AGM-65A	18	13	72
1973 年 9 月	以色列	AGM-65A	69	63	91
1975 年 6 月	伊朗	AGM-65A	12	12	100
1987 年 8 月	摩洛哥	AGM-65A	6	4	67
1991 年 1 月	沙漠风暴行动	AGM-65B	1 683	1 481	88
		AGM-65 红外成像型	3 509	3 298	94
1995 年 11 月	波斯尼亚	AGM-65 红外成像型	24	23	96
1999 年 6 月	科索沃	AGM-65 红外成像型	约 800	—	90 ~ 95

在 1991 年的沙漠风暴行动中，美军共消耗航空弹药 88 500 t，约 210 800 枚，其中包括 7 400 t 精确制导航空弹药，共计约 15 500 枚，数量占比约为 7%。在取得的战果方面，这 7% 的精确制导航空弹药却毁伤了 50% 的目标。其中，AGM-65 系列导弹在精确制导航空弹药中的占比约为 29%，仅次于采用半主动激光制导方式的 Paveway 系列制导炸弹，如图 7-32 所示。

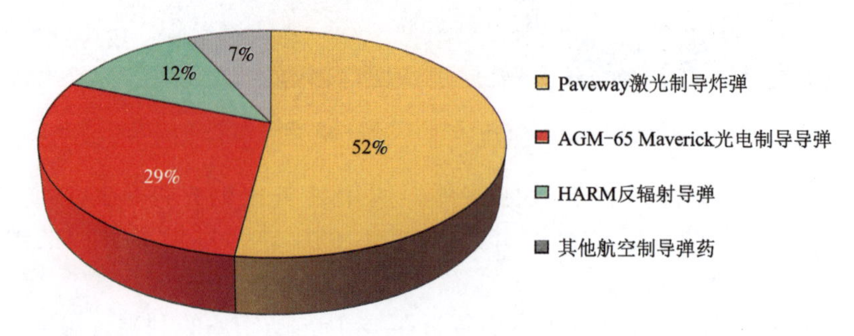

图 7-32　在沙漠风暴行动中美军对各种精确制导航空弹药的消耗占比

在 1999 年的科索沃战争中，美国空军使用 A-10 A/C 攻击机共计发射 560 枚 AGM-65D 型导弹，主要用于打击车辆目标，命中率约为 90%。美国海军的 F-18 战斗机发射了 170 枚 AGM-65E/F 导弹，其中主要使用的是 AGM-65E 激光制导导弹，命中率约为 97%。其他北约部队使用 F-16 战斗机发射了 60 枚 AGM-65G 型导弹，主要攻击油料库、弹药库、桥梁和车辆等目标，命中率约为 95%。

当前，随着能够全天候使用且成本更低的卫星辅助制导炸弹的出现，虽然采用成像制导方式的航空弹药在战争中的消耗占比有所下降，但在要求高命中率、实时毁伤评估的情况下，成像制导航空弹药仍是非常重要的打击手段之一。

第 8 章
卫星辅助制导炸弹作战运用

卫星辅助制导炸弹是在卫星导航定位系统的基础上研制的一种准精确制导弹药。在 2003 年的伊拉克战争中，美军共消耗 GPS/INS 制导炸弹 6 542 枚，占空对地制导弹药消耗总量的 33.95%，是继激光制导炸弹之后运用最多的弹种，并有逐渐增加的趋势，是空对地精确制导弹药的主力之一。

8.1 基本工作原理

卫星辅助制导炸弹又可简称卫星制导炸弹，它是综合运用卫星制导和惯性制导两种技术的制导类炸弹。因此，卫星辅助制导炸弹的基本工作原理与卫星制导技术和惯性制导技术息息相关。

1. 惯性制导技术

惯性技术是一项可自主连续、全方位、全时空、不受外界干扰、敏感控制载体姿态轨迹的技术。

惯性制导是利用导弹（或炸弹）上的惯性测量装置，测量弹体相对于惯性空间的运动参数，并在给定初始条件下，在完全自主的基础上，由制导计算机解算出惯性导航参数，进而形成制导和控制信号，控制载体按预定轨道飞行。惯性制导中的核心部件是陀螺仪和加速度计。

陀螺仪用于测量模拟坐标系相对理想坐标系的偏角，在惯性制导中起到三维定向的作用。1852 年，法国科学家傅科（Foucault）发明了刚体转子陀螺仪，开启了惯性技术的发展时代。目前，陀螺的类型有气浮陀螺、液浮陀螺、磁悬浮陀螺、静电陀螺、挠性陀螺、振动陀螺、激光陀螺、光纤陀螺、MEMS（微机电系统）陀螺等。

加速度计是测量载体线加速度的仪表，在惯性制导中起到三维定位的作用。目前，应用较多的加速度计包括挠性加速度计、液浮摆式加速度计、静电加速度计、摆式积分陀螺加速度计等。挠性加速度计质量和体积小、功耗低、价格较低，应用比较广泛；液浮摆式加速度计量程小、精度高，主要应用在舰船的导航系统；静电加速度计精度高、功耗低，适合应用于空间探测领域；摆式积分陀螺加速度计具有动态范围宽、精度高的特点，但质量较大、结构复杂，主要用于大型导弹的制导领域。

受弹药体积、质量、抗高过载等条件限制，弹载的陀螺仪和加速度计往往进行综合集成，图 8-1 所示为美国霍尼韦尔公司研制的 HG1700 系列惯性测量器件。该惯性测量器件能够实现战术级别的制导和控制，成功地应用于多种武器平台，已经生产并交付客户的数量达到 350 000 套之多。

图 8-1　美国霍尼韦尔公司研制的 HG1700 系列惯性测量器件

目前，惯性制导系统是唯一能够为弹药飞行提供多种精确导航参数信息的自主导航设备，因此具有独特的技术优势。首先，由于惯性制导系统不依靠外部信息就可实现载体的导航制导，因此具有很强的工作自主性。其次，惯性制导系统不与外界环境进行任何信息交换，因此抗干扰能力突出。但是，惯性制导系统的缺点是，随着时间的推移，测量仪表的误差会因累积而增大，不适合长时间连续地导航，往往需要与其他制导方式复合使用。

2. 卫星制导技术

20 世纪 80 年代，美国空军试图研制一种智能炸弹，该炸弹能够在全天候条件下沿着最优轨迹自主地飞向目标。最初，这种炸弹单纯采用惯性制导技术，虽在技术途径上被证明是成功的，但对于经济可承受的大规模生产型弹药来讲，采用满足精度要求的低漂移惯性单元的成本太高。卫星辅助惯性制导炸弹的出现完全改变了这一点，因为将低成本卫星定位单元和低成本惯性单元组合使用，可达到单纯使用高端惯性单元相同精度的效果，但成本降为后者的几分之一。

卫星导航定位系统是一种由覆盖全球的卫星组成的卫星系统。目前，世界上有 4 个功能相类似的系统，分别是美国的 GPS、俄罗斯的 GLONASS 系统、欧盟的 Galileo 系统和中国的北斗系统。这些系统均采用测边交会定位方法，也就是利用测量待测点到多个已知点（导航卫星）之间的距离，求得待测点坐标的方法。系统必须保证在任意时刻，地球上任意位置都能同时观测到 4 颗卫星，这样就可以实现导航、定位、授时等功能。卫星导航定位系统一般由空间部分、地面部分和用户部分组成。

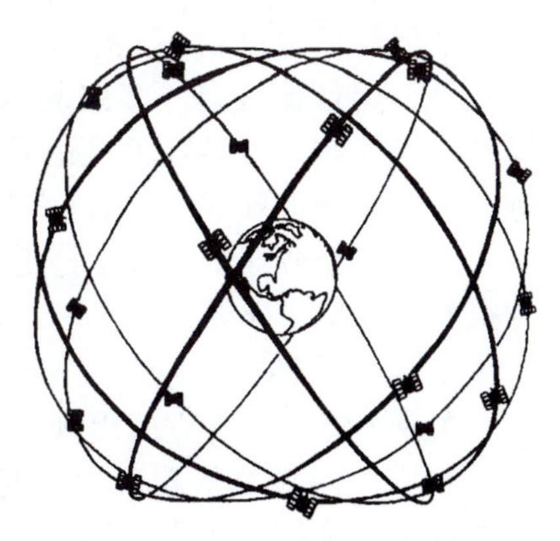

图 8-2　美国 GPS 全球卫星导航定位系统的卫星星座

（1）空间部分。空间部分一般称为卫星星座，用户可以根据星座的卫星进行测距。图 8-2 所示为美国 GPS 全球卫星导航定位系统的卫星星座，它标称的 GPS 星座包括 24 颗卫星，但实际上工作的卫星有 28 ~ 30 颗。GPS 的卫星分布在 6 个准圆形轨道面上，轨道面相对于地球赤道面的倾角为 55°，轨道高度为 20 183 km。卫星绕地球一圈耗时正好为半个恒星日，因此各卫星在地球表面的轨迹基本是不变的。

（2）地面部分。地面部分由主控站、监测站和地面控制站组成。监测站将获得的卫星观测数据，经过初步处理后，传送到主控站；主控站从各监测站收集跟踪数据，计算出卫星的轨道和时钟参数，然后将结果送到地面控制站；当各卫星运行至地面控制站的上空时，控制站将导航数据和主控站的指令注入卫星。

（3）用户部分。用户部分通常由天线、接收机、计算机和输入/输出设备组成。接收机通过对比导航卫星伪随机码定时信号和接收机时钟定时信号，测得信号的到达时间，从而确定接收机与各卫星之间的距离。由于测量中包含时钟偏移误差，因此根据时间测量得到的距离称为伪距。伪距包括卫星到用户的真实距离、电离层和对流层引起的传播延迟时间产生的距离误差、用户时钟与全球定位系统的时差引起的距离差。因此，可获得同时存在的伪距方程组，见式（8-1）。

$$\begin{cases}\tilde{R}_1=\sqrt{(x_{s1}-x_u)^2+(y_{s1}-y_u)^2+(z_{s1}-z_u)^2}+c\Delta t_{A1}+c\ (\Delta t_u-\Delta t_{s1})\\ \tilde{R}_2=\sqrt{(x_{s2}-x_u)^2+(y_{s2}-y_u)^2+(z_{s2}-z_u)^2}+c\Delta t_{A2}+c\ (\Delta t_u-\Delta t_{s2})\\ \tilde{R}_3=\sqrt{(x_{s3}-x_u)^2+(y_{s3}-y_u)^2+(z_{s3}-z_u)^2}+c\Delta t_{A3}+c\ (\Delta t_u-\Delta t_{s3})\\ \tilde{R}_4=\sqrt{(x_{s4}-x_u)^2+(y_{s4}-y_u)^2+(z_{s4}-z_u)^2}+c\Delta t_{A4}+c\ (\Delta t_u-\Delta t_{s4})\end{cases}\tag{8-1}$$

式中，$\tilde{R}_1$，$\tilde{R}_2$，$\tilde{R}_3$，$\tilde{R}_4$为接收机根据到达时差测得的离开4颗星的伪距；x_{si}，y_{si}，z_{si}为导航卫星的位置坐标；c为信号在空间的传播速度；Δt_{Ai}为电离层和对流层引起的传播延迟时间；Δt_u为用户时钟与全球定位系统的时差；Δt_{si}为星载原子钟与导航卫星全球定位系统的时差。

联立求解式（8-1）中的4个未知数，就可获得用户的空间位置（x_u，y_u，z_u）和用户时钟偏差Δt_u。用户设备载体的速度可通过确定各卫星载频的多普勒频移来获得。采用上述定位解算方法进行定位计算，可获得用户所在地理位置的经纬度、高度、时间、速度等信息，最终实现弹药飞行过程的准确定位和制导过程。

为了接收4颗以上导航卫星发出的导航信号，接收机可采用时序工作模式、多路复用模式和连续工作模式。时序工作模式接收机是单信道或双信道接收机，它用1个或2个硬件信道以约2 s的间隔时间先后接收4颗导航卫星的信号，它结构简单、成本较低，但性能较差。多路复用模式接收机用一个硬件信道以约5 ms的时间间隔快速地交替接收4颗导航卫星信号的采样数据，使软件中的4个信号处理运算保持连续进行，它在性能和成本上有较好的折中。连续工作模式接收机是4信道或5信道接收机，它用4个或5个硬件信道分别同时接收4颗或5颗导航卫星发出的信号，它的性能最好，适用于导弹、飞机等高速运动的载体，但成本较高。

3. 制导炸弹工作原理

在卫星辅助制导方式出现之前，空对地制导炸弹、导弹主要采用电视制导和激光制导技术。两者都依赖于对目标有清晰的视线条件，当作战空域有低厚的云层或霾时，将不能执行对地攻击任务。另外，采用电视制导或激光制导弹药的导引头只能获得与目标之间的相对角度值，因此这两类弹药就难以采用更优化的飞行弹道，从而难以获得理论上更大的射程以及飞行末段的最佳着靶姿态。随着卫星导航技术的发展，各军事强国先后研制并装备了多种型号的卫星辅助制导炸弹。这些弹药的出现，使人类首次拥有了在恶劣天候条件下精确打击地面固定目标的常规手段。下面以美军大量装备的 JDAM 制导炸弹为例，说明卫星辅助制导炸弹的工作原理。

JDAM 是一种制导组件，它将传统的无控炸弹转变为能够全天候运用的精确制导炸弹。这种制导组件采用 INS/GPS 制导方式，配用的战斗部重量涵盖 500 磅级至 2 000 磅级。与采用激光制导和红外成像制导的炸弹相比，它的使用不受地面障碍物和恶劣天气的影响。JDAM 炸弹及其制导组件如图 8-3 所示。

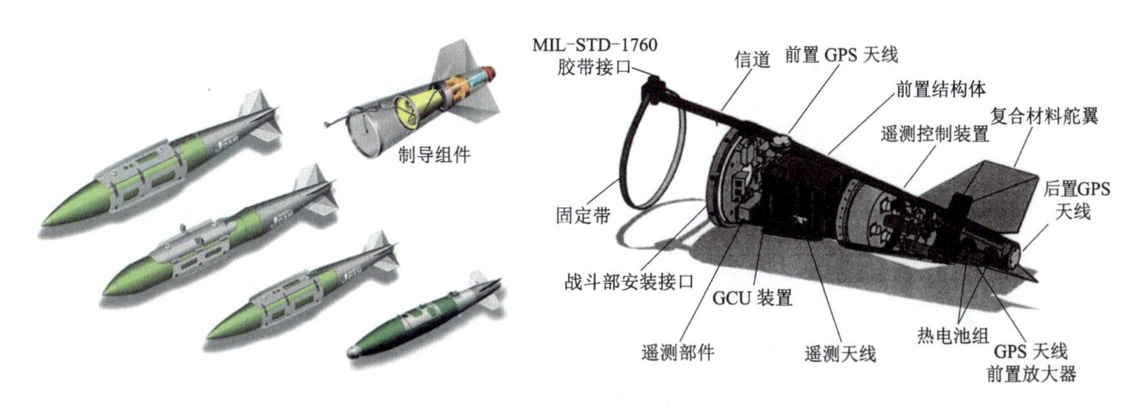

图 8-3　JDAM 炸弹及其制导组件

JDAM 与飞机之间的机械和电气连接符合 MIL-STD-1760 标准。JDAM 整合了 MIL-STD-1553 数据总线，能够进行武器指令和所需任务信息的传递，以实现对武器的控制、监视和投放。在飞行前的计划中或在飞行过程中，飞行员都可以把目标的坐标数据输入武器。飞机挂载 JDAM 炸弹及其投掷场景如图 8-4 所示。

图 8-4　飞机挂载 JDAM 炸弹及其投掷场景

投射前，JDAM 炸弹需要获得任务的目标数据和导航数据，其中包括 GPS 和 INS 参数，这些数据均来自载机。任务数据是详细的射击规划信息，称为目标数据集（TDS）。它包括十分准确的目标坐标，以及所期望的飞行剖面和武器的命中姿态。JDAM 炸弹目标数据集中的必选信息和选填信息见表 8-1。目标数据集是在飞行前的任务规划阶段，通过计算机工作站来制定的。GPS 的密钥、历书及配置数据，也是

JDAM 射击规划信息载入的一部分。目标数据集和其他辅助信息，被下载到一个便携式存储盘中，称为任务数据盘（MDL）。通过该数据盘，可将目标数据集载入飞机的系统中。射击规划数据也可由飞行员通过机舱的键盘，手动输入飞机的武器控制系统中，来调换或覆盖原有的目标与武器的投射信息。

表 8-1　JDAM 目标数据集中的必选信息和选填信息

信息类型	相关方面	信息内容
必选信息	目标位置	目标高度参考基准
		目标的位置（包括经度、纬度和高程）
选填信息	目标情况	目标名称
		目标的坚固程度
		目标的情况介绍
	弹目交会	攻击模式
		目标冲击方位角（target impact azimuth）
		目标冲击角（target impact angle）
		目标最低冲击速度
		目标偏移量（包括向北、向东和向下）
	引信相关	联合可编程引信的控制源
		联合可编程引信的模式
		投弹后联合可编程引信的解保时间
		撞击目标后联合可编程引信的起爆时间

采用 JDAM 炸弹对目标进行打击时，载机应首先飞至可投射区域（launch acceptability region，LAR）。JDAM 炸弹的可投射区域是一个二维的面区域，在该区域内投弹，JDAM 炸弹能够依靠自身的制导能力命中目标。如果在可投射区域外投弹，JDAM 炸弹将难以命中目标。可投射区域与投弹条件相关，其中包括载机的航向、航速、海拔、飞行姿态（水平、俯冲等）等。当要求 JDAM 炸弹必须满足一定的末段冲击条件时，如目标冲击角、目标冲击方位角、目标最低冲击速度等，可投射区域将被限制，使得区域尺寸变小，称为限制性可投射区域。如果不需要特殊的末端冲击条件，可投射区域将具有较大的空间范围，称为非限制性可投射区域。图 8-5 展示了攻击同一目标时非限制性可投射区域与限制性可投射区域的对比。

在任务规划过程中，建立可投射区域，并随目标数据集一同载入飞机，显示在座舱的显示器上。与以前的武器相比，JDAM 炸弹的主要优点在于不需要与目标建立通视条件。飞行员需要做的仅是驾驶飞机到达可投射区域，然后释放 JDAM 炸弹即可。随后，JDAM 炸弹将按照控制程序执行后续操作。

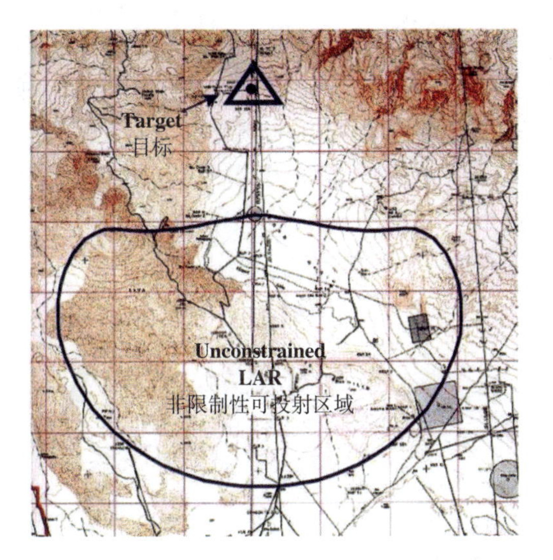

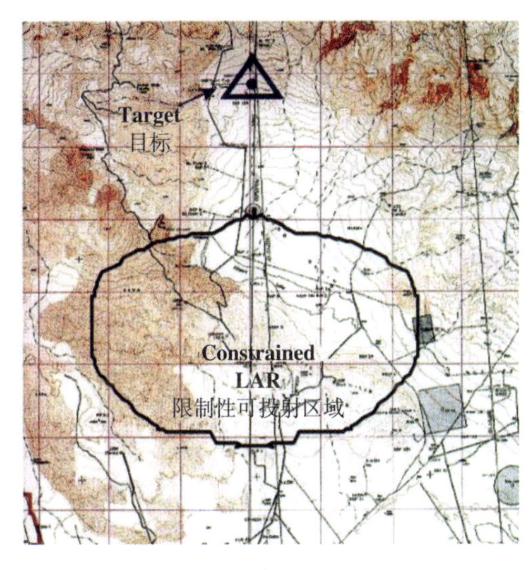

图 8-5　攻击同一目标时非限制性可投射区域与限制性可投射区域的对比

在投弹前，对 JDAM 炸弹加电，载机将与 JADM 进行重要的数据交换。这包括传递校准信息、射击规划数据，以及来自飞机的 GPS 数据。载机与 JDAM 炸弹之间完成信息传递后，载机发出投弹指令，载弹架释放炸弹。投弹前载机与 JDAM 炸弹的信息传递过程如图 8-6 所示。

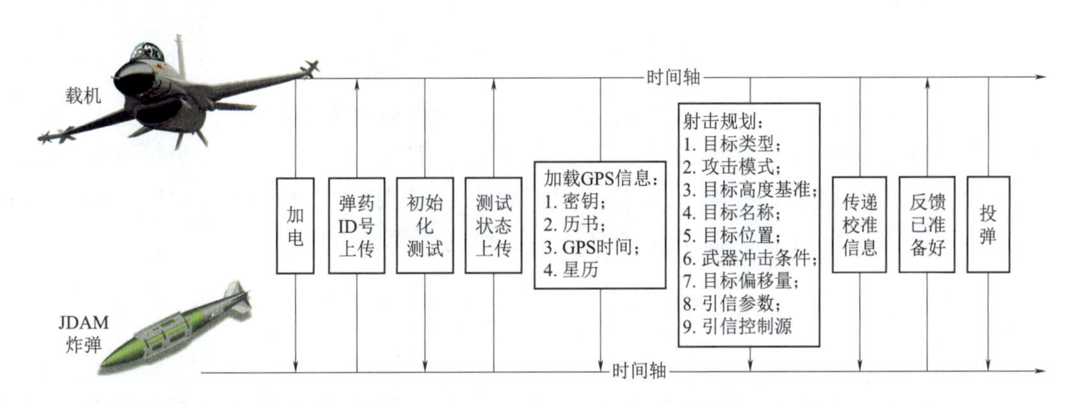

图 8-6　投弹前载机与 JDAM 炸弹的信息传递过程

在 JDAM 炸弹准备好投弹前，其弹载导航系统的惯性测量单元必须进行校准和初始化，这一过程称为传递校准信息。它将来自飞机的高精度导航信息，传递给低成本、低精度的弹载惯性测量单元。传递信息是一个连续的自动过程，不需要飞行员参与。但是，飞机座舱的显示器会提供进行传递信息的相关提示，在投弹前它们是需要核准的关键数据。另外，GPS 信息的传递对于 JDAM 炸弹来说也是至关重要的。当 JDAM 炸弹与载机相连接后，JDAM 炸弹不直接处理 GPS 信息。当 JDAM 炸弹加电后，它的惯性导航系统将更新位置和速度信息。因此，需要载机向 JDAM 提供 INS/GPS 制导的位置、速度、时间等数据。向 JDAM 炸弹传递高精度的 GPS 信息，可使该炸弹在投掷后最长 27 s 内，应用该信息进行导航，直至其自身获得 GPS 的更新信号。

投弹后 JDAM 炸弹的工作过程如图 8-7 所示。首先弹载制导系统进行初始化，而后解锁舵翼，并初始化自动驾驶仪。自动驾驶仪开始工作后，将提供最优的飞行弹道。投弹后 3 s，弹载 GPS 系统进行初始化搜索，此时使用载机提供的 GPS 信息进行导航，直至获得弹载 GPS 导航信息更新为止。一旦 JDAM 炸弹建立了 GPS 辅助制导方式，载机的转移误差将立即消失，不会对炸弹最终的命中精度造成影响。

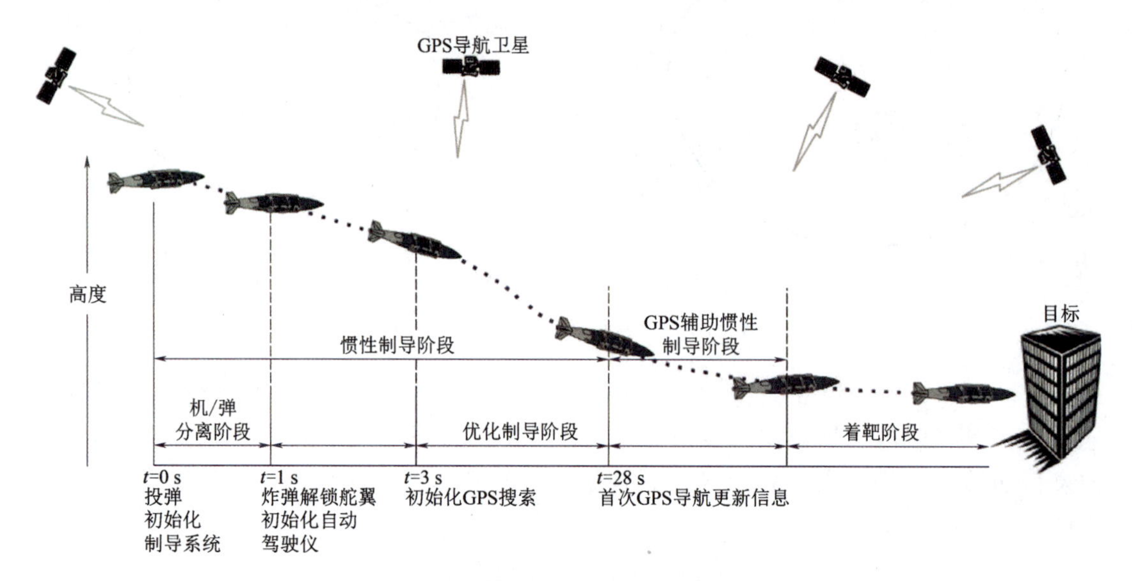

图 8-7　投弹后 JDAM 炸弹的工作过程

在 JDAM 飞行时，其当前位置到目标的路径持续被计算和调整，以期达到预定的攻击参数。万一达不到设定的攻击参数，如在可投射区域外投弹，自动驾驶仪的制导程序将对目标数据集进行补偿。首先，冲击速度将减至最小设定值，然后调整冲击角度和冲击方位角，从而给予武器最大的命中目标的概率。

8.2　典型型号类型

受卫星导航系统构建难度的影响，目前只有美、俄等少数国家研制成功卫星辅助制导炸弹，下面分别进行简要介绍。

8.2.1　美军的卫星辅助制导炸弹

联合制导攻击武器 JDAM 是美军目前大量装备的卫星辅助制导炸弹。JDAM 项目于 1992 年启动，由美国海军和空军共同主导，因此称为联合直接攻击弹药。项目的目的是研制出具备全天时、全天候、防区外发射、能够同时投射攻击多个目标的航空弹药。JDAM 最初由美国的麦克唐纳·道格拉斯公司（McDonnell-Douglas）研制，但该公司于 2008 年并入美国波音公司，因此目前由波音公司负责生产。在 1999 年北约对南联盟的空袭作战中，JDAM 首次参加实战。

JDAM 是在传统航空炸弹的基础上，通过加装卫星辅助制导尾翼组件，从而具备了精确命中目标的能力。据称，采用惯性导航 / 卫星定位复合制导方式的 JDAM 制导炸弹，其圆概率误差为 13 m。目前，许多型号的军用飞机都能够使用 JDAM 制导炸弹，具体见表 8-2。

表 8-2 配用 JDAM 制导炸弹的军用飞机

机种	战斗机						轰炸机			攻击机	无人机
机型	F-15E	F-16 C/D	F/A-18 C/D/E/F	F-22	F-35	AV-8B	B-52H	B-1B	B-2A	A-10C	MQ-9

JDAM 制导组件主要由制导控制部件（GCU）、尾锥体整流罩、舵翼系统和电缆组件等构成。制导控制部件是 JDAM 制导炸弹的核心部件，包括 GPS 接收机、惯性测量元件、任务计算机和电源模块。

GPS 接收机有 2 个天线，分别装在炸弹尾锥体整流罩前端上部和尾翼装置后部，以便在炸弹离机后的水平飞行段和下落飞行段，都能捕获并持续跟踪 4 颗以上的 GPS 导航卫星。

惯性测量元件由 2 个陀螺仪、3 个加速度计以及相应的电子线路构成，是一种低成本的捷联式惯性测量装置。在结构上，惯性测量元件与 GPS 接收机采用紧耦合的结合方式，适用于具有较大机动过载和立体弹道的高动态使用环境，以保证获得更高的制导命中精度。

任务计算机根据来自 GPS 接收机和惯性测量元件的炸弹位置、姿态和速度信息，完成全部制导和控制功能的解算，并输出控制舵翼偏转的指令，控制炸弹飞向预定的攻击目标。现役型号的 JDAM 炸弹在高空投弹时的最大射程约为 28 km，JDAM 炸弹的改进型采用了滑翔弹翼，其最大射程增加到 75 ~ 110 km。虽然 JDAM 制导炸弹的命中精度设计值仅为 13 m，但仍比相同弹重的无制导航空炸弹的命中精度高得多，在 8 000 m 以上高空投弹时，2 000 磅级的 Mk 84 常规炸弹的命中精度仅为 60 m。

根据战斗部的重量，目前美军装备的 JDAM 炸弹可分为 500 磅级、1 000 磅级、2 000 磅级三种类型，主要列装美国空军、海军和海军陆战队，见表 8-3。这些不同型号的 JDAM 炸弹采用的制导组件的工作原理基本相同，但是受制导软件和与战斗部物理接口的不同，它们之间不能够互换。这些 JDAM 炸弹之间的显著差异是采用了不同型号的战斗部。

表 8-3 美军装备的 JDAM 炸弹型号

弹药型号	战斗部			装备情况
	型号	类型	磅级	
GBU-38（V）1/B	Mk-82 或 BLU-111	杀爆型	500	美国空军
GBU-38（V）2/B	Mk-82 或 BLU-111	杀爆型	500	美国海军和海军陆战队
GBU-38（V）3/B	BLU-126/B	杀爆型	500	美国空军
GBU-38（V）4/B	BLU-126/B	杀爆型	500	美国海军和海军陆战队
GBU-38（V）5/B	BLU-129/B	杀爆型	500	美国空军
GBU-32（V）1/B	Mk-83	杀爆型	1 000	美国空军
GBU-32（V）2/B	Mk-83	杀爆型	1 000	美国海军和海军陆战队

续表

弹药型号	战斗部			装备情况
	型号	类型	磅级	
GBU-35（V）1/B	BLU-110	侵爆型	1 000	美国海军和海军陆战队
GBU-31（V）1/B	Mk-84	杀爆型	2 000	美国空军
GBU-31（V）2/B	Mk-84	杀爆型	2 000	美国海军和海军陆战队
GBU-31（V）3/B	BLU-109	侵爆型	2 000	美国空军
GBU-31（V）4/B	BLU-109	侵爆型	2 000	美国海军和海军陆战队
GBU-31（V）5/B	BLU-119/B	侵爆型	2 000	美国空军
GBU-54/B Laser JDAM	Mk-82	杀爆型	500	美军

JDAM 炸弹配用的战斗部可分为杀爆型和侵爆型两种。杀爆型战斗部包括 Mk-82、Mk-83、Mk-84、BLU-111、BLU-126/B 和 BLU-129/B 等。BLU-111 型战斗部与 Mk 82 型战斗部相同，只是用 PBXN-109 炸药替换了 Composition H6 炸药。与 Composition H6 炸药相比，PBXN-109 炸药更加钝感，适合于在舰载机上使用。BLU-111A/B 型战斗部装备于美国海军，它是在 BLU-111 型战斗部外表面涂上热保护层，可延缓火焰对弹药的灼烧作用，以降低舰艇上所装载的弹药发生殉爆的风险。作为低易损性炸弹，BLU-126/B 型战斗部是在 BLU-111 的基础上，采用惰性物质替换部分主装药，从而保证与 BLU-111 具有相同的弹道。BLU-129/B 是在 Mk 82 型战斗部的基础上，壳体采用复合材料制作，弹体爆炸后可以最大限度地减少碎片，从而降低附带毁伤。侵爆型战斗部包括 BLU-110、BLU-109、BLU-119/B 等，主要用于毁伤地面坚固目标，如钢筋混凝土机堡等。

美国已生产和装备了大量的 JDAM 制导组件，仅在 1998 年至 2016 年期间，美国波音公司就生产了超过 300 000 套的 JDAM 制导组件。2017 年，平均每天生产超过 130 套的 JDAM 制导组件。截至 2020 年 2 月，共生产该型制导组件 430 000 套。

在 JDAM 卫星辅助制导炸弹的基础上，为了提高对战术移动目标的打击能力，美军还研发了激光增强型的 JDAM 炸弹，该炸弹及其装配的激光导引头如图 8-8 所示。2010 年 9 月 28 日，波音公司宣布在位于佛罗里达州的埃格林空军基地成功进行了激光增强型 JDAM 制导炸弹的首次飞行试验。通过安装激光制导组件，使挂载激光增强型 JDAM 炸弹的战斗机不但可以攻击移动目标，还可以基于卫星导航技术和无线通信技术，在发射后重新设定攻击目标。

另外，为了增大 JDAM 炸弹的射程，提高载机的战场生存能力，波音公司针对 JDAM 还提出了增程版本（JDAM-ER），它可将最大射程增加至 64 km。增程型 JDAM 制导炸弹（JDAM-ER）及其在飞机上的挂载情况如图 8-9 所示。为了增加射程，波音公司在 JDAM 弹体中段加装了由阿勒尼亚·马可尼（Alenia-Marconi）公司研制的“钻石背”（diamond back）套件，该套件可在投射后伸出两片长条形弹翼，它可以大幅增加炸弹的滑翔距离。增程版 JDAM-ER 炸弹还提升了 GPS 的精确度，配备了抗干扰的 GPS 天线，换装了数据链以及增大了战斗部等。

图 8-8　激光增强型 JDAM 制导炸弹及其装配的激光导引头

图 8-9　增程型 JDAM 制导炸弹（JDAM-ER）及其在飞机上的挂载情况

8.2.2　俄军的卫星辅助制导炸弹

俄军装备有 KAB-500S-E 型卫星制导炸弹，其战斗部为杀伤爆破型，引信采用冲击延期起爆方式，如图 8-10 所示。

图 8-10　KAB-500S-E 型卫星制导炸弹

该型炸弹主要用于毁伤固定的地面目标，如军事设施、仓库、停泊的船只等，具备“发射后不管”的能力，是前线歼轰机和攻击机武器系统的重要组成部分，其重要参数见表 8-4。

表 8-4 KAB-500S-E 型卫星制导炸弹的重要参数

弹长 /m	弹径 /m	弹重 /kg	战斗部重 /kg	装药量 /kg	弹尾翼展 /m	投射高度 /m	投射速度 / (km · h^{-1})	CEP/m
3.0	0.4	560	460	195	0.75	500 ~ 5 000	550 ~ 1 100	7 ~ 12

8.3 卫星辅助制导炸弹战场运用

目前，世界上有四种卫星导航定位系统，分别是美国的 GPS 卫星导航系统、俄罗斯 GLONASS 卫星导航系统、欧盟的 Galileo 卫星导航系统和中国的北斗卫星导航系统。这些系统中最成熟、应用最广泛的是美国的 GPS 卫星导航系统。早期卫星导航技术主要应用于远程巡航导弹中，作为辅助制导系统使用。目前，卫星导航技术已广泛应用于各种武器的制导领域，特别是低成本的航空炸弹方面。

第一批安装全球定位系统接收器的平台是美国战略轰炸机、军舰和潜艇。首批装备的武器是 AGM-86 系列和 RGM-109 系列巡航导弹。早期的 GPS 接收器体积、重量、功耗都很大，而且获取和跟踪卫星速度慢，精确度也很低。因此，不适合在需要大量采购的低成本战术航空弹药上使用。直到 20 世纪 90 年代初，由于全球定位系统接收器的尺寸、重量和功耗下降，情况才发生了根本变化。GPS 接收器变得足够小，具备了安装在战术航空炸弹上的条件。

在卫星辅助制导炸弹出现之前，空对地制导弹药主要采用电视制导和激光制导两种方式。然而，这两种制导方式都严重依赖于对目标有清晰的视线，如果目标区域存在低云、霾或沙尘，都能严重影响弹药的使用，载机甚至会无功而返。另外，基于这些无源和半有源的光电制导技术，光电导引头只能获得弹药与目标之间的相对角度，使得弹药难以采用更加优化的弹道来飞行，从而不能获得弹药的理论最大射程及最佳的命中目标姿态和着靶速度。这在一定程度上，影响了航空弹药作战效能的提高。

卫星辅助制导炸弹的出现彻底改变了空对地打击的作战样式。采用这种制导方式的炸弹，具有全天候、全天时、可多发同时投射、不需要航空吊舱、低成本等诸多优点，如图 8-11 所示。

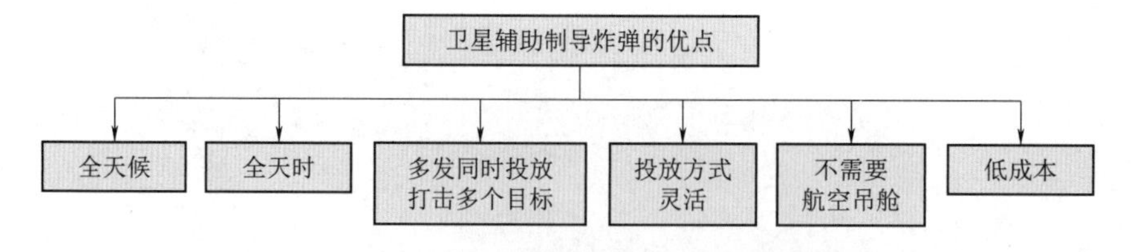

图 8-11 卫星辅助制导炸弹的优点

在 1999 年的科索沃战争中，当地的天气状况严重制约了美军的空袭行动。据称，在超过 70% 的时间内，目标区域的云层覆盖率超过 50%，使得当时美军严重依赖的激光制导炸弹难有用武之地。在 78 天的空袭行动中，仅有 24 天的天气允许无障碍地轰炸目标。而卫星辅助制导炸弹可以不受目标区域大气环境的限制，能够在恶劣的天候条件下作战，提高了任务规划的灵活性和飞机的任务完成率。同时，卫星辅助制导炸弹不受日夜的限制，可全天时作战，增加了防御方的防护难度和强度。卫星辅助制导炸弹的另一个优点是，可以实现一次飞临目标区域，同时投放多枚炸弹分别打击不同的目标，不仅提高了载机的作战效率和战场生存能力，而且增强了对目标群打击的突然性。F-15 战斗机投掷多枚 JDAM 炸弹及近乎同时着靶的试验场景如图 8-12 所示。

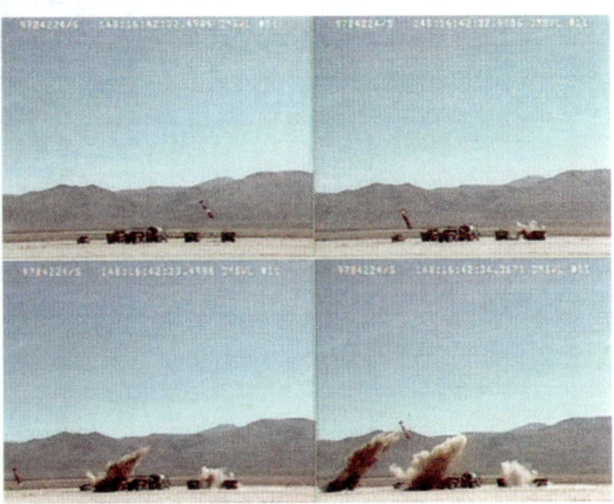

图 8-12　F-15 战斗机投掷多枚 JDAM 炸弹及近乎同时着靶的试验场景

卫星辅助制导炸弹是一种自主飞行的炸弹，其投放方式十分灵活，可以在低、高空投放，也可以俯冲或抛掷投放。它还可以根据不同地形、地物条件，采用不同的投放方式，而这是激光制导方式做不到的。激光制导炸弹需要光电吊舱来为炸弹指示目标，光电成像制导炸弹（或导弹）也往往需要数据链吊舱来传输图像，而卫星辅助制导炸弹不需要任何航空吊舱，这可以为飞机节约宝贵的武器挂点。另外，JDAM 炸弹具有较低的采购成本，可以大量采购和装备部队。例如，AGM-114 Hellfire 激光制导导弹的 2017 财年采购单价为 11.7 万美元，而 JDAM 制导炸弹的美军采购单价约为 2.5 万美元，可见两者的价格差别非常大。

第一种服役的卫星辅助制导炸弹是由美国 Northrop 公司研制的 GBU-36 GAM 制导炸弹（GPS aided munition），专为 B-2A Spirit 隐身轰炸机设计，采用 2 000 磅级的 Mk-84 杀爆型战斗部。随后，为了增强对坚固目标的毁伤能力，将战斗部更换为 GBU-28 激光制导炸弹采用的 5 000 磅级侵爆型战斗部，制导炸弹型号命名为 GBU-37。这两种型号卫星辅助制导炸弹的成功研制，极大地促进了 JDAM 炸弹的发展。

JDAM 首次大规模实战运用是在 1999 年对塞尔维亚的轰炸行动中。当时，由 B-2A 隐形轰炸机装载大量 JDAM 炸弹，对敌军的战略目标实施了全天候的轰炸。在这次战役中，美国空军在作战上进行了创新，向航空中队发放了由计算机生成的当地 GDOP（geometric dilution of precision，几何精度因子）误差与时间和日期的关系图，可指导战机在 GDOP 误差对目标区域影响最小的时间段内进行空袭，从而进一步提高了 JDAM 炸弹的命中精度。

1999 年 4 月 17 日，B-2 轰炸机使用 JDAM 炸弹攻击塞尔维亚共和国 Obvra 基地后的毁伤效果如图 8-13 所示。从毁伤评估的照片可以看出，JDAM 炸弹将机场跑道等距截成数段，仅仅消耗 6 枚 JDAM 炸弹，就能够限制飞机的起飞和着陆。

图 8-13　B-2 轰炸机使用 JDAM 炸弹攻击塞尔维亚共和国 Obvra 基地后的毁伤效果

1999 年 7 月 1 日，一架 B-2 轰炸机投射 8 枚 JDAM 炸弹，轰炸了塞尔维亚共和国多瑙河（Danube）上的诺维萨德（Novi Sad）铁路 / 公路桥梁。JDAM 炸弹对桥梁毁伤前后的对比如图 8-14 所示。从图中可以看出，轰炸已经将桥梁完全摧毁，严重限制了河流两岸的联系。

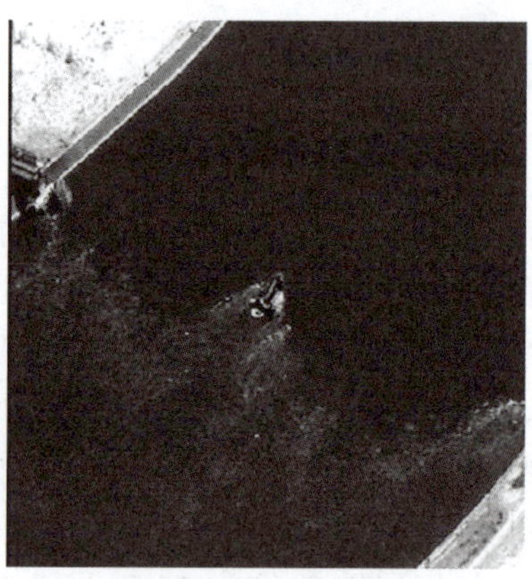

图 8-14　JDAM 炸弹对桥梁毁伤前后的对比

综上所述，卫星辅助制导炸弹具有诸多优点，这同时也促进了它继续在作战中的广泛运用。当然，卫星辅助制导炸弹也存在一些不足。例如，卫星辅助制导炸弹的命中精度仅为 13 m，相比激光制导和电视制导要差一些，但是比无制导系统的航空炸弹还是要好得多。卫星制导系统容易受到干扰，如果没有卫星导航的帮助，单纯依靠惯性制导方式，炸弹在高空远距投掷时的命中精度将大大下降。另外，单纯采用卫星辅助制导方式的弹药，不能对移动目标进行打击。目前，世界军事强国针对以上不足，正在采用各种技术方法和手段加以克服，相信在未来战争中卫星辅助制导炸弹必将是更为重要的空对地打击武器之一。

第9章 风修正弹药作战运用

采用低空、高速投射常规炸弹打击地面目标是曾经惯用的作战方式，但面对敌方强大的防空火力时会给载机造成极大的威胁，降低载机的战场生存能力。因此，在海湾战争期间，美国空军减少了低空轰炸的作战方式，采用中高空投弹方式打击地面目标，以降低敌方密集的近程防空导弹和高炮的威胁。为了提高中高空投弹的命中精度，美国研发了一种低成本弹尾组件，它可以对发射过程和风造成的误差进行修正，将弹药从已知的发射点引导到预设的目标点上，并能够实现全天候的运用，被称为风修正弹药布撒器（wind corrected munitions dispenser，WCMD）。

9.1 基本工作原理

现代武器系统的性能越来越先进，但采购价格也越来越高，因此武器弹药的经济可承受性已成为采购的重要影响指标之一。为了节省采购成本，避免老旧型号弹药库存资源的浪费，多国相继进行了航弹制导化改造项目方面的研究，其中美国用于执行中高空精确投放打击任务的风修正弹药布撒器就是典型的代表。

9.1.1 技术原理

美国的风修正弹药布撒器是在传统集束炸弹的基础上，通过加装风修正弹药尾翼组件制成的。风修正弹药尾翼组件及其弹药如图 9-1 所示。风修正弹药布撒器应用反馈控制的思想，将惯性制导技术与反馈控制技术相结合，可实时修正航弹初始投放误差、弹道误差、风引起的落点误差，保证弹药高空投放仍具有较高的落点精度。风修正弹药布撒器采用模块化思想研制，是一种低成本制导尾翼组件，可用于多种型号集束炸弹的制导化改造。

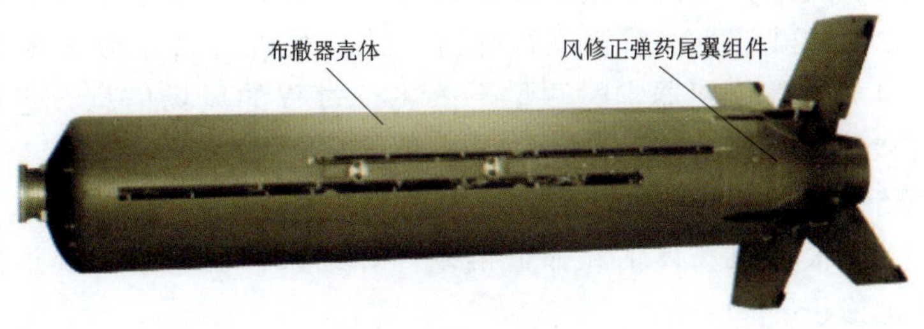

图 9-1　风修正弹药尾翼组件及其弹药

风修正弹药的技术原理为：在航弹动力学建模时考虑弹道上风场的影响，将风场的相关参数通过风力评估和测量部件耦合到实际的动力学方程中，结合惯性测量和计算所得的位置、速度、姿态、角速度等信息，以及载机火控系统传输的初始飞行参数和目标参数，由任务计算机按照预设的飞行弹道计算程序，计算出实际弹道和理想弹道的偏差，根据弹载计算机产生的弹道修正指令，通过控制系统操作尾翼舵面偏转，从而实现弹药飞行姿态控制，达到修正弹药飞行轨迹的目的。

这种制导方式与单纯的惯性制导相比，由于考虑了风场的影响，能够有效抑制风场对弹药飞行姿态和航迹的干扰，因此极大地提高了落点精度。另外，布撒器内通常装有大量子弹药，其有效杀伤面积很大，因此对落点精度的要求相对较低，采用风修正弹尾组件完全可以满足精度要求。

9.1.2 工作过程

风修正弹药布撒器本质上是具有一定制导能力的子母炸弹，即集束炸弹，它的工作过程分为母弹风修正制导和子弹药下落攻击目标两个阶段，其中风修正弹药尾翼组件仅在母弹的风修正制导阶段起作用。风修正弹药布撒器的工作过程如图 9–2 所示。

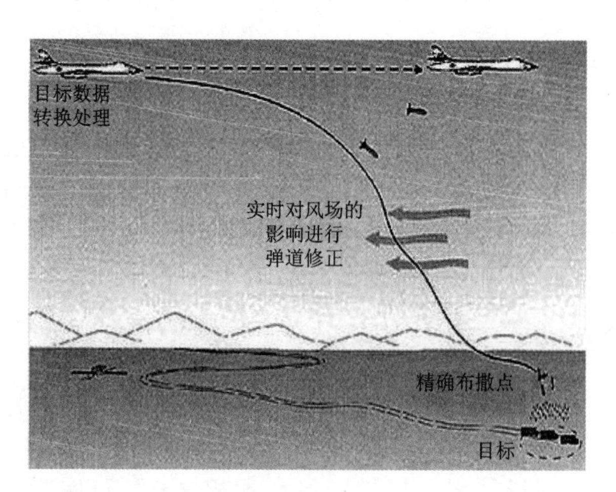

图 9–2 风修正弹药布撒器的工作过程

其中母弹的风修正制导工作步骤如下。

（1）载机按照技战术要求，飞至投弹空域。

（2）风修正弹药布撒器接收载机火控系统传输的目标位置信息和飞行参数数据。

（3）弹载计算机解算飞行弹道，并与载机脱离开始下落飞行。

（4）弹载传感器实时测量下落飞行过程的风场信息，包括风速、风向等，并进行评估和计算。

（5）将计算所得的实际飞行弹道与理想飞行弹道相比较，获得弹道偏差。

（6）根据风场评估和弹道偏差计算结果，实时解算弹道修正指令，并控制舵片进行弹道修正。

（7）通过反馈控制回路，连续进行以上飞行弹道修正过程。

（8）风修正弹药布撒器通常采用近炸引信，以 FZU-39/B 近炸传感器为例，其作用高度可在 300 ~ 3 000 ft 范围内选择，分别对应 91.44 ~ 914 m 的离地高度。当风修正弹药布撒器下落至预定高度时，引信发生作用，布撒器在三维空间的精确位置解爆弹箱壳体，释放内部装载的有效载荷。

（9）根据有效载荷的不同，风修正弹药布撒器内部的有效载荷将按照预定的方式发生作用。

9.2　典型型号类型

美国空军的 WCMD 项目与 JDAM 项目类似，都是研制一种尾翼制导组件，实现传统航弹的制导化改造，以提高整体的作战效能。通过风修正弹药尾翼组件的研制和列装，使原有的传统布撒器，如 CBU-87/B 联合效应子弹药系统、CBU-89/B 地雷布撒系统、CBU-97/B 传感器引信武器系统等，具备了中高空精确打击能力。美军装备的风修正弹药布撒器及其关键参数见表 9-1。

表 9-1　美军装备的风修正弹药布撒器及其关键参数

<table>
<tr><td rowspan="2">WCMD 型号</td><td colspan="3">CBU-103</td><td colspan="2">CBU-104</td><td colspan="4">CBU-105</td><td>CBU-107</td></tr>
<tr><td>B 型</td><td>A/B 型</td><td>B/B 型</td><td>B 型</td><td>A/B 型</td><td>B 型</td><td>A/B 型</td><td>B/B 型</td><td>C/B 型</td><td>B 型</td></tr>
<tr><td rowspan="2">改装用集束炸弹型号</td><td colspan="3">CBU-87</td><td colspan="2">CBU-89</td><td colspan="4">CBU-97</td><td rowspan="2">—</td></tr>
<tr><td>B 型</td><td>A/B 型</td><td>B/B 型</td><td>B 型</td><td>A/B 型</td><td>B 型</td><td>A/B 型</td><td>B/B 型</td><td>C/B 型</td></tr>
<tr><td>弹箱型号</td><td colspan="3">SUU-65/B</td><td colspan="2">SUU-64/B</td><td colspan="5">SUU-66/B</td></tr>
<tr><td>有效载荷</td><td colspan="2">BLU-97/B</td><td>BLU-97A/B</td><td colspan="2">BLU-91 +BLU-92</td><td>BLU-108/B</td><td>BLU-108A/B</td><td>BLU-108B/B</td><td>BLU-108C/B</td><td>非爆炸侵彻体</td></tr>
<tr><td>子弹数量 / 枚</td><td colspan="2">202</td><td>202</td><td colspan="2">72+22</td><td>10</td><td>10</td><td>10</td><td>10</td><td>3 750</td></tr>
</table>

9.2.1　CBU-103 型布撒器

CBU-103 型风修正弹药布撒器是在 CBU-87 型集束炸弹的基础上改装而成的，采用的弹箱型号为 SUU-65/B。CBU-87 型集束炸弹如图 9-3 所示，其基本尺寸如图 9-4 所示。其中，弹径为 0.398 m，长度为 2.31 m，重量为 430.92 kg，壳体为铝制材料。

CBU-103 型风修正弹药布撒器的有效载荷为 202 枚 BLU-97 型联合效应子弹药。在弹药下落过程中，位于头部的近炸传感器感知距地面的高度，当满足预定条件时，在引信的作用下弹箱壳体被解爆，释放子弹药，然后子弹药开始下落。布撒器的基本结构及解爆过程如图 9-5 所示。

BLU-97 型子弹药整齐排列在 CBU-103 型风修正弹药布撒器的弹箱中，如图 9-6 所示。BLU-97 型子弹药的不同状态及其尺寸参数如图 9-7 所示，其弹径为 64 mm，储存状态长度为 168 mm，重量为 1 542 g，装药重 287 g，壳体为钢制材料。

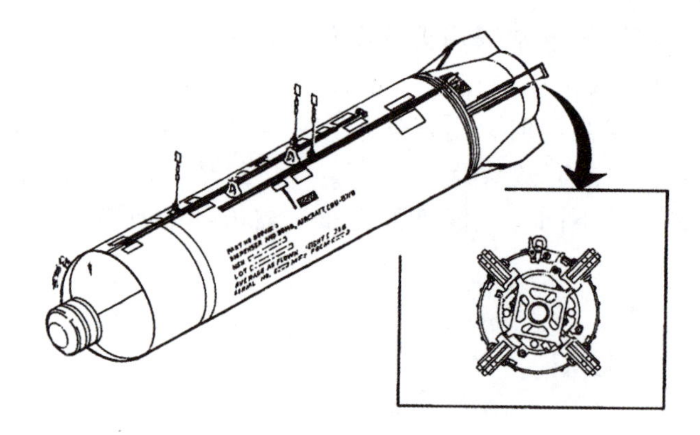

图 9-3　CBU-87 型集束炸弹

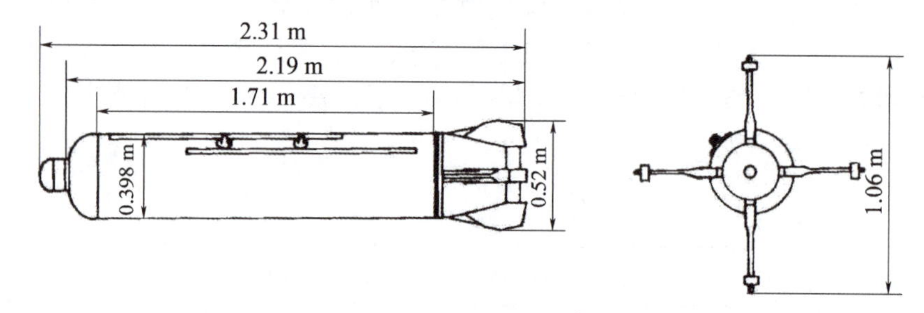

图 9-4　CBU-87 型集束炸弹基本尺寸

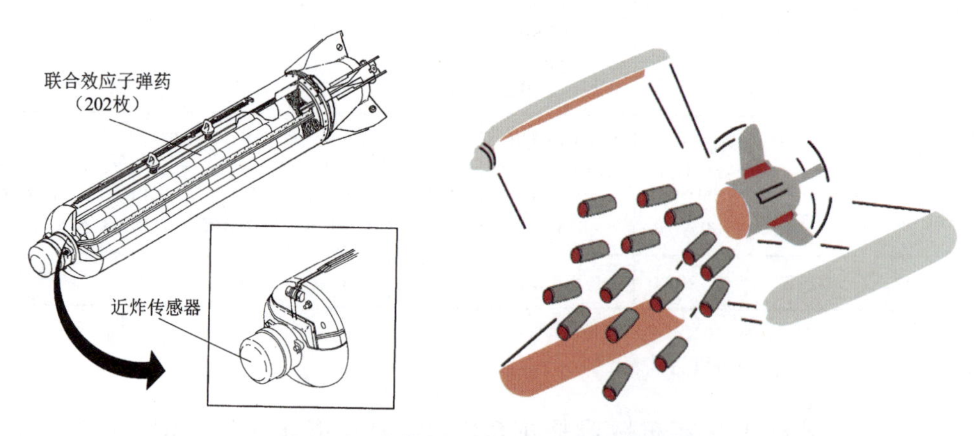

图 9-5　布撒器的基本结构及解爆过程

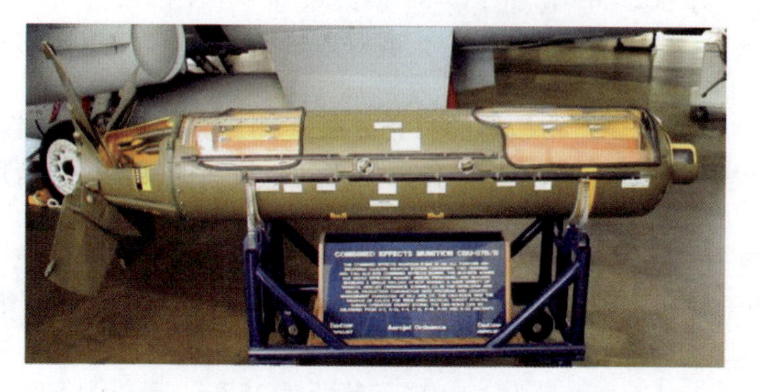

图 9-6　BLU-97 型子弹药在弹箱内的排列状态

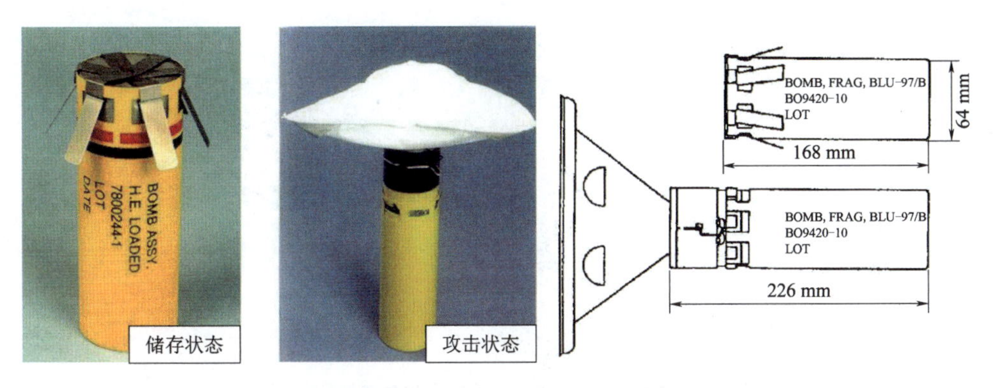

图 9-7　BLU-97 型子弹药的不同状态及其尺寸参数

9.2.2　CBU-104 型布撒器

CBU-104 型风修正弹药布撒器是在 CBU-89 型集束炸弹的基础上改装而成的，采用的弹箱型号为 SUU-64/B。CBU-89 型集束炸弹如图 9-8 所示，其基本尺寸如图 9-9 所示。其中，弹径为 0.398 m，长度为 2.31 m，重量为 322 kg，壳体为铝制材料。

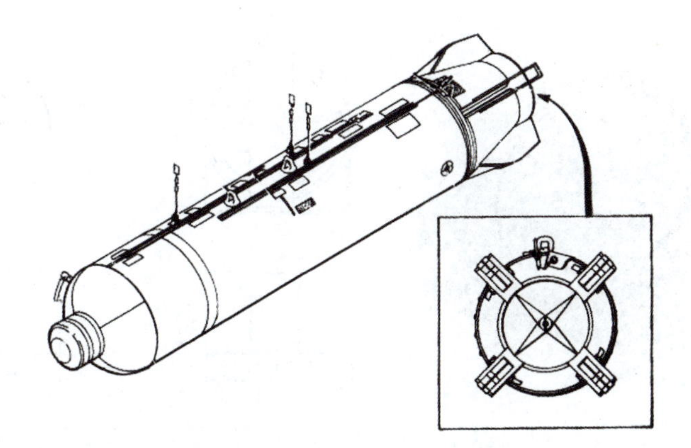

图 9-8　CBU-89 型集束炸弹

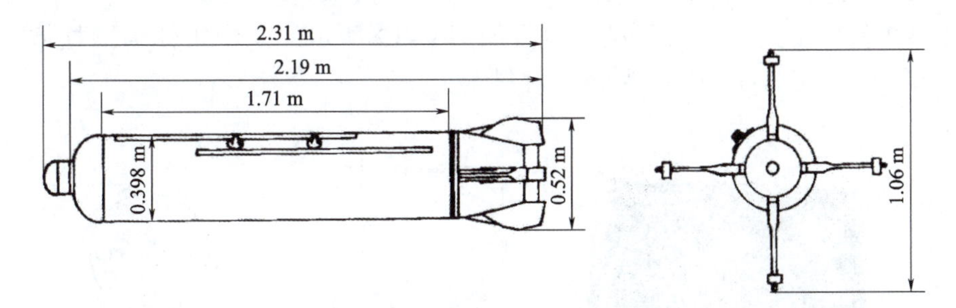

图 9-9　CBU-89 型集束炸弹基本尺寸

CBU-104 型风修正弹药布撒器的有效载荷为 72 枚 BLU-91 型反坦克地雷和 22 枚 BLU-92 型反步兵地雷。在弹药下落过程中，位于头部的近炸传感器感知距地面的高度，当满足预定条件时，在引信的作用下弹箱壳体被解爆，释放地雷，然后地雷开始自由下落。CBU-89 型集束炸弹基本结构如图 9-10 所示。

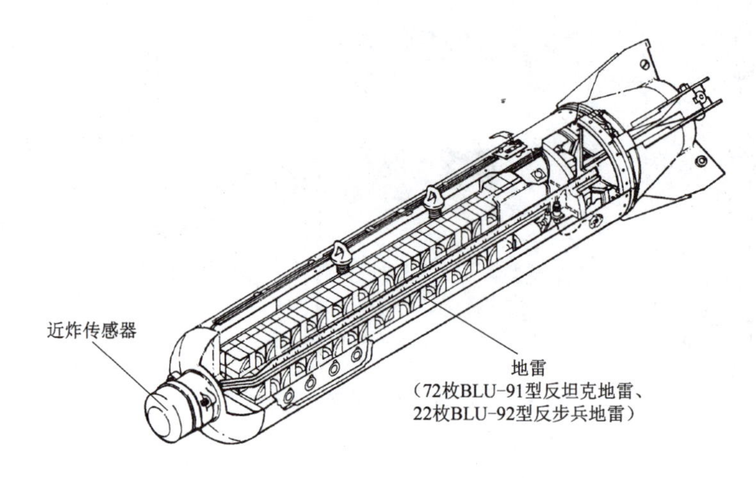

图 9-10　CBU-89 型集束炸弹基本结构

BLU-91 型地雷重 2 kg，采用磁感应起爆系统，主要用于杀伤装甲目标。BLU-91 型反坦克地雷及其尺寸参数如图 9-11 所示，其中雷体为圆柱体，直径为 121 mm，高度为 66 mm。

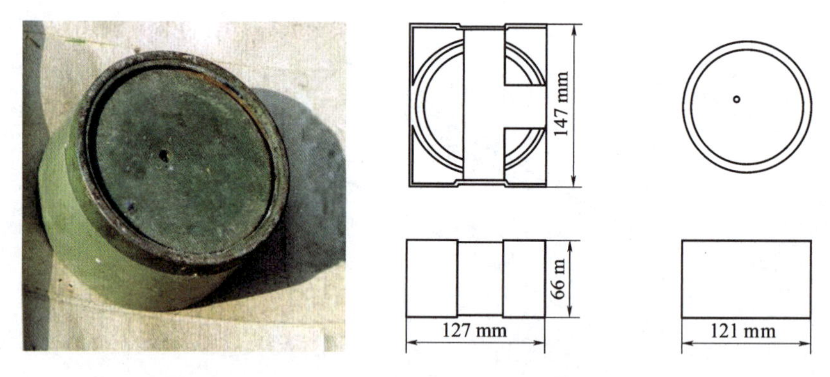

图 9-11　BLU-91 型反坦克地雷及其尺寸参数

BLU-92 型地雷重 1.7 kg，采用绊线传感器起爆系统，主要用于杀伤敌方有生力量。BLU-92 型反步兵地雷及其尺寸参数如图 9-12 所示，其中雷体为圆柱体，直径为 121 mm，高度为 66 mm，壳体为钢制材料。

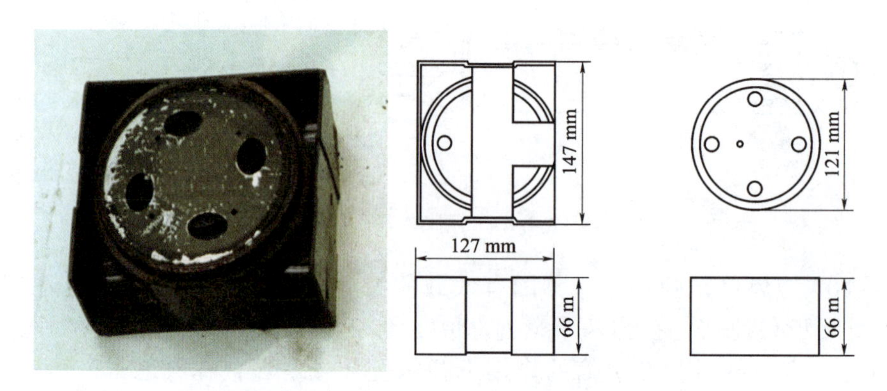

图 9-12　BLU-92 型反步兵地雷及其尺寸参数

9.2.3　CBU-105 型布撒器

CBU-105 型风修正弹药布撒器是在 CBU-97 型集束炸弹的基础上改装而成的，采用的弹箱型号为 SUU-66/B。CBU-97 型集束炸弹如图 9-13 所示，其基本尺寸如图 9-14 所示。其中，弹径为 0.398 m，长度为 2.31 m，重量为 430.92 kg，壳体为铝制材料。

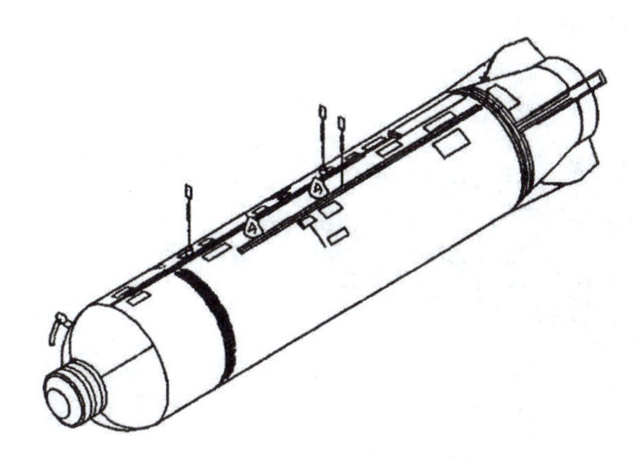

图 9-13　CBU-97 型集束炸弹

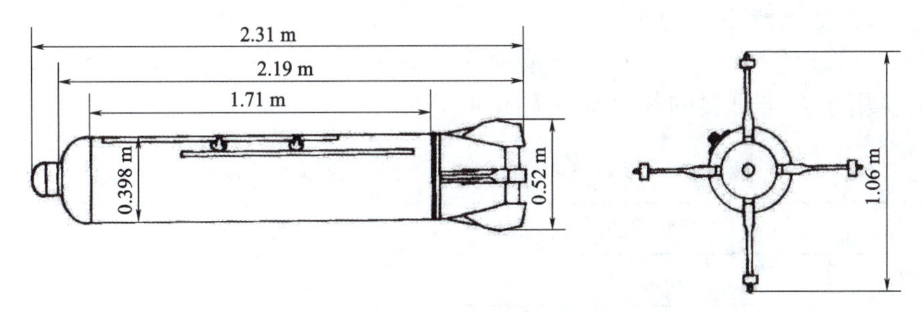

图 9-14　CBU-97 型集束炸弹基本尺寸

CBU-105 型风修正弹药布撒器的有效载荷为 10 枚传感器引信弹药（或传感器引信武器）。在弹药下落过程中，位于头部的近炸传感器感知距地面的高度，当满足预定条件时，在引信的作用下弹箱壳体被解爆，释放传感器引信弹药。CBU-105 型风修正弹药布撒器及传感器引信弹药如图 9-15 所示。

图 9-15　CBU-105 型风修正弹药布撒器及传感器引信弹药

9.2.4 CBU-107 型布撒器

CBU-107 型风修正弹药布撒器被称为被动式攻击武器（passive attack weapon, PAW）。它采用的弹箱型号为 SUU-66/B，其基本结构及有效载荷如图 9-16 所示。

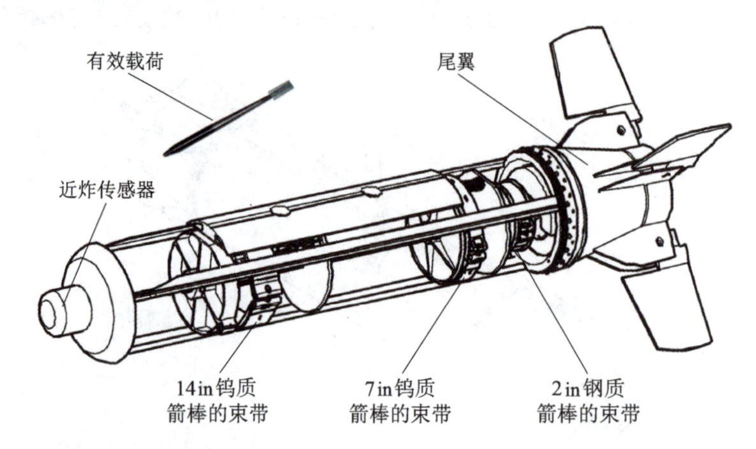

图 9-16 CBU-107 型风修正弹药布撒器基本结构及有效载荷

CBU-107 型风修正弹药布撒器的有效载荷是非爆炸侵彻体，总数共 3 750 枚，分别是 14 in 的钨质箭棒、7 in 的钨质箭棒和 2 in 的钢质箭棒，见表 9-2。这种非爆炸毁伤元主要用于打击重要的软目标，如化武仓库、化武工厂等。

表 9-2 CBU-107 型风修正弹药布撒器的有效载荷

有效载荷	14 in 的钨质箭棒	7 in 的钨质箭棒	2 in 的钢质箭棒
数量 / 枚	350	1 000	2 400

CBU-107 型布撒器的设计目的是在不毁坏周围环境的前提下，使被打击目标失去工作能力。CBU-107 型布撒器由飞机投放后，在预定抛撒高度抛掉外壳，动能棒自由下落。最先释放较长的钨质箭棒，然后释放中等长度的钨质箭棒，最后释放较短的钢质箭棒。较长的钨质箭棒用来摧毁目标较坚固的部分，短一些的钨质箭棒和钢质箭棒用来攻击目标相对较脆弱的部分。CBU-107 型布撒器适合打击武器储存设施、燃料库、变电站、天线设施等。当这种动能侵彻棒命中化学弹药及其储存设施时，可击穿并耗尽化学弹药内毒剂，因此特别适合对付这类具有潜在危险的目标。

9.3 风修正弹药战场运用

9.3.1 基本情况

风修正弹药布撒器研制的目的是弥补传统战术布撒器弹药精度较差的短板，其中包括 CBU-87 CEM（combined effects munition）、CBU-89 GATOR 和 CBU-97 SFW（sensor fuzed weapon）。风修正弹药布撒器采用惯性制导方式，能够实现在中高空投弹时具备较高的开舱精度。风修正弹尾组件可以修正风场的影响，使传统的炸弹变为精度较高的灵巧炸弹。据称，在 45 000 ft（约 13 700 m）高度投弹时，其圆概率误差为 85 ft（约 26 m），射程可达 10 mi（约 16 km）。当前，战斗机和轰炸机都可装备风修正弹药布撒器，实现在恶劣天候条件下的中高空投弹，并可采用水平投弹、俯冲投弹等多种战术动作。F-16 战斗机和 B-1 轰炸机投掷风修正弹药布撒器的场景如图 9-17 所示。

图 9-17　F-16 战斗机和 B-1 轰炸机投掷风修正弹药布撒器的场景

1998 年 11 月，风修正弹药布撒器在 B-52 轰炸机上实现有限的初始作战能力。第一批风修正弹药布撒器在 2000 年服役，当时可由 B-52 轰炸机和 F-16 战斗机使用，并计划配备 B-1、B-52、F-15E、F-16 和 F-117 等型号战机。风修正弹药布撒器的包装方式及其在战机上的挂载场景如图 9-18 所示。

图 9-18　风修正弹药布撒器的包装方式及其在战机上的挂载场景

2001 年 4 月，风修正弹药布撒器进入全速生产阶段。截至 2002 年 9 月，美国空军在阿富汗战场投下了大约 700 枚风修正弹药布撒器。目前，风修正弹药布撒器可由多种型号的战机携带，各种战机携带风修正弹药布撒器的数量见表 9-3。

表 9–3 各种战机携带风修正弹药布撒器的数量

战机类型	F–15E 战斗机	A–10 雷电攻击机	F–16 战斗机	B–1 轰炸机
携带数量 / 枚	12	10	4	>30

在美军的战略攻击 / 空中拦截任务区域计划中，风修正弹药布撒器被认为四种需求的解决方案，即单次飞临杀伤多目标、恶劣天候下运用、提高集束炸弹精度、携带 / 布撒未来子弹药和地雷技战术需求。通过增加尾翼制导组件和机载武器站，使战机在单次飞临目标时，就能对多个目标实施打击。由于风修正弹药布撒器仅采用惯性制导和反馈控制技术，因此可在恶劣天候下使用，即使战场上有烟雾和强光也不构成实质性的影响。总之，风修正弹药布撒器具备多种优点：①自主、全天候攻击能力；②全高度、离轴投射能力；③可独立编程分别攻击不同目标；④实时风补偿实现空间准确布撒。另外，据美国国防部官员最初预计，这种弹尾制导组件单价大约需要 2.5 万美元，然而通过一系列成本降低策略，最终的采购单价仅为 8 937 美元，比 JDAM 弹药的 2.5 万美元的单价便宜得多，因此具备良好的经济性。

针对风修正弹药布撒器的战场运用，目前暂时还没有有效的反制方法和手段，唯一的解决办法是在战机投弹前将其击落。

9.3.2 CBU–103 型布撒器战场运用

CBU–103 型风修正弹药布撒器主要依靠 202 枚 BLU–97 型联合效应子弹药杀伤目标，BLU–97 型联合效应子弹药的基本结构如图 9–19 所示。它由炸高探头、药型罩、炸药、预制破片壳体、锆环、引信、充气式减速伞组成。炸高探头是一个弹簧支撑的圆柱壳体，内部放置主弹体，由于战斗部具有药型罩、预制破片壳体和锆环，使该子弹药同时具备反装甲、反步兵和纵火三种能力，因此 BLU–97/B 被称为联合效应子弹药。该弹的成型装药可以击穿坦克的顶装甲，弹体破片可以有效杀伤 18 m 内的人员、卡车等软目标，锆环可以用来纵火。因此，该弹具备的综合毁伤能力使其适合打击多种战场目标，如装甲车、弹药库、运输车队、停驻的飞机等。

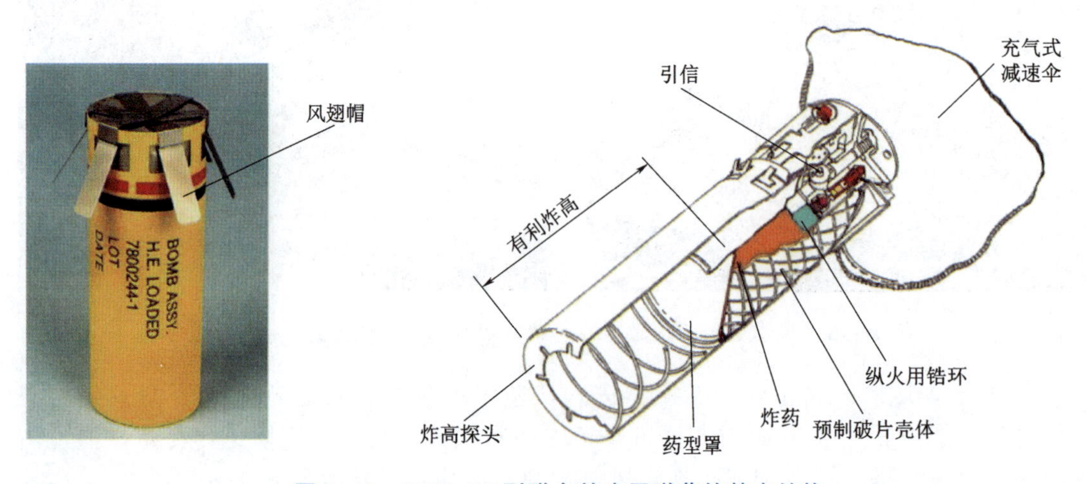

图 9–19 BLU–97 型联合效应子弹药的基本结构

BLU-97 型联合效应子弹药的作用过程如图 9-20 所示。当 BLU-97 型子弹药自由下落时，风的阻力使风翅帽脱落，内部折叠的减速伞充气打开；同时炸高探头解锁，在锥形弹簧的作用下炸高探头前伸，为成型装药毁伤目标形成有利炸高；减速伞完全打开，从而减慢弹体下降速度并定向弹道，以获得恰当的目标冲击速度和姿态；当子弹药碰击目标（或落地）时，炸高探头将冲击力传导给引信系统，使引信发生作用，进而引爆战斗部并杀伤目标。

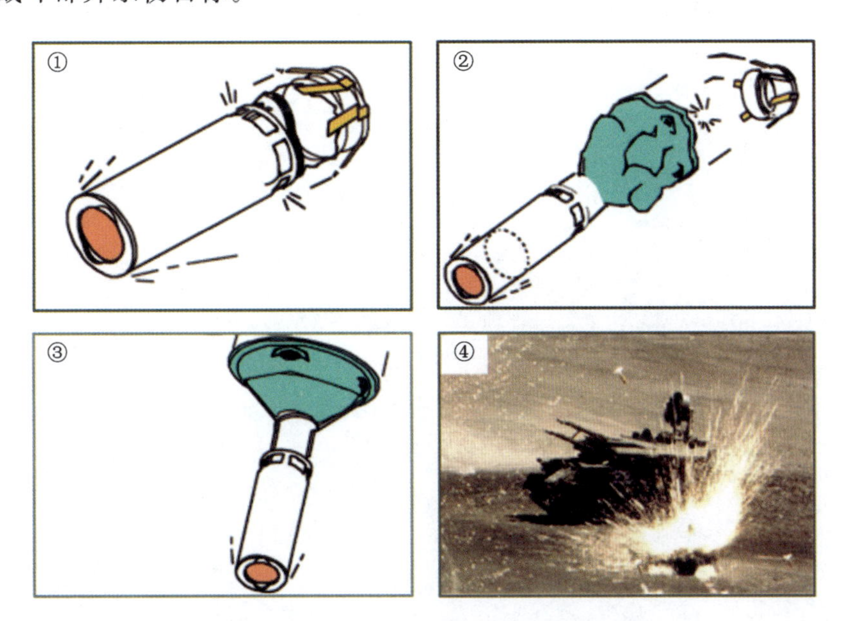

图 9-20　BLU-97 型联合效应子弹药的作用过程

9.3.3　CBU-104 型布撒器战场运用

CBU-104 型风修正弹药布撒器以 BLU-91 型反坦克地雷和 BLU-92 型反步兵地雷为主要杀伤手段。该布撒器可实现在战区内大规模地快速准确布设地雷，实现破坏和瓦解敌方部队，拒止敌军进入关键地区和机动的目的。另外，在飞机起飞前，可设定地雷的自毁时间，选项包括 4 h、15 h 或 15 d，这样可以威胁敌方扫雷人员，从而有效阻挠排雷行动。

风修正弹药布撒器投掷后，在预先设定的开仓高度，解爆弹箱并释放有效载荷。当弹箱打开时，地雷的电池被激活，地雷开始启动。CBU-104 型布撒器的有效载荷是 72 枚 BLU-91 型反坦克地雷和 22 枚 BLU-92 型反步兵地雷，地雷自由下落至地面后，根据自身作用机理进行布设。CBU-104 型风修正弹药布撒器的投掷、下落、弹箱解爆、开舱、抛撒、落地过程，如图 9-21 所示。

圆柱形的地雷有一个方形的塑料制成的飞行弹道适配器，它可以增强地雷在释放时的分散性，并通过减缓自由下落速度来降低地面的冲击力。一旦地雷接触地面，就会在 1.2 ~ 10 s 的时间内进入待发状态。BLU-91 型反坦克地雷和 BLU-92 型反步兵地雷的基本结构，分别如图 9-22 和图 9-23 所示。

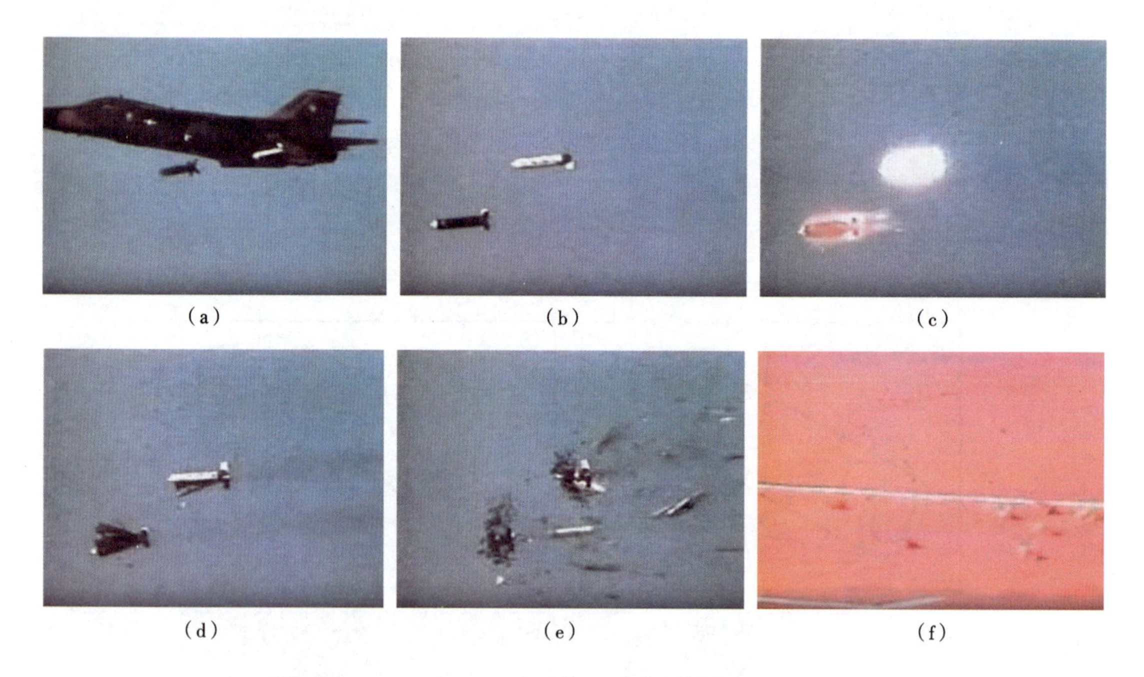

图 9-21　CBU-104 型风修正弹药布撒器的作用过程

（a）投掷；（b）下落；（c）弹箱解爆；（d）开仓；（e）抛撒；（f）落地

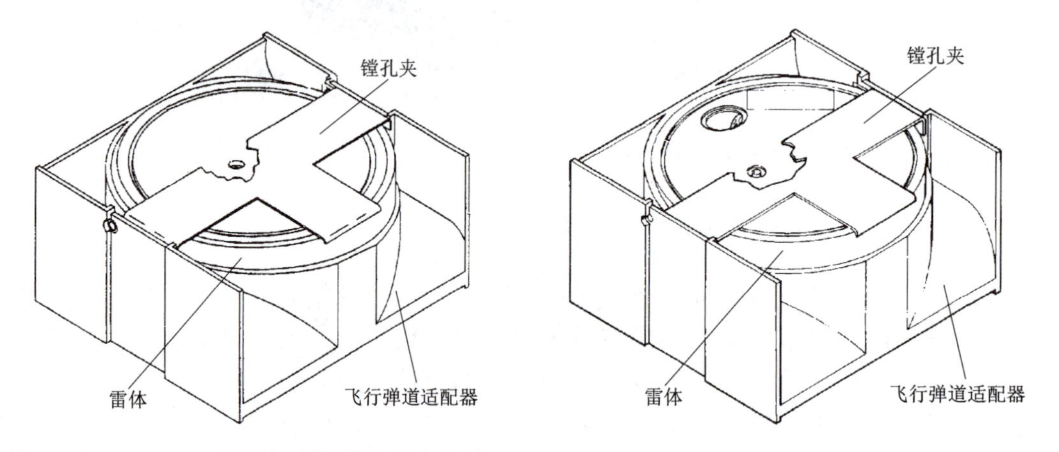

图 9-22　BLU-91 型反坦克地雷的基本结构　　**图 9-23　BLU-92 型反步兵地雷的基本结构**

BLU-91 型反坦克地雷装有 580 g 的 RDX/Estane 混合炸药，采用磁感应起爆系统，当坦克、自行火炮等目标行驶至地雷上部时，引信被触发。一个小型的初级装药首先发生爆炸，将地雷上部可能存在的杂物清除，30 ms 后主装药发生爆炸，形成 EFP 侵彻体，进而毁伤目标的底部。据称，爆炸形成的 EFP 侵彻体，能够贯穿 70 mm 厚的装甲，这足以毁伤大多数装甲车辆的底部。

BLU-92 型反步兵地雷装有 408 g Composition B-4 型炸药，它的两个圆柱面上分别有 4 个目标传感器，每个目标传感器包括一个缠有 12.2 m 绊线的线轴，它能在气体发生器中压力筒的作用下展开，完成反步兵绊线的布设。一旦绊线被触发，地雷将发生爆炸，其战斗部壳体采用预制破片类型，具有很强的软目标杀伤能力。

在实战中，CBU-104 型风修正弹药布撒器展现了很好的作战效能。以一个典型的雷场为例，长为 650 m、宽为 200 m，包括 432 枚反坦克地雷和 132 枚反步兵地雷，仅需要 6 枚 CBU-104 型风修正弹药布撒器就可以完成布设任务。在 1991 年的海湾战争中，美国空军共消耗了 1 105 枚 CBU-89 型集束炸弹，据称有效限制了伊军飞毛腿导弹发射系统的机动。

9.3.4　CBU-105 型布撒器战场运用

CBU-105 型风修正弹药布撒器以 BLU-108 型传感器引信弹药为有效载荷，每枚炸弹可携带 10 枚 BLU-108 型传感器引信弹药，每枚传感器引信弹药又包括 4 枚飞碟型弹药，如图 9-24 所示。飞碟型弹药的战斗部爆炸后，其中心部分形成高速的 EFP 侵彻体，周围部分爆炸形成多个定向飞行的破片，可对装甲目标实施有效毁伤。

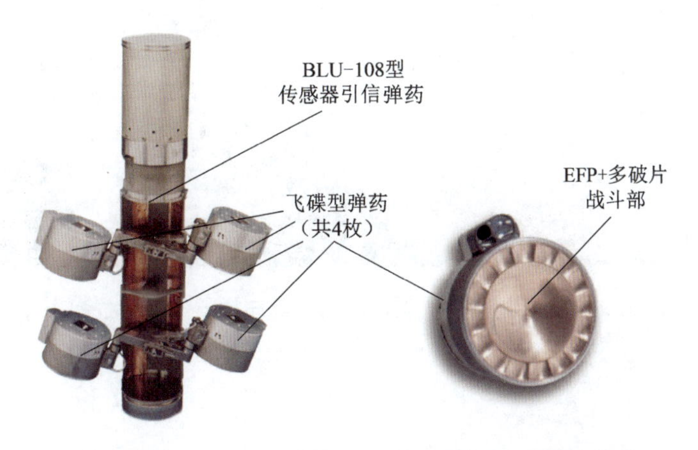

图 9-24　CBU-105 型风修正弹药布撒器的有效载荷

CBU-105 型风修正弹药布撒器的工作原理如下：战机投射 CBU-105 型风修正弹药布撒器；当炸弹下落至预定高度时，弹箱打开，释放出 10 枚 BLU-108 型子弹药；BLU-108 型子弹药被释放出来后，通过减速伞降低其下降速度，并调整下降姿态；BLU-108 型子弹药呈圆柱体形状，方向垂直向下，并缓慢下降；BLU-108 型子弹药与减速伞脱离，微型火箭点火，使圆柱体形状的 BLU-108 型子弹药高速旋转，并提供向上的推力，使 BLU-108 型子弹药像悬浮在空气中一样；每枚 BLU-108 型子弹药包含 4 枚传感器引信弹药，常被称为飞碟（skeet），此飞碟型弹药在高速旋转过程中，在旋转产生的离心力作用下，飞离 BLU-108 型子弹药的空壳；每个飞碟型弹药上的红外探测器扫描地面上的目标，同时弹载激光测距装置进行精确测距；一旦锁定目标，飞碟型弹药爆炸产生的高速 EFP 侵彻体将毁伤目标的顶部，而同时产生的环形破片群会对目标周围造成伤害。CBU-105 型风修正弹药布撒器的作用过程如图 9-25 所示。

CBU-105 型风修正弹药布撒器是一种非常独特和高效的武器，它不仅可以摧毁敌方的装甲目标，还可以毁伤地面防空武器等。例如，敌方的地对空导弹系统对己方战机是非常大的威胁，整个地对空导弹武器系统，通常包括发射车、雷达、支援车辆等数十台（套），如果要实现完全摧毁，需要 30 ~ 40 架飞机携带 100 多枚制导导弹实施打击。然而，采用 CBU-105 型风修正弹药布撒器时，仅需 2 架 F-15E 战斗机或 1 架轰炸机从高空投下少量这种炸弹，就能有效地完成作战任务。

图 9-25　CBU-105 型风修正弹药布撒器的作用过程

第 10 章
反辐射武器作战运用

根据当前高技术条件下的作战理论，若要取得制空权，需要从五个方面着手：①在空中打击敌方飞机；②摧毁敌方地面的飞机；③摧毁或使敌方机场的基础设施失能；④干扰或破坏敌方雷达和通信设施、设备；⑤保卫己方重要的空中、地面装备和设施。其中干扰或破坏敌方雷达和通信设施、设备是取得制空权的重要途径，而反辐射武器是完成这项任务的重要手段。需要注意的是，任何能够摧毁敌方防空系统的武器都能执行防空压制任务，如 Hellfire 空对地精确战术导弹，虽不是执行防空压制的专用弹药，但如果用它毁伤敌方的雷达设备，仍能够完成防空压制的任务。

根据实战情况分析，在近年来美军发动的战争中，压制敌方防空系统的任务主要发生在对敌攻击的前几个小时内，其中包括压制敌方地对空导弹和防空高炮系统。据美军统计，在最近的军事冲突中，其 1/4 的战斗机起飞架次，用于执行压制敌方防空系统的任务。在这种任务中，反辐射武器担负了非常重要的角色。

10.1 基本工作原理

反辐射武器的主要攻击对象是敌方的各种雷达系统。

10.1.1 雷达系统

1. 基本情况

雷达源自英文 radio detection and ranging，意思是无线电探测和测距，将英文简写为 radar 后音译得到雷达的中文名称。雷达是利用目标对电磁波的反射现象来发现目标并测定其位置的。随着雷达技术的发展，其不仅能发现目标和测量目标的相对空间位置，还能够测量目标的速度等其他信息。

在第二次世界大战期间，雷达技术得到迅速发展，到战争末期，雷达已在军队中得到广泛应用。当前，雷达技术进入新的发展时期，对雷达观测低可探测性目标的能力、在反辐射导弹与电子战条件下的生存能力和工作有效性提出了更高的要求。

2. 雷达的分类

按雷达所在的平台，军用雷达可分为地面雷达、机载雷达、舰载雷达和星载雷达。按雷达功能，地面雷达又可分为空中警戒雷达、目标引导 / 指示雷达、火控雷达、制导雷达、卫星与导弹预警雷达、超视距雷达等。

警戒雷达的任务是发现空中目标，包括飞机、导弹等，这种雷达的测量精度和分辨率不高，但其作用距离较远，一般在 400 km 以上。对于担负要地防空任务的警戒雷达，要求能在 360° 的空域内搜索目标。火控雷达的任务是控制高炮或地空导弹对空中目标进行瞄准射击，因此要求它能够连续而准确地测定空中目标的坐标，经火控计算机解算后，将射击诸元传递给高炮或地空导弹。这种雷达的作用距离较小，一般只有几十千米，但对测量精度要求高。制导雷达的任务是控制地空导弹攻击空中目标，它同时测定空中目标和地空导弹的运动轨迹，并控制导弹飞向目标。制导雷达对测量精度要求很高，并要求能同时跟踪多个目标。根据对雷达性能要求的不同，雷达的外观形式变化也很大，如图 10-1 所示。

图 10-1　不同型号的雷达装备

以上所述的警戒雷达、火控雷达、制导雷达等，对执行空对地作战任务的飞机构成直接的威胁，因此它们是反辐射武器重点打击的对象。

3. 雷达的工作频率

雷达是依靠目标对电磁波的反射作用来工作的。对于具体的雷达而言，它是工作在特定的频段上的。雷达的工作频率主要根据目标特性、电波传播条件、天线尺寸、高频器件性能、测量精确度和功能等要求来确定。

常用的雷达工作频率范围是 220 MHz ~ 35 GHz，但也不仅限于这一频率范围。例如，天波超视距雷达的工作频率为 4 MHz 或 5 MHz，而毫米波雷达可以工作在

94 GHz，激光雷达工作在更高的频率。工作频率不同的雷达在工程实现上差别很大，实际上绝大部分雷达工作在 220 MHz ~ 10 GHz 频段。雷达的工作频率及其相邻的电磁波频谱如图 10-2 所示。

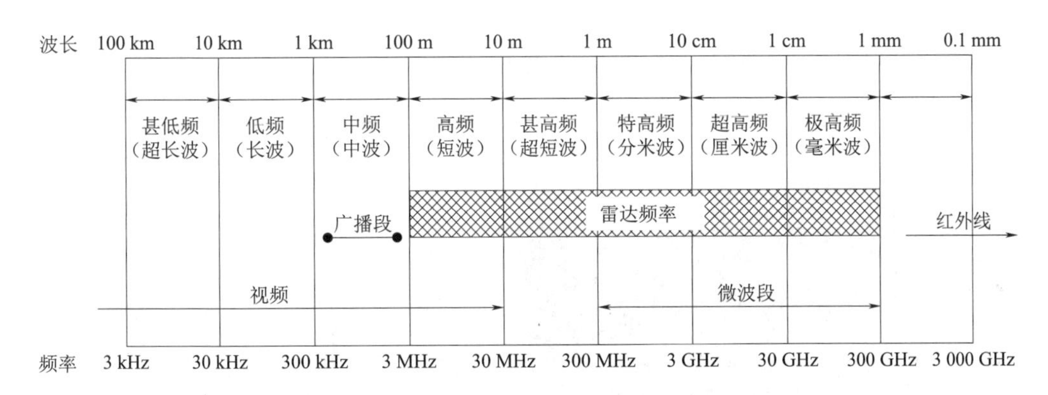

图 10-2 雷达的工作频率及其相邻的电磁波频谱

目前，在雷达技术领域频段常用 L、S、C、X 等英文字母来命名，这源自第二次世界大战期间各国的保密需求，并一直延续至今。国际电信联盟对雷达的工作频段进行了分配，其中 L 波段雷达工作频段为 1 215 ~ 1 400 MHz，S 波段雷达工作频段为 2 300 ~ 2 500 MHz 和 2 700 ~ 3 700 MHz，C 波段雷达工作频段为 5 250 ~ 5 925 MHz，X 波段雷达工作频段为 8 500 ~ 10 680 MHz。

10.1.2 反辐射武器

反辐射武器属于电子战的应用领域范畴，是电子战硬杀伤的主要手段，主要用来攻击敌方地面 / 水面的雷达目标。按攻击运载方式的不同，反辐射武器可分为反辐射导弹和反辐射无人机两类。

1. 反辐射导弹

反辐射导弹（anti-radiation missile），是一种专门用来攻击电磁波辐射源的导弹，属于被动探测型制导弹药，是目前应用最普遍的一种对敌防空压制武器。它通过探测敌方雷达或其他电磁辐射源发出的电磁波，并将其作为目标导引信号，使导弹飞抵目标附近实施毁伤。反辐射导弹是电子战领域重要的硬杀伤武器。

随着科学技术的发展，反辐射导弹的性能逐步提高，威力更大，在战场上取得了骄人的战绩，更令各国重视反辐射导弹的发展和对反辐射导弹的防御。新概念和新技术的不断涌现，以及现代战争中武器装备的对抗程度日益激烈，促使反辐射导弹向高性能、多用途、轻量化、小型化方向发展。

2. 反辐射无人机

反辐射无人机是压制敌防空武器的另一种手段，是近年来无人机在电子战应用领域的发展重点之一。根据航时的长短，可分为长航时、中航时、短航时三种类型，分别对应 8 h 以上、4 ~ 8 h、4 h 以下。与反辐射导弹相比，反辐射无人机可以在目标区域长时间飞行，对敌方防空系统形成长时间的压制效果，但由于飞行速度较慢，对时敏性的雷达目标难以做到有效杀伤。

另外，反辐射无人机还可装备光电探测设备，通过“人在回路”的工作方式，实现对非辐射源目标的打击。例如，以色列研制的 HAROP 反辐射无人机，如图 10-3 所示，它不仅装备有反辐射导引头，用于自主攻击敌方雷达目标，而且有光电 / 红外传感器，能够提供全天时的 360° 下视观察能力，通过双向数据链将目标图像实时传送给地面站，可实现人工控制下的选择性攻击。

图 10-3　以色列研制的 HAROP 反辐射无人机

10.1.3　反辐射导引工作原理

反辐射武器系统一般由攻击引导设备和反辐射导弹两部分构成。

1. 攻击引导设备

攻击引导设备的工作过程可分为探测目标、识别和确定目标、引导目标三个阶段，如图 10-4 所示。首先，该设备通过截获敌方雷达的辐射信号，测量信号的相关参数，如信号的入射方向、信号频率、脉冲宽度、重复周期等，进而确定雷达目标的类型和位置，并根据威胁的等级确定攻击对象和攻击时机，最后将雷达目标的相关参数装定给反辐射导弹。为了提高飞行员的态势感知能力，攻击引导设备还会为飞行员提供视觉和听觉的告警信号，提示飞机已被敌方雷达照射或锁定。

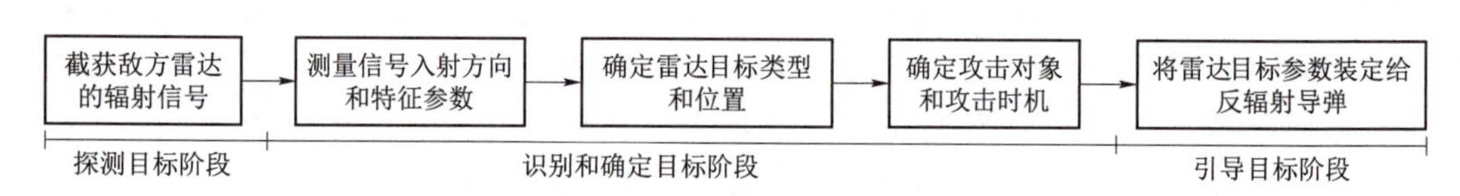

图 10-4　攻击引导设备的工作过程

2. 反辐射导弹

反辐射导弹的导引方式是由导引头截获敌方雷达的信号并实时测出导弹与雷达的角信息，经导引指令生成装置输出控制指令，控制导弹实时跟踪，直到命中雷达目标。

反辐射导引的基本过程是：按照加载的威胁辐射源列表逐一搜索和捕获威胁雷达辐射源信号，测向天线阵列探测的信号经过一系列预处理，将其传送给数字信号处理机，由数字信号处理机根据当前搜索或跟踪的辐射源参数，对信号的测量参数进行匹配滤波；一旦捕获，立即对满足参数要求的信号进行测向，转入对该辐射源的连续跟踪；并向导弹的飞行控制设备输出捕获指示信号和角度跟踪误差信号。典型反辐射武器导引设备的基本构成如图 10-5 所示。

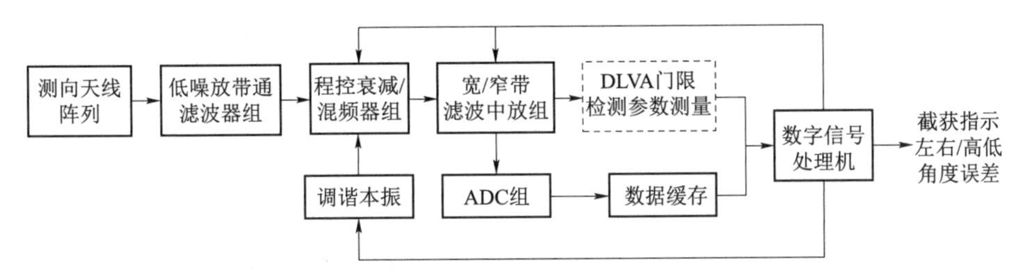

图 10–5　典型反辐射武器导引设备的基本构成

导引头实际上是一种探测装置，用于执行发现、跟踪目标并测量目标的相对位置的任务。惯性基准平台用于测量导弹运动参数。反辐射导弹制导系统工作原理如图 10–6 所示。导引指令形成装置根据探测装置测定的导弹与目标的相对位置和相对运动状态，按照导引规律对导引头和惯性基准平台测定的各种参数进行变换与运算，形成导引指令，传送给控制系统去控制导弹的飞行轨迹，使之最终命中目标。反辐射导弹采用被动雷达导引头，这是它与其他类型导弹的最大区别。

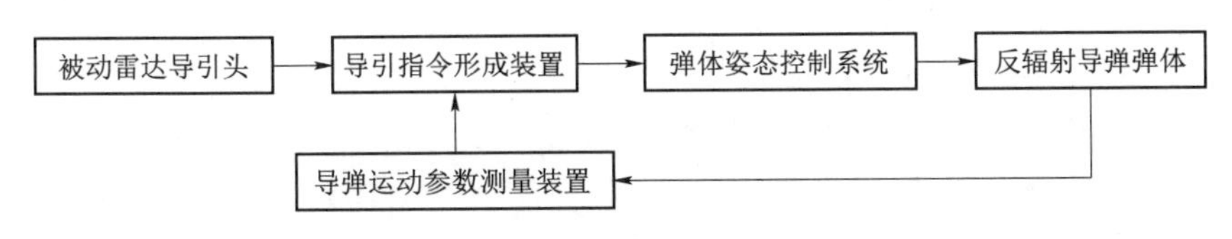

图 10–6　反辐射导弹制导系统工作原理

3. 工作特点

反辐射武器具有以下几个优点。

（1）隐蔽性好。反辐射武器采用被动搜索跟踪形式，本身不辐射电磁信号，因而并不容易被发现和干扰。另外，其雷达有效反射面积小，使得地面雷达难以被发现。

（2）具有硬杀伤能力。在导弹有效杀伤区域内能使雷达、辐射源及其他附属设备丧失工作能力。

（3）可攻击多种类型的雷达目标。反辐射导引头跟踪频率范围很宽，能覆盖多种雷达和辐射源的波段，还能利用雷达波旁瓣和背瓣进行攻击。

（4）响应速度快。对于反辐射导弹，多采用火箭发动机作为动力，其飞行速度快，从发射到命中目标所需时间短，适合打击时间敏感性目标。

（5）压制时间长。对于反辐射无人机，其航时长，可在目标区域长时间徘徊，迫使敌防空系统无法开机工作。

（6）自主作战能力强。反辐射武器具有自动捕获目标和锁定目标能力，发射后无须发射平台配合便可以自动跟踪，并攻击雷达目标和辐射源。

（7）具有辐射源的坐标记忆能力。装备全球定位系统 / 惯性导航系统后，可具有对敌方辐射源的坐标记忆能力，能够精确打击已被反辐射武器锁定而实施关机规避措施的敌方雷达。

但是，反辐射武器也有以下两个缺点。

（1）对目标辐射源的依赖性强。反辐射武器以辐射源信号为制导信息，只要雷达不开机，反辐射武器就无法实施攻击。

（2）导引头性能仍有一定局限性。导引头不能对抗两点相干干扰，对工作频率较低的雷达和高频雷达难以精确定向。

10.2 典型型号类型

随着地对空导弹的扩散，压制敌方防空系统已成为现代空军发起进攻时的优先任务，其中摧毁空中警戒雷达和火控雷达是这项任务的重要组成部分。反辐射武器必须有足够的射程，使发射平台在地对空导弹的射程之外，以确保载机的安全。另外，反辐射武器除具备能够探测一系列雷达类型的导引头之外，还应具备较高的飞行速度，以打击可移动或可重新部署的雷达目标，并有效降低被拦截的概率，但并不需要特别大的战斗部。

10.2.1 美国的反辐射导弹

1. AGM-45 Shrike 反辐射导弹

1963 年，AGM-45A Shrike 反辐射导弹作为第一种战术反雷达导弹装备美军部队，该导弹是在“麻雀”Ⅲ空空导弹的基础上发展而来的，如图 10-7 所示。AGM-45A 反辐射导弹由 Texas Instruments 公司研制，属于第一代反辐射导弹，其弹径为 0.203 m，长度为 3.048 m，翼展为 0.914 m。该导弹全重 176.9 kg，其采用的杀爆战斗部重 65.8 kg。该导弹采用 Rocketdyne Mk 39 或 Aerojet Mk 53 型固体火箭发动机，速度可达到 2 倍音速。根据不同的发射高度和速度，该型导弹的射程可达 28.95 ~ 40.25 km。

图 10-7 AGM-45A Shrike 反辐射导弹及其发射场景

为了覆盖各种频段的雷达目标，AGM-45A 导弹采用了多达 13 种不同型号的探测器，但这非常不利于战术上的运用。战机在起飞前，需要根据所攻击雷达目标的特征参数，选择安装不同的探测器，并调整到所需的频率，因此不具备攻击随机发现目标的能力。另外，探测器没有记忆功能，当雷达关机时，导弹将丢失目标。在攻击目标前，由载机上的相关电子设备完成对雷达目标的侦测和定位，操作者确定雷达目标的发射频率在当前距离上能够被导弹的探测器捕获时，AGM-45A 导弹的导引头才可以被激活。

为了进一步提高反雷达目标的能力，在 AGM-45A 导弹的基础上，美军又研制了 AGM-45B Shrike 反辐射导弹。

2. AGM-78 Standard 反辐射导弹

AGM-78A Standard 反辐射导弹由 General Dynamics 公司研制，是在“标准”舰空导弹的基础上发展而来的，于 1968 年装备美国海军，属于第二代反辐射导弹。相比 AGM-45A Shrike 反辐射导弹，它的射程更远。与 AGM-45A Shrike 导弹类似，该型号最初也采用没有记忆功能的探测器，不能应对雷达目标中途关机的情况。AGM-78 Standard 反辐射导弹如图 10-8 所示。

图 10-8　AGM-78 Standard 反辐射导弹

在此基础上，美军又研制了 AGM-78B Standard 反辐射导弹。该导弹弹径为 0.343 m，长为 4.572 m，翼展为 1.092 m，全重为 615.1 kg，其中杀爆战斗部重 97.4 kg。该导弹采用 Mk 27 Mod 4 双推力固体火箭发动机，最大速度可达 2.5 Mach。导弹的射程随发射高度和速度的不同而变化，其最大射程为 90 km。

AGM-78B 导弹采用一种框架稳定的宽频段探测器，在发射前，不需要调整探测频率，因此能够对机会目标实施打击。该型导弹具备记忆功能，在攻击过程中即使目标停止发射电磁波信号，导弹仍然能够根据已知的目标位置继续攻击。在美国海军战斗机机载 TIAS（target identification and acquisition system）或美国空军 McDonnell Douglas F-4GF 防空压制战斗机的 APR-38 型电磁发射定位系统的配合下，AGM-78B 导弹取得了很大的成功。因为在导弹发射前，这两种系统都能够为导引头提供敌方雷达目标发射的电磁特征信息。

3. AGM-88 HARM 反辐射导弹

由于 AGM-45 导弹在战术运用上缺乏灵活性，而 AGM-78 导弹太昂贵且重量大，因此美国的 Texas Instruments 公司研制了 AGM-88 HARM 空对面反辐射导弹，该导弹及其发射场景如图 10-9 所示。HARM（high-speed anti-radiation missile，俗称“哈姆”），是一种机载高速反辐射导弹，该型导弹于 1983 年装备美军部队，主要用于压制、摧毁地面和舰上防空导弹系统的雷达与高炮控制雷达。美国空军的战斗机安装有 Itek ALR-45 型或 McDonnell Douglas APR-38 型雷达告警接收器，能够为反辐射导弹的导引头提供雷达目标数据。

AGM-88A HARM 导弹的弹径为 0.254 m，长度为 4.171 m，翼展为 1.118 m，全重 361.1 kg，其杀爆战斗部重 65.8 kg，速度可达 3 Mach。由于该导弹具备较大的飞行

图 10-9　AGM-88 HARM 反辐射导弹及其发射场景

速度，因此缩短了敌方雷达实施关机规避措施的时间。与 Shrike 导弹相比，HARM 导弹的最大优势是采用单一的宽波段探测器，使得单探测器能够适应所有陆基和舰载的电磁波段范围内的雷达目标。

AGM-88 反辐射导弹采用“鸭”式气动布局，弹体中部布置 4 片双三角形控制舵，尾部有 4 片前缘后掠的梯形尾翼。导弹从头部开始依次布置导引头舱、战斗部舱、飞行控制舱与火箭发动机舱，如图 10-10 所示。导引头舱内有宽频带被动雷达导引头，它由 1 个天线阵列、10 个微波集成电路插件和 1 个射频信号数字处理机组成。固定式的天线阵列足以覆盖大多数防空雷达的工作频段，而数字处理机的软件可以进行重新编程。该型导弹的动力装置是无烟、高速、双推力固体火箭发动机，全重 127 kg，采用高能量密度的无铝 HTPB（端羟基聚丁二烯）推进剂。

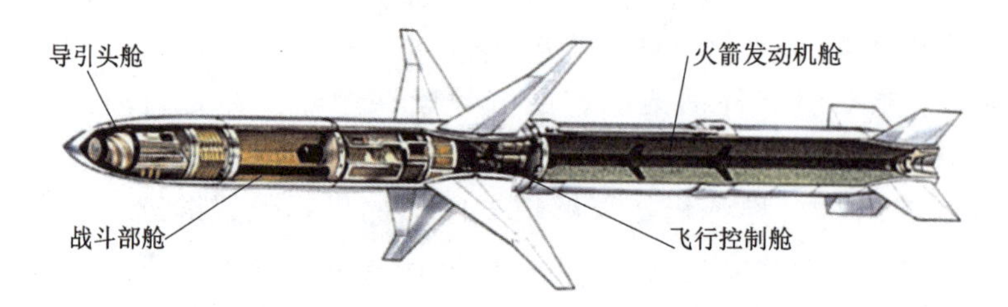

图 10-10　AGM-88 反辐射导弹的基本结构

该型导弹的飞行控制系统包括捷联式惯性导航装置、数字式自动驾驶仪和机电控制舵机。由于采用了惯性导航装置，即使在导弹飞行过程中敌方雷达实施关机规避措施，AGM-88 导弹仍然能够按已计算出的飞行弹道，采用比例导引的方式飞向目标。AGM-88 HARM 导弹攻击目标的试验场景如图 10-11 所示。

AGM-88E 是 HARM 导弹的最新型号，称为先进反辐射导弹（advanced anti-radiation guided missile，AARGM），由美国阿连特技术系统公司（ATK）研制。该导弹是一种中程超音速反辐射导弹，在 AGM-88D HARM 的基础上改进而来，主要改进是采取了毫米波导引头和 GPS/INS 复合制导方式，可有效反制敌防空雷达的对抗性关机手段。当敌防空雷达被锁定后，即使敌方关机进行规避，AGM-88E 也可依靠 GPS/INS 制导方式飞至目标附近，然后依靠毫米波导引头探测、跟踪和瞄准，直至命中并毁伤目标。

图 10-11　AGM-88 HARM 导弹攻击目标的试验场景

10.2.2　俄罗斯的反辐射导弹

1. Kh-58 反辐射导弹

1978 年，苏联用 Kh-58 导弹取代了性能比较落后的 Kh-28 导弹。与 Kh-28 导弹相比，Kh-58 导弹有相近的速度和射程，但采用了更安全的 RDTT 固体推进剂火箭发动机，来取代双燃料火箭发动机。Kh-58 反辐射导弹的俄罗斯代号为 X-58，北约代号为 AS-11 Kilter，最大射程为 120 km，如图 10-12 所示。

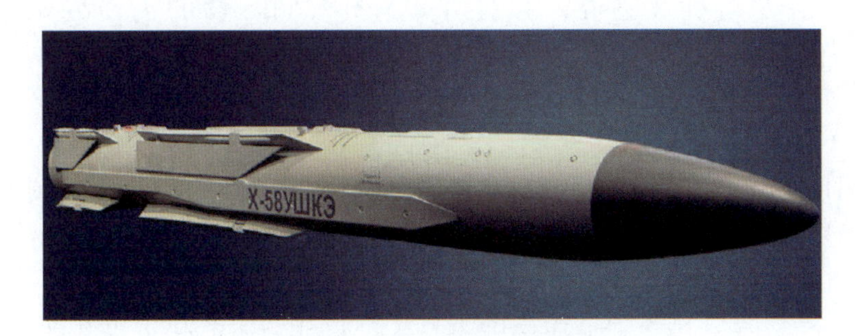

图 10-12　Kh-58 反辐射导弹

当前，俄罗斯的战术导弹公司（Tactical Missiles Corporation，TMC）正在开展新型 Kh-58UShK 反辐射导弹的研制工作，该计划拟研制从苏霍伊 T-50 PAK-FA 隐身战斗机的内部武器舱中发射的导弹，如图 10-13 所示。虽然 Kh-58UShK 导弹主要为俄罗斯最新型的 T-50 战斗机研制，可挂载在该型战斗机的内置弹仓内，但 Kh-58UShK 导弹也可以安装在 MiG-35、Su-30MK、Su-34、Su-35 等型号战斗机的外置挂架上。

图 10-13　Kh-58UShK 反辐射导弹

老式的 Kh-58 导弹可以选择装配四种被动导引头中的一种，以达到对不同工作频率范围的雷达目标的覆盖。新型 Kh-58UShK 导弹采用宽带无源雷达导引头，可以探测和攻击 1.2 ~ 11 GHz 频率区间内的雷达目标，而无须更换导引头组件。Kh-58UShK 反辐射导弹的重要参数见表 10-1。

表 10-1 Kh-58UShK 反辐射导弹的重要参数

弹重 /kg	弹长 /m	弹径 /m	翼展 /m	战斗部重 /kg	最高速度 /（$km \cdot h^{-1}$）	最大射程 /km	发射高度 /m
650	4.19	0.38	0.8	149	4 200	76 ~ 245	20 ~ 20 000

2. Kh-31P 反辐射导弹

美国诸如 MIM-104 “爱国者” 防空导弹、“宙斯盾” 系统的发展，促使苏联研发出更好的反制武器。1982 年，Kh-31 导弹首次试射，它是苏联研制的一种空对面攻击导弹，能够由 MiG-29、Su-27 等多种型号的战机携带，其北约代号为 AS-17 Krypton。这种导弹具有 3.5 Mach 的飞行速度，是第一种可以由战术飞机发射的超音速反舰导弹。Kh-31 导弹采用传统构型，十字形机翼及其控制舵面均由钛合金制造。该导弹采用两级推进方式。发射时，尾部的固体燃料助推器可将导弹加速到 1.8 Mach，随后发动机被丢弃，并打开 4 个进气道，空的火箭发动机壳体转变为采用煤油燃料的冲压喷气发动机的燃烧室，从而使其具备超过 4 Mach 的飞行速度。

在 Kh-31 导弹的基础上，发展了多种改进型，其中包括 Kh-31P 反辐射导弹。Kh-31P 反辐射导弹及其在俄空军 Su-30MK 战斗机上的发射场景，如图 10-14 所示。Kh-31P 反辐射导弹于 1988 年开始服役，它采用被动雷达导引头，可以在自动搜索和外部控制两种模式下工作。L-111E 型导引头有一个独特的天线，它将 7 个螺旋天线组成的干涉仪阵列集成在一个可操纵的平台上。该导引头有 3 个可互换的模块，可覆盖不同的雷达频带，但它们只能在工厂里进行更换。

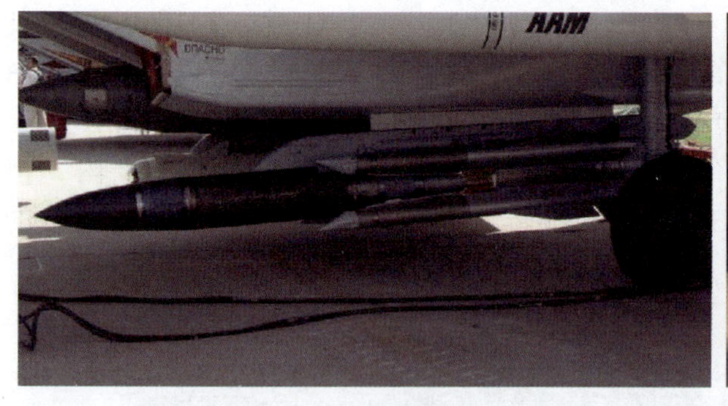

图 10-14 Kh-31P 反辐射导弹及其在俄空军 Su-30MK 战斗机上的发射场景

Kh-31P 导弹为实现更高的飞行速度，在整个飞行过程中保持在高海拔空域，射程可达 110 km。Kh-31A 为 Kh-31 导弹的反舰型号，其战斗部很大，Kh-31P 反辐射导弹也继承了这一特点，战斗部重达 87 kg，其威力十分巨大。Kh-31P 反辐射导弹的主要参数见表 10-2。

表 10-2　Kh-31P 反辐射导弹的主要参数

弹重 / kg	弹长 / m	弹径 / mm	引信	战斗部	制导方式	发动机	翼展 / mm	有效射程 / km	最大飞行速度 / ($m \cdot s^{-1}$)
600	4.7	360	冲击型	杀爆 / 成型	惯导 + 被动雷达	固体火箭 + 冲压喷气	914	110	1 000

据报道，在 2001 年印度为自身装备的 Su-30MKI 战斗机采购了 Kh-31 导弹，其中包括 60 枚 Kh-31A 反舰导弹和 90 枚 Kh-31P 反辐射导弹。2008 年 8 月 10 日，俄罗斯空军的一架 Su-34 战机用 Kh-31P 反辐射导弹袭击了位于哥里（Gori）市附近的一架格鲁吉亚的防空雷达。为了避免进一步的损失，格鲁吉亚的防空系统被迫关闭。

10.2.3　英国的反辐射导弹

英国研制的反辐射导弹的名称为 ALARM（air launched anti-radiation missile），主要用于摧毁敌方雷达装备，以实现压制地面防空系统的目的。ALARM 反辐射导弹及其发射场景如图 10-15 所示。1982 年底，英国国防部收到一种新型反辐射导弹的投标，其中英国的 Aerospace Dynamics 公司提供了 ALARM 导弹，而 Texas Instruments 与 Lucas Aerospace 公司合作推出 HARM 导弹。1983 年 7 月 29 日，英国国防部长 Michael Heseltine 宣布 ALARM 导弹中标，英国皇家空军的最初订单为 750 枚。在进行选择的过程中，两家承包商之间的竞争十分激烈，英国国防部倾向于 ALARM 导弹，以保留英国的工业能力；而英国财政部则倾向于接受成本更低、已被验证的 HARM 导弹。

图 10-15　ALARM 反辐射导弹及其发射场景

ALARM 导弹是一种“发射后不用管”的系统，具有特殊的伞降攻击能力。在伞降模式下，ALARM 导弹在发射后会爬升到 12 km 的高度。如果敌方雷达目标关机，ALARM 导弹就会展开降落伞慢慢下降，直到雷达重新开机，然后导弹会激活二级发动机来攻击目标。ALARM 反辐射导弹的主要参数见表 10-3。

表 10-3　ALARM 反辐射导弹的主要参数

弹长 / m	弹径 / mm	弹重 / kg	引信	战斗部	制导方式	发动机	翼展 /m	有效射程 / km	飞行速度 / ($km \cdot h^{-1}$)
4.24	230	268	激光近炸	杀爆型	预编程 / 被动雷达	双推力固体火箭	0.73	93	2 455

ALARM 导弹于 1990 年开始服役，目前已在多场战争中得到运用，其中包括科索沃战争、伊拉克战争、利比亚战争等，其中在 1991 年的海湾战争中消耗了 121 枚 ALARM 导弹。

10.2.4 法国的反辐射导弹

1. Martel 反辐射导弹

Martel 反辐射导弹是由英法合作研制，名称来自 Missile、Anti-Radiation、Television 的英文缩写。该型导弹于 1984 年开始生产，共有两个型号，其中 AS 37 型采用被动雷达制导方式，为专用的反辐射导弹，如图 10-16 所示，而 AJ 168 型采用电视制导方式。Martel 导弹拥有较远的射程和大型战斗部，适合攻击舰船目标。法国仅装备了 Martel 导弹的反辐射版本，而英国装备了两个型号。

图 10-16　Martel 反辐射导弹

2. ARMAT 反辐射导弹

在 Martel 反辐射导弹的基础上，法国于 20 世纪 80 年代，开发出一种先进的反辐射导弹，名称为“阿马特”（ARMAT）。与之相对，英国研制出 ALARM 反辐射导弹。1984 年，ARMAT 反辐射导弹进入法军服役，由于是在 AJ.37 Martel 反舰导弹的基础上发展而来的，因此与西方反辐射导弹相比，这种导弹异常巨大，且飞行缓慢。ARMAT 反辐射导弹及其发射场景如图 10-17 所示。

图 10-17　ARMAT 反辐射导弹及其发射场景

ARMAT 反辐射导弹采用双推力固体火箭发动机，飞行速度能够达到高亚音速，射程可达 120 km，其采用 160 kg 的半穿甲战斗部，威力非常巨大。ARMAT 导弹可由幻影 2000 及其他法国战机使用，但不包括阵风战斗机。另外，在 20 世纪 90 年代早期，基本型的 ARMAT 导弹装备了性能更好的电子系统。ARMAT 反辐射导弹的主要参数见表 10-4。

表 10-4　ARMAT 反辐射导弹的主要参数

弹长 /m	弹径 /m	弹重 /kg	引信	战斗部	制导方式	发动机	翼展 /m	有效射程 /km	飞行速度 /Mach
4.15	0.4	550	近炸	半穿甲战斗部	被动雷达制导	固体火箭	1.2	40 ~ 120	0.9

10.2.5　德国的反辐射导弹

ARMIGER（anti radiation missile with intelligent guidance & extended range）是德国 Diehl BGT Defence 公司正在研制的反辐射导弹，用于取代德国空军装备的 AGM-88 HARM 导弹。该导弹是一种先进的高超音速导弹，用于摧毁当前和未来的防空系统。但由于经费原因，该研发项目有被取消的可能。

ARMIGER 导弹采用红外 / 被动雷达双模目标探测和 INS/GPS 中段制导方式，组合使用火箭发动机和冲压喷气发动机，具备远程、高速、可靠、精确命中敌方地面雷达目标的能力。该型导弹长 4 m，弹径 200 mm，重 220 kg，战斗部重 20 kg，射程 200 km，最大速度可达 3 Mach。

10.2.6　巴西的反辐射导弹

MAR-1 是一种空对地和地对地反辐射导弹，具有 INS/GPS 制导能力，由巴西 Mectron 公司和巴西空军航天技术与科学部 DCTA 共同开发，如图 10-18 所示。MAR-1 反辐射导弹通过攻击警戒雷达和火控雷达，来压制敌方的防空系统。

图 10-18　MAR-1 反辐射导弹

MAR-1 反辐射导弹从 1997 年开始研发，一直处于严格的保密状态。该导弹由被动反辐射导引头制导，设计用于跟踪工作在不同波段的各种类型的陆基和海基雷达，包括高功率警戒雷达、用于地对空导弹系统的跟踪雷达等。MAR-1 导弹可以自行瞄准敌方雷达，也可以接收载机的电子战系统发出的目标数据进行瞄准，如接收来自雷达告警接收器的信息。MAR-1 导弹在自卫模式或预编程目标模式中，采用被动制导方式，主要用于区域压制或攻击预定目标。为了提高导弹的生存能力，弹体采用复合材料制造，可有效减少雷达截面。MAR-1 反辐射导弹的基本结构，如图 10-19 所示。它主要包括导引头、近炸引信、战斗部、制导组件、固定翼、巡航发动机、火箭助推器和制导控制模块等。

MAR-1 导弹研发过程中的最大障碍是陀螺仪平台的设计，该模块用于导弹搜索目标时飞行过程的控制。由于政治和战略原因，这种技术在禁运的范畴，无法从其他方面获得。这推动了自身微型光纤陀螺仪的发展，它具有 3 个正交轴，可为弹载计算机提供必要的信息，能够确保导弹的精度，如图 10-20 所示。该子系统由 IEAv 研究所和 Mectron 公司设计研制。

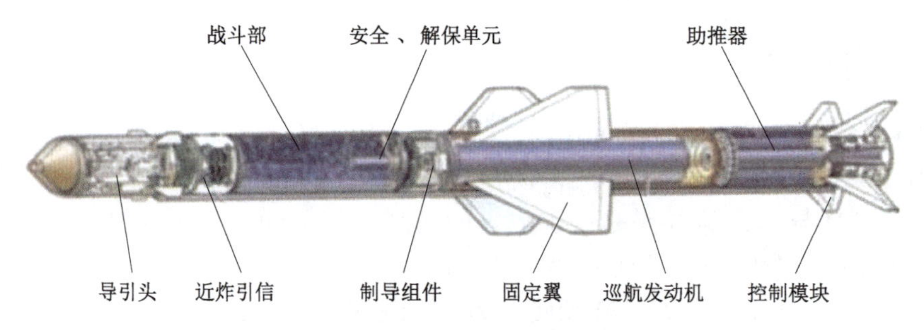

图 10-19　MAR-1 反辐射导弹的基本结构

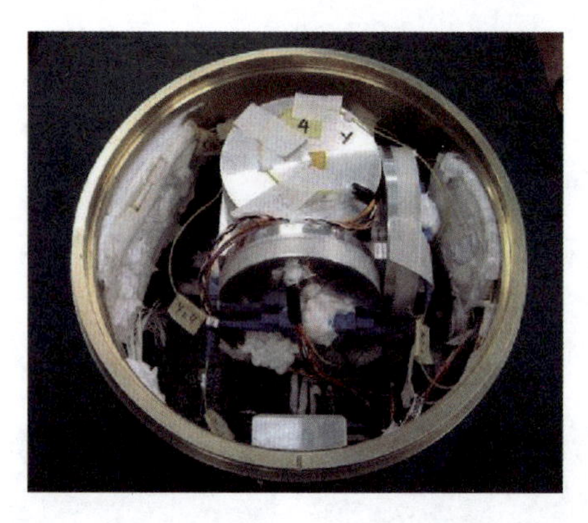

图 10-20　MAR-1 反辐射导弹配用的微型光纤陀螺仪

MAR-1 反辐射导弹研发的另一个障碍出现在 1999 年，当时巴西试图从拉斯维加斯的一家制造商购买螺旋天线和其他一些用于研制导引头的系统。美国政府阻止了此次军售，并声称“在该地区引进反辐射武器不是美国的利益所在”。迫于这种情况，巴西开始自研导引头的工作。通过艰苦的努力，MAR-1 的导引头能够在超过 50 km 的距离上成功探测到低发射功率的雷达。MAR-1 反辐射导弹的重要参数见表 10-5。

表 10-5　MAR-1 反辐射导弹的重要参数

弹长 / m	弹径 / mm	弹重 / kg	引信	战斗部	制导方式	发动机	翼展 / m	有效射程 / km	飞行速度 / Mach
3.9	230	266	激光近炸 / 冲击	90 kg 杀爆型	被动雷达（800 MHz ~ 20 GHz）	火箭发动机	0.81	60 ~ 100	0.5 ~ 1.2

截至 2012 年 4 月，该研制项目共进行了 20 多次的机载导弹试射实验。MAR-1 反辐射导弹实验场景如图 10-21 所示。

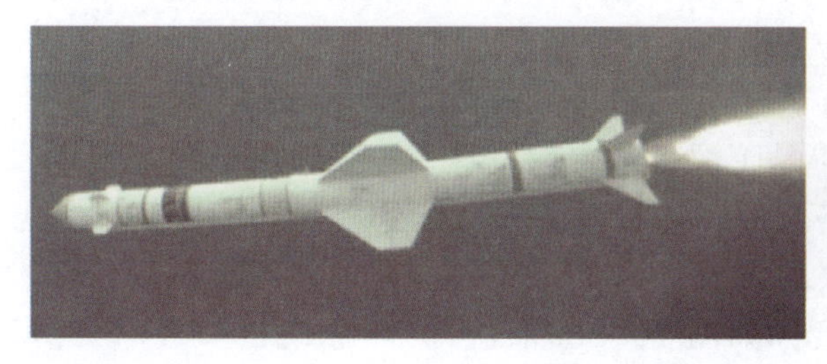 

图 10-21　MAR-1 反辐射导弹实验场景

2012 年 11 月，MAR-1 导弹进行了软件的升级更新，并在 A-1/AMX 攻击机上进行了最后的飞行测试，随后进入生产阶段。2013 年 4 月，Mectron 公司将 MAR-1 导弹与巴基斯坦的幻影Ⅲ / Ⅴ战斗机整合。此外，还向巴基斯坦军方交付了 MAR-1 导弹的训练弹，以及用于任务规划、勤务、保障的相关设备。2013 年 10 月，阿联酋军方表示有意向购买一批 MAR-1 反辐射导弹。

10.2.7　以色列的反辐射无人机

“哈比”（Harpy）无人机是由以色列航空航天工业公司（Israel Aerospace Industries，IAI）研发的一种三角翼的全复合材料反辐射无人机，如图 10-22 所示。该反辐射无人机具备自主攻击敌方防空系统的能力，可实现“发射后不管”。哈比无人机配备一台双缸二冲程发动机，采用螺旋桨风扇驱动，飞行速度较低。该无人机通过机载被动雷达探测目标，频率范围为 2 ~ 18 GHz，使用近炸引信在目标上空发生爆炸。

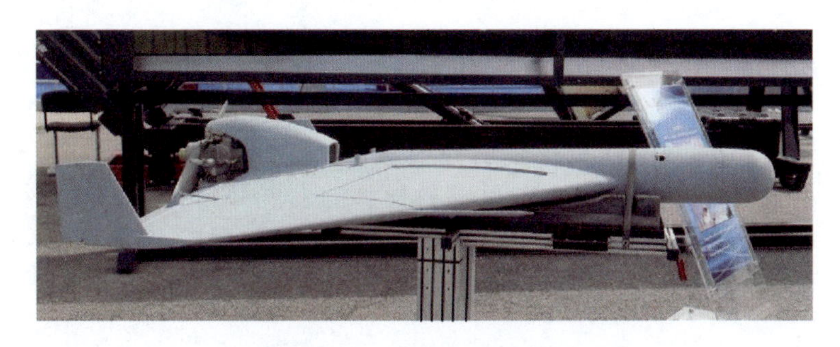

图 10-22　哈比反辐射无人机

哈比反辐射无人机的重要参数见表 10-6。目前，装备哈比反辐射无人机的国家包括以色列、韩国、土耳其、印度等。

表 10-6　哈比反辐射无人机的重要参数

长度 /m	翼展 /m	全重 /kg	飞行距离 /km	滞空时间 /h	战斗部重 /kg	入役时间
2.7	2.1	135	400	2	32	1990 年

在哈比反辐射无人机的基础上，以色列 IAI 公司又研制出 Harop 反辐射无人机，该型号也称 IAI Harpy 2，如图 10-23 所示。

图 10-23　Harop 反辐射无人机

相比哈比反辐射无人机，Harop 反辐射无人机的续航时间延长到 6 h，而且加装了光电探测设备和数据链系统，可人为选定所要攻击的目标，以有效对抗辐射源的关机规避措施。Harop 反辐射无人机的重要参数见表 10-7。

表 10-7　Harop 反辐射无人机的重要参数

长度 /m	翼展 /m	飞行距离 /km	滞空时间 /h	战斗部重 /kg	入役时间
2.5	3.0	1 000	6	23	2009 年

IAI Harpy NG 无人机是 Harop 系列无人机的最新型号，由地面车辆发射，具备全天候操作能力。该型反辐射无人机滞空时间为 9 h，相比先前的型号，在滞空时间、飞行距离、飞行高度、维护和训练等方面都获得了提升，重要的是探测频段拓宽到 0.8 ~ 18 GHz。

10.3　反辐射武器战场运用

在 20 世纪中期，雷达首次被反辐射导弹摧毁，这种专用武器通过探测雷达的电磁辐射而锁定目标。几十年来，雷达与反辐射导弹的发展并驾齐驱，都取得了长足的进步，而这是一场永无止境的竞争。

10.3.1　反辐射导弹战场运用

1. 基本情况

雷达是防空系统的重要组成部分，可以威胁在其领空飞行的敌方飞机，从而保护地面的各种目标。反辐射导弹发展的目标是在敌防空范围之外，实施对敌方雷达的打击，这就需要具备防区外打击的能力。通过这种打击，可在保证载机安全的情况下摧毁敌方的防空系统，从而为后续的攻击提供安全保障。

另外，反辐射导弹飞行速度也是重要的参数，这决定了导弹从发射到命中目标的时间。从发射到命中目标的时间越短，敌方雷达目标逃脱的概率就会越小。按射程大小，反辐射导弹大致可分为短程导弹、中程导弹和远程导弹，其中短程导弹最大射程为 100 km、中程导弹最大射程为 200 km、远程导弹最大射程大于 200 km。

反辐射导弹的另一个重要参数是战斗部的毁伤能力，这对敌方雷达的摧毁效果具有重要意义。20 世纪 50 年代，反辐射导弹的命中精度较差，因此需要较大威力的战斗部，以保证在较远距离上毁伤雷达目标。随着科技的进步，反辐射导弹的命中精度有了很大提高；另外，引信的起爆时机得到了优化，可以在更有利的位置上起爆战斗部，从而达到更好的毁伤效果。因此，目前对反辐射导弹战斗部的威力要求变得相对宽松一些。

在 20 世纪 90 年代初，英国研制成功了 ALARM 反辐射导弹，该导弹的命中精度在没有 GPS 辅助的情况下仍可达到 1 m。美国 AGM-88E AARGM 导弹的命中精度为 1 m 左右，它们都代表着当前反辐射导弹技术的最高水平。

2. AGM-88E 导弹的作战运用

在 2003 年的伊拉克战争中，为了攻击伊拉克的防空系统，美军发射的 AGM-88

HARM 反辐射导弹超过 400 枚。HARM 导弹有三种运用模式：①自卫模式，当载机的雷达告警接收器侦测到敌方雷达后，将相关数据信息传送给导弹，然后发射；②盲射模式，朝目标可能存在的位置发射导弹，导弹在飞行过程中探测目标，如果没有发现目标，将在程序的控制下自毁；③机会模式，当挂载状态的导弹侦测和锁定目标时，发射导弹，对目标实施打击。

目前，在各国研制的反辐射导弹中，以美军现役的 AGM-88E AARGM 反辐射导弹最为先进。AGM-88E 先进反辐射导弹攻击目标的过程如图 10-24 所示。其主要过程如下：①起飞前进行任务规划，包括目标描述文件、地理（地形）特性设置，以及避免打击的区域；②自动侦测和识别具有电磁辐射特性的目标，并自动瞄准定位目标；③向目标区域发射导弹；④采用被动雷达制导方式跟踪目标，并进行精确瞄准；⑤毫米波传感器探测识别目标；⑥基于被动雷达探测 / 主动毫米波探测 /GPS 定位的目标融合判断；⑦武器打击评估信息发送至卫星，并转送至载机；⑧引信起爆战斗部，毁伤目标。

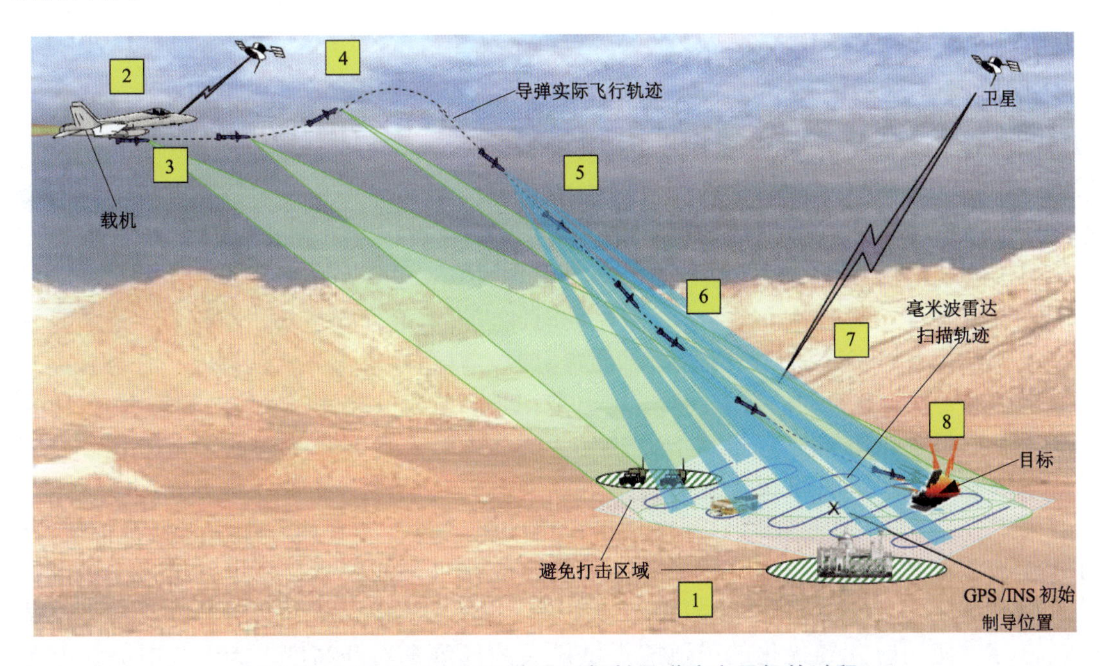

图 10-24　AGM-88E 先进反辐射导弹攻击目标的过程

由于 AGM-88E 先进反辐射导弹采用被动雷达 / 毫米波双模探测器，因此具备更加灵活的目标攻击方式，可实现弹道末段的主动制导，即使雷达采取关机方式进行规避，也能够依靠毫米波探测器精确命中目标。另外，装备的 GPS/INS 系统也能够有效控制附带毁伤。总体上讲，AGM-88E 先进反辐射导弹具备打击当前和在研的综合防空系统，以及时敏目标的能力。

3. ALARM 导弹的作战运用

英国研制的 ALARM 导弹属于第三代反辐射导弹，具有频率覆盖范围宽、高度自主、预编程等特点。在海湾战争期间，英国的 Tornado 战斗机共发射了 121 枚 ALARM 导弹，主要用于攻击伊拉克的防空系统。该型导弹有一个特殊的尾装降落伞，其基本结构如图 10-25 所示。ALARM 反辐射导弹的攻击方式很有特色，既可以从高空直接向目标发射，也可以从低空发射。

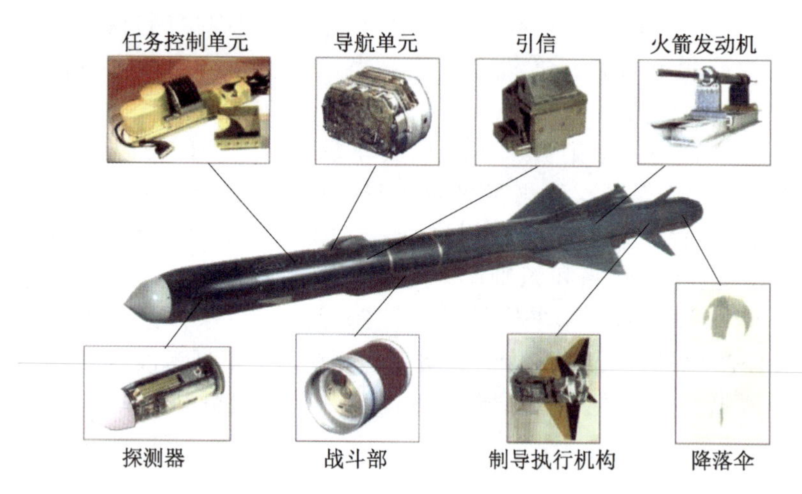

图 10-25　ALARM 反辐射导弹的基本结构

ALARM 反辐射导弹通常采用预先编程的作战方式。攻击最后阶段采用垂直攻击弹道，以简化目标攻击过程，并最大限度地发挥小型战斗部的破坏效果。在起飞前，借助于便携式程序装定装置，将优先攻击的目标类型和优先的攻击方式存入导弹存储器中，必要时也可以在飞机飞行过程中进行更改。它有以下五种运用方式。

（1）直接攻击方式。这是一种典型的攻击方式。它是在目标的距离和方位已知的情况下，直接向目标发射导弹，导弹以最短的时间，沿着最佳弹道攻击目标。一旦首选的辐射源关机，导弹将选择威胁程度次之的辐射源。以直接攻击方式使用时，任务控制单元通常给出导弹与载机间的最大间距，并且取消伞降阶段，导弹以较低的弹道飞向目标。

（2）待机攻击方式。待机攻击方式是 ALARM 反辐射导弹特有的攻击方式。在目标的距离和方位已知的情况下，若雷达采取关机规避措施，这时可向目标区域上空预先发射导弹。ALARM 反辐射导弹接近被攻击的雷达时，沿着爬升弹道飞到目标上空，打开降落伞使弹体吊在空中，导弹垂直地挂在降落伞下面搜索目标，并缓慢下降。一旦目标开机发出辐射信号，ALARM 反辐射导弹就立即甩掉降落伞向目标攻击。以待机攻击方式使用时，经优化的弹道能提供最大的降落伞展开高度。为了长时间压制敌方雷达，在发射 ALARM 反辐射导弹后，间隔一段时间，可发射第二枚 ALARM 反辐射导弹。

（3）双用途运用方式。双用途运用方式是将直接攻击方式和待机攻击方式组合在一起。这种攻击方式是在目标的距离和方位已知的情况下，ALARM 反辐射导弹首先按照直接攻击方式攻击选定的敌方雷达。如果选定的敌方雷达关机，ALARM 导弹将转换到待机攻击方式。

（4）走廊 / 区域压制运用方式。这种方式是在 ALARM 反辐射导弹发射前，目标的辐射参数已知，而目标的位置信息未知的情况下使用的。ALARM 反辐射导弹从低空发射，发射后迅速爬升，然后迅速下滑，搜索已存储参数信息的辐射源，发现目标后立即攻击。它没有伞降阶段，可以在战斗机前方清理出一条突防走廊。

（5）通用运用方式。这种方式与走廊 / 区域压制运用方式相似，也是在 ALARM 反辐射导弹发射前，目标的辐射参数已知，而目标的位置信息未知的情况下使用的。ALARM 反辐射导弹从中、高空发射，以获得更大搜索范围。ALARM 反辐射导弹发射后迅速爬升，然后迅速下滑，搜索已存储参数信息的辐射源，发现目标立即攻击。这种方式主要用于攻击移动的防空导弹武器系统和海上的舰船。

10.3.2　反辐射无人机战场运用

对敌防空系统的压制是一个动态演变的概念，无人机技术的进步为防空压制的进一步发展提供了新的动力。由于无人机具备比导弹长得多的滞空时间，可极大地增加防空压制的持久性，使得防空雷达即使在短时间内开机工作，也相当危险。采用有人驾驶飞机对敌防空系统进行压制，存在被击落的可能性，同时也增加了飞行员的心理负担。因此，对敌防空压制是一项必要的，但在政治和战术上却是十分令人讨厌的任务。为了避免这一尴尬局面，未来对敌防空压制的任务将毫无疑问地由无人飞行器来主导和完成。另外，由于无人飞行器固有的低可探测性，其更容易接近目标，成功的概率会更高。

以以色列研制的哈比无人机为例，该系统由一系列地面车辆组成，其中包括 3 台发射车、1 台地面控制车、1 台支援车辆和 1 台拖车装载的电力单元。每台发射车包含 9 个储存发射单元，每个发射单元有 2 架哈比无人机，全系统共计 54 架无人机。哈比无人机的燃料加载和卸载工作，可在自身的储存发射单元内进行。发射时，通过火箭助推器将哈比无人机抛出箱体。哈比反辐射无人机及其发射场景如图 10-26 所示。

图 10-26　哈比反辐射无人机及其发射场景

在发射前，将无人机飞行的航路点分别输入各自的机载程序中，以便为预先设定的巡逻区域提供导航。一旦哈比无人机到达巡逻区域，就会按照预先设定的路径点开始巡飞模式。当探测到雷达信号并确定为威胁时，哈比无人机开始飞向雷达信号源。当哈比无人机接近雷达源，且到达最佳的末段俯冲角度时，它将采用俯冲方式冲向雷达源。如果雷达源停止发射信号，哈比无人机就会中止攻击，并返回到预先设定好的巡飞模式。如果在整个巡飞过程中，哈比无人机没有发现目标，当燃料耗尽时就会自毁。哈比无人机俯冲攻击雷达目标的过程如图 10-27 所示。

图 10-27　哈比无人机俯冲攻击雷达目标的过程

哈比反辐射无人机通常采用集群攻击方式，3 台发射车可同时发射无人机，编成一个攻击组一起飞向目标区域。哈比反辐射无人机精巧的设计和较小的尺寸，使其雷达截面很小，加之较低的巡航高度和较慢的巡航速度，使其难以被雷达所探测到。另外，目前防空系统很难应付同时出现的大集群目标，因此哈比无人机虽然飞行速度较低，但对潜在目标的威胁仍然很大。

第 11 章
远程空对地打击弹药作战运用

提高载机作战生存能力的方法主要有五种：①远距发射，即在敌防空火力范围之外投射弹药，而后撤离；②隐身接敌，即运用隐形战机接近敌人，然后投射弹药；③地形遮蔽，即利用地形遮障，从空中对敌实施隐蔽打击；④快速攻击，即利用高速弹药缩短从发射至命中目标的时间，从而使敌方无法进行还击；⑤防御对抗，即利用载机或专用电子战飞机上的专用设备，对敌防空系统进行压制和对抗，以提高载机的生存能力。从技术和战术角度分析，远距发射是五种方法中最为可靠的，最能保证载机的安全，因此也是最有应用前景的方法。

远距发射是相对概念，是指在敌方地面（或海面）防空系统所能防护的范围之外投射弹药，以保证载机的安全性，提高其战场生存能力。随着远程制导技术、发动机技术、无动力滑翔技术的发展，空对地打击弹药的射程迅速提高。目前，各军事强国在敌防空系统之外发射弹药，在技术层面上已成为现实，这也必将是未来战争中的重要作战样式。本章主要以远程空对地打击弹药为对象，阐述该类型弹药作战运用的相关情况和技术细节。

11.1 基本工作原理

11.1.1 发动机技术

为了实现空对地弹药的远程攻击，核心思路是增大弹药的有效射程。目前，提高航空弹药射程的方法主要是采用先进的巡航发动机和高空弹翼滑翔技术，其中单纯依靠高空弹翼滑翔技术其射程也比较有限。典型远程空对地打击弹药的结构示意图如图 11-1 所示，主要包括导引头、战斗部、动力组件、弹翼和控制段。

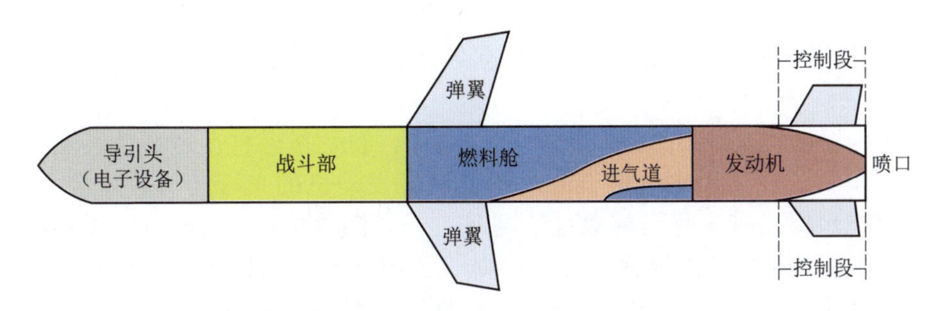

图 11-1　典型远程空对地打击弹药的结构示意图

动力组件作为远程空对地打击弹药的重要组成部分，与弹翼组合起来，可以满足对弹药的大射程需求。根据对弹药性能指标的要求和发动机技术的发展，远程空对地打击弹药主要采用以下三种类型的发动机。

1. 冲压式喷气发动机

冲压式喷气发动机，也被称为冲压喷射发动机，是一种吸气式喷气发动机。它是利用高速气体在速度改变下产生的压力改变，达到气体压缩目的的原理来运作的。这种发动机是利用其前向的运动来压缩流入的空气，而不需要轴流压缩机或离心式压缩机。因此，当冲压式喷气发动机的速度为零时，将不能获得向前的推力，这也使得它不能使静止的飞行器获得最初的起飞速度。通常情况下，配备冲压式喷气发动机的飞行器，需要依靠火箭推进器来进行最初的辅助加速。

冲压式喷气发动机由进气道（扩压器）、燃烧室和推进喷管三部分组成，如图 11-2 所示。冲压发动机没有压气机，所以又称不带压气机的空气喷气发动机。当飞行器高速飞行时，空气进入发动机进气道中，在进气道内扩张减速，将空气的动能转变成压力能，当进气速度为 3 倍音速时，理论上可使空气压力提高 37 倍。空气的气压和温度升高后，进入燃烧室，并与燃料混合燃烧，将温度进一步提高到 2 000 ~ 2 200 ℃，随后高温燃气经喷管膨胀加速排出，从而产生向前的推力。冲压发动机的推力与进气速度有关，当进气速度为 3 倍音速时，在地面产生的静推力可以超过 200 kN。因此，冲压式喷气发动机适合在超音速条件下工作，当速度达到 3 Mach 左右时具有较高的工作效率，它甚至能够在 6 Mach 以上的速度运转。

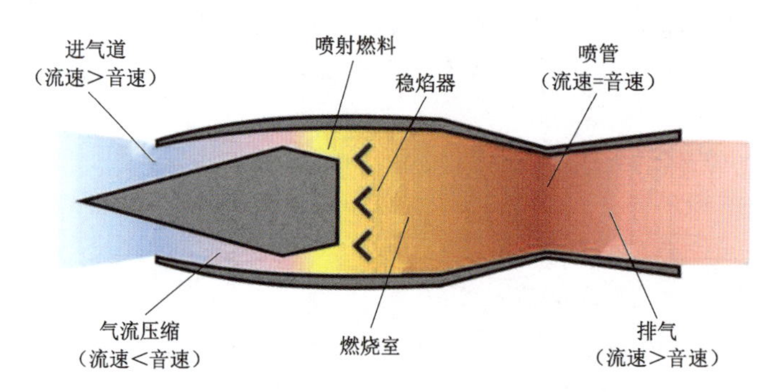

图 11-2 冲压式喷气发动机的结构简图

由于冲压式喷气发动机结构简单、尺寸较小，因此特别适合应用在导弹上。20 世纪 60 年代，美国、加拿大、英国等国研制装备了大量采用冲压式喷气发动机的导弹型号，如美国的 CIM-10 Bomarc 型地对空导弹、英国的 Bloodhound 地对空导弹等，如图 11-3 所示。

超燃冲压发动机是冲压式喷气发动机的一种，它是指燃料在超音速气流中进行燃烧的冲压发动机。在采用碳氢燃料时，超燃冲压发动机的飞行马赫数通常在 8 以下；当使用液氢燃料时，其飞行马赫数可达到 6 ~ 25。随着地面 / 水面防空体系的迅猛发展，为了实现对地 / 海打击导弹的高速突防，超燃冲压发动机作为可行的关键技术之一，是当前各军事强国重点研究的方向。据称，俄罗斯研制的 3M22 高超音速巡航导弹就采用了这种发动机。

(a)

(b)

图 11-3 CIM-10B 型导弹和 Bloodhound 导弹

(a)CIM-10B 型导弹;(b)Bloodhound 导弹

2. 涡轮式喷气发动机

涡轮式喷气发动机是最早的航空燃气涡轮发动机,从 20 世纪 40 年代开始应用,目前已广泛应用于军用飞机和巡航导弹。涡轮式喷气发动机采用了涡轮驱动的压气机,在静止或低速时也具有足够压力来产生强大的推力,可克服冲压式喷气发动机的固有缺点。

典型涡轮式喷气发动机由进气道、压气机、燃烧室、涡轮和尾喷管组成,如图 11-4 所示。其工作原理为:首先,空气通过进气道进入压气机,压气机通过叶片的旋转对气流做功,使气流的压力、温度升高;然后,气流进入燃烧室,与燃料混合后发生燃烧,并产生大量高温高压的燃气;从燃烧室流出的燃气,流过与压气机共用转轴的涡轮;高温高压燃气在涡轮中发生膨胀,其部分内能转化为机械能,使涡轮发生旋转,并带动压气机一起转动;而后,涡轮中的燃气流入尾喷管,在尾喷管中继续膨胀,最终沿发动机轴向从喷口向后高速排出,这一速度比气流进入发动机的速度大得多,从而使发动机获得了向前的推力。相比压气机进口的气流状态,涡轮出口处燃气的压力和温度要高得多,发动机的推力就是这一部分燃气的能量转化而来的。

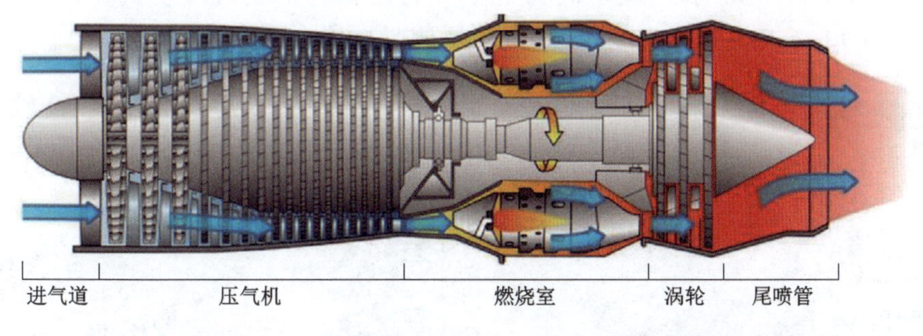

图 11-4 典型涡轮式喷气发动机的结构示意图

另外,战斗机装备的涡喷发动机在涡轮与尾喷管之间通常还有加力燃烧室,以便使战斗机在短时间内获得更大的机动能力,实现短距大载荷起飞或战术上的高速机动。但是,采用加力操作不仅会大量消耗燃油,缩短航程和滞空时间,而且过高的温度会降低发动机的使用寿命。根据远程巡航导弹的飞行性能要求，其采用的涡喷发动机通常没有加力燃烧室。

涡喷发动机适用的范围很广，从低空低亚音速到高空超音速飞行器都有广泛应用。例如，AGM-84E SLAM 导弹、RBS-15 型空射反舰导弹等。J402 系列涡喷发动机最初是由 Teledyne CAE 公司为鱼叉（harpoon）导弹设计研制的。该系列发动机具有很好的经济性，可大量生产并应用于导弹上。同时，它也是第一种免维护的喷气发动机，能够长期储存而无须维护保养和技术检查。目前，J402-CA-400 型涡喷发动机装备于 AGM-84E SLAM 防区外对地攻击导弹（standoff land attack missile）和 AGM-84H/K SLAM-ER 增程型导弹。AGM-84E SLAM 导弹及其配用的 J402-CA-400 型涡喷发动机，如图 11-5 所示。J402-CA-400 型涡喷发动机的重要参数见表 11-1。

图 11-5　AGM-84E SLAM 导弹及其配用的 J402-CA-400 型涡喷发动机

表 11-1　J402-CA-400 型涡喷发动机的重要参数

长度 /cm	直径 /cm	重量 /kg	最大推力 /kN	总增压比	燃料消耗速率	推重比
74	32	46	2.9	5.6：1	1.2 lb/lbf· hr	6.5：1

RBS-15 型空射反舰导弹的动力来源是 Microturbo TR 60 系列涡喷发动机，其推力可达 3.5 ~ 5.3 kN。该系列发动机属于小型消耗型涡轮喷气发动机，首机于 1974 年研制成功。图 11-6 展示了 RBS-15 型空射反舰导弹及其配用的 TR 60 型涡喷发动机。

图 11-6　RBS-15 型空射反舰导弹及其配用的 TR 60 型涡喷发动机

相比另一种形式的喷气发动机——涡扇式喷气发动机，涡喷发动机的燃油经济性较差，因此在远程、超远程空射巡航导弹领域，涡扇发动机有逐渐取代涡喷发动机的趋势。但是，涡喷发动机排气速度快，正面面积小，结构相对简单，因此在中程空射巡航导弹中仍然很常见。另外，涡喷发动机的高速性能较好，特别是高空高速性能，所以比较适合应用在高速导弹上。

3. 涡扇式喷气发动机

涡扇发动机全称为涡轮式风扇喷气发动机，是在涡喷发动机的基础上发展而来的，作为更为先进的动力形式有取代后者的趋势。在运行过程中，涡喷发动机是通过将相对少量的空气加速到极高的超音速来产生推力，而涡扇发动机则是将大量的空气加速到较低的亚音速。与涡喷发动机相比，涡扇发动机更安静，其燃油经济性更好，这对于提高空射导弹的射程非常有利。

涡扇发动机的基本结构如图 11-7 所示。它主要由风扇、低压压气机、低压涡轮轴、高压压气机、高压涡轮轴、燃烧室、高压涡轮、低压涡轮、喷管等组成，其中高压压气机、燃烧室和高压涡轮三部分统称核心机。当空气流过风扇后，一部分流入核心机，其称为内涵气流，最后由喷管高速排出而产生推力；另一部分从核心机的外围流过，称为外涵气流，也产生一定的推力。经外涵道排出的空气和经喷管排出的燃气是涡扇发动机推力的两大来源。燃烧室流出的高温高压燃气推动高压涡轮转动，通过高压涡轮轴带动高压压气机转动，从而实现高压压气。同样，从高压涡轮流出的燃气继续推动低压涡轮转动，并通过低压涡轮轴带动风扇和低压压气机一起转动，实现空气的吸入和低压压气过程。

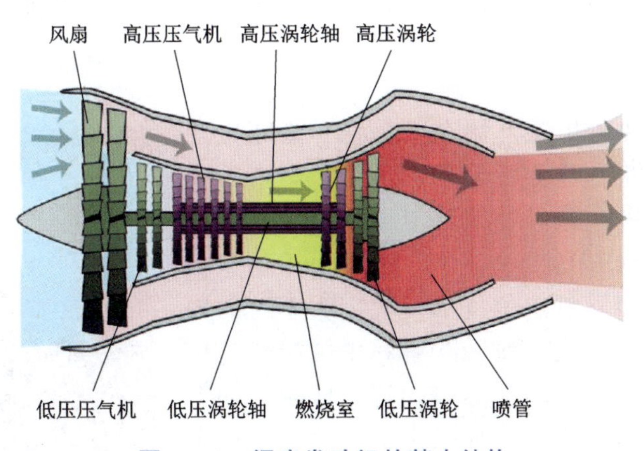

图 11-7　涡扇发动机的基本结构

流经外涵道和内涵道的空气流量之比称为涵道比。当涵道比为零时，也就是流入进气口的所有空气都要经过燃烧室的情况，发动机实质上就是涡喷发动机。涵道比对涡扇发动机的性能影响较大，涵道比越大，耗油率越低，但相应发动机的迎风面积也越大。涡扇发动机最适合的飞行速度为 400 ~ 1 000 km/h，因此现在多数民用和军用固定翼飞机都采用涡扇发动机作为动力来源。受多种因素的影响，目前民用飞机多选用大涵道比的涡扇发动机，而军用飞机多选用小涵道比的涡扇发动机。

在空对地导弹的应用领域，早期主要采用涡喷发动机作为动力，后来为了追求大射程和经济性，更多地采用涡扇发动机作为动力。例如，美国的 AGM-158 JASSM 巡航导弹和 AGM-129 巡航导弹、德国的 Taurus KEPD 350 巡航导弹等。AGM-158 JASSM 空射巡航导弹最初采用 Teledyne CAE 公司研制的 J402-CA-100 型涡轮喷气发动机，导弹射程为 370 km。随后，其改进型 JASSM-ER 采用 Williams International 公司的 F107-WR-105 涡扇发动机，在导弹外形尺寸不变的情况下，使其射程超过 925 km。AGM-129 型巡航导弹是一种低可探测性、亚音速、空射巡航导弹，它采用 Williams International 公司研制的 F112 型涡扇发动机，射程可达 3 450 ~ 3 700 km，如图 11-8 所示。

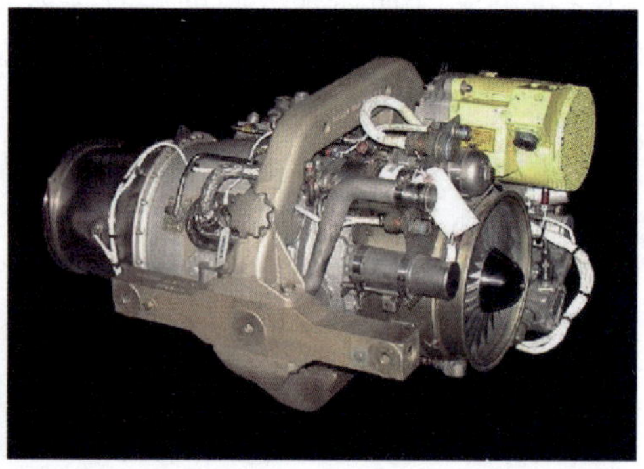

图 11-8 AGM-129 型巡航导弹及其配用的 F112 型涡扇发动机

另外，对于超音速巡航导弹，通常采用组合动力方式。例如，苏联采用液体或固体火箭与涡喷发动机的组合动力，美国则采用涡喷与冲压发动机组合动力。

11.1.2 远程制导技术

为了实现远距离发射并准确命中目标，需要采用相应的制导技术。根据当前技术发展情况，最适合应用于远程空对地弹药的制导技术是卫星辅助惯性制导技术，即通常所说的 GPS/INS 技术。然而，采用这种技术必须要依托卫星导航定位技术及其庞大系统的构建。目前，只有美国、俄罗斯、欧盟和中国构建了全球性卫星导航定位系统，印度等国构建了区域性的卫星导航定位系统，而对绝大多数国家来说这是难以企及的系统工程。除了 GPS/INS 技术之外，地形匹配制导和图像匹配制导技术在远程空对地导弹应用领域也是可行的。

图 11-9 远程巡航导弹的地形匹配制导示意图

地形匹配（terrain contour matching，TERCOM）是一种导航技术，主要用于远程巡航导弹的制导过程。远程巡航导弹的地形匹配制导示意图如图 11-9 所示，它是利用弹载储存器预先载入的规划飞行路线上的高程数据，在飞行过程中通过弹载雷达测高仪实时测量地形高程数据，并与已知数据进行比对，判断导弹飞行路线的偏差，并及时进行弹道修正，最终实现在远距离上的精确制导。在远程导弹应用领域，采用地形匹配制导技术比惯性制导技术的精度要高。另外，采用地形匹配制导技术的导弹可以利用已知的地面高程数据，有效规避飞行路线上的高大障碍物，如大厦、高山等，实现超低空飞行，从而避免了敌方雷达的过早探测和发现，在作战中具有很强的战术突然性。

虽然地形匹配制导技术具有很多优点，但对技术的要求也很高。采用地形匹配制导技术需要预先获得飞行路线上的高程数据，这可以通过侦察卫星、侦察飞机或实地测绘来完成，其中获得敌方领土上的高程数据最佳的方式是采用侦察卫星，而这种方式要求己方拥有侦察卫星，这是很多国家所不具备的能力。另外，在对敌打击之前，需要对导弹的飞行路径进行规划，并将相关数据载入弹载储存器，整个过程需要较长的准备时间，因此难以对时敏目标实施攻击。

图像匹配制导技术（digitized scene-mapping area correlator，DSMAC）的基本原理与地形匹配技术相似，如图 11-10 所示。它是利用弹载储存器预先载入的规划飞行路线上的图像数据，在飞行过程中通过弹载成像设备测得地面的图像，并与已知数据进行比对，根据导弹的飞行偏差进行弹道修正，最终实现远程精确制导。图像匹配制导技术经常与地形匹配技术相结合，在飞行弹道的末端进行精确制导，以实现对点目标的打击能力。

图 11-10　远程巡航导弹的图像匹配制导示意图

除以上制导技术外，惯性中制导 + 主动雷达（或光学）末制导也是一种可行的远程制导方式。但受远程惯性制导精度和末段目标自主识别技术的限制，目前多用于远程反舰导弹，而在远程空射对地打击弹药上应用很少。

11.2　典型型号类型

目前，世界各国装备有多种型号的远程空对地打击弹药，其中典型的型号见表 11-2。本节重点对这些典型型号的远程空对地打击弹药做简要介绍。

表 11-2　世界各国装备的典型远程空对地打击弹药

型号	AGM-86	AGM-84H/K	AGM-158	KEPD 350	SOM	Storm Shadow	Kh-59
国家	美国	美国	美国	德国	土耳其	英国 / 法国	俄罗斯
型号	BrahMos	3M22 Zircon	Kh-47M2	JSOW	SDM Ⅰ	SDM Ⅱ	—
国家	印度 / 俄罗斯	俄罗斯	俄罗斯	美国	美国	美国	—

1. AGM-86 ALCM 空射巡航导弹

AGM-86 ALCM 是美国研制的一款亚音速空射巡航导弹，由波音公司制造，主要装备美国空军。这种导弹的研发目的是提高 B-52H 轰炸机的作战效能和战场生存能力。与之对应，苏联的 Tor 式防空导弹系统是为击落 AGM-86 导弹而专门研制的。AGM-86B 导弹可以由轰炸机部队大量空投，B-52H 轰炸机的两个外部挂架可分别挂载 3 枚 AGM-86B，其内部旋转发射装置也能够挂载 8 枚导弹，因此每架 B-52H 的最大挂载能力达到 14 枚导弹。如此大的挂载能力，迫使敌方升级自身的防空系统，从而使防空系统变得复杂和昂贵。另外，导弹的较小尺寸和低空飞行能力也降低了敌方防空系统的效能，因为它们很难被雷达探测到。AGM-86 空射巡航导弹及其在飞机上的挂载场景如图 11-11 所示。

图 11-11　AGM-86 空射巡航导弹及其在飞机上的挂载场景

1974 年 2 月，美国空军决定研发 AGM-86A 型空射巡航导弹，该型导弹的尺寸比随后的 B 型和 C 型略小。AGM-86A 型导弹是根据 B-1A 型轰炸机的武器舱设计的，但随着 B-1A 型轰炸机项目被取消（由 B-1B 型取代），该型空射导弹没有进入量产阶段。摆脱了 B-1A 武器舱的长度限制后，美国空军于 1977 年 1 月开始研发 AGM-86B 型空射巡航导弹。该型导弹极大地增强了 B-52 型轰炸机的作战能力，并使美国实现了保持战略威慑的预定目标。

在美军的 1980 财年，AGM-86B 导弹首次进行生产，产量为 225 枚。1982 年 12 月，该型导弹开始用于实战，发射的数量超过 100 枚，其成功率大约为 90%。基于当时的技术水平，AGM-86B 导弹的飞行路线是预先设定好的，发射后完全自主飞行，直至命中目标。截至 1986 年 10 月，AGM-86B 导弹共生产了 1 715 枚。AGM-86B 导弹装备一台威廉姆斯（Williams）F107 型涡扇发动机，使之能够持续以亚音速飞行，并能在高、低空从飞机上发射，射程超过 2 400 km。AGM-86B 导弹的重要参数见表 11-3。

表 11-3　AGM-86B 导弹的重要参数

<table>
<tr><th>装备时间</th><th>单价 / 万美元</th><th>生产数量 / 枚</th><th>质量 /kg</th><th>长度 /m</th><th>直径 /mm</th><th>战斗部</th></tr>
<tr><td>1982 年</td><td>100</td><td>1 715</td><td>1 430</td><td>6.3</td><td>620</td><td>W80 型热核战斗部</td></tr>
<tr><td colspan="3">发动机</td><td rowspan="2">翼展 /m</td><td rowspan="2">射程 /km</td><td rowspan="2">飞行速度 /
（km·h^{-1}）</td><td rowspan="2">制导系统</td></tr>
<tr><td>类型</td><td>型号</td><td>推力 /kN</td></tr>
<tr><td>涡扇</td><td>F107-
WR-101</td><td>2.7</td><td>3.7</td><td>>2 400</td><td>890</td><td>INS+TERCOM</td></tr>
</table>

1986 年 6 月，一定数量的 AGM-86B 导弹的制导系统由地形匹配制导方式，改装为 GPS 辅助惯性制导方式，并装配常规战斗部，这些导弹命名为 AGM-86C。AGM-86D 是在 AGM-86C 的基础上研制的攻坚型号，它装配攻坚战斗部，适合攻击坚固目标和地下目标。

1991 年 1 月，在沙漠风暴行动的初始阶段，由 Barksdale 空军基地起飞的 7 架 B-52G 轰炸机发射了 35 枚 AGM-86 巡航导弹，打击了伊拉克的高优先级目标。在 1998 年的沙漠之狐行动、1999 年的联盟力量行动和 2003 年的伊拉克自由行动中，AGM-86 巡航导弹均有运用。AGM-86D 巡航导弹在伊拉克自由行动中首次亮相，主要用于打击伊拉克的坚固目标。

2014 年 9 月 22 日，B-52 轰炸机进行 AGM-86B 空射巡航导弹投射实验的场景如图 11-12 所示。据称，根据美军的装备更新计划，AGM-86 型巡航导弹最终将由 AGM-158B JASSM-ER 导弹所取代。

图 11-12 B-52 轰炸机进行 AGM-86B 空射巡航导弹投射实验的场景

2. AGM-84H/K SLAM-ER 空射巡航导弹

美国海军为了使对陆攻击导弹形成近、中、远程配系，在已有“捕鲸叉”反舰导弹基础上发展了一种比传统炸弹更有效、比常规“战斧”导弹更经济、射程大于“幼畜”导弹而小于常规“战斧”导弹的 AGM-84H/K SLAM-ER 防区外发射武器。AGM-84H/K 是一种先进的远程空射巡航导弹，由美国波音公司生产，其中 SLAM-ER（standoff land attack missile-expanded response，防区外增程型对地攻击导弹）是基于 AGM-84E SLAM（standoff land attack missile）导弹研发的，SLAM-ER 导弹能够攻击陆地和海洋上的目标，它采用 Teledyne CAE 公司研制的 J402-CA-400 型涡喷发动机，最大射程为 270 km。F-18C 战斗机右侧机翼下方挂载的 SLAM-ER 导弹及导弹配用的涡喷发动机如图 11-13 所示。

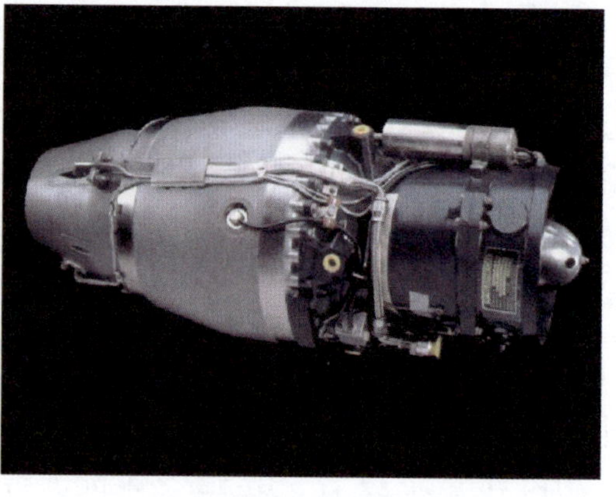

图 11-13　F-18C 战斗机右侧机翼下方挂载的 SLAM-ER 导弹及导弹配用的涡喷发动机

SLAM-ER 导弹采用 GPS 和红外成像组合制导方式，在弹道中段利用 GPS 修正弹道，在弹道末段采用“人在回路”的方式，通过机舱内的监视器显示获得的回传图像，人工控制导弹攻击目标。因此，该型导弹同时具备打击固定目标和移动目标的能力。AGM-84H/K SLAM-ER 防区外发射武器的重要参数见表 11-4。

表 11-4　AGM-84H/K SLAM-ER 防区外发射武器的重要参数

入役时间	重量 /kg	长度 /m	直径 /cm	发动机		
				类型	型号	推力 /lbs
2000 年	725	4.37	34.3	涡喷	Teledyne CAE J402-CA-400	>600
战斗部重 / kg	单价 / 万美元	翼展 / m	射程 / km	飞行速度 / ($km\cdot h^{-1}$)	制导系统	
360	50	2.43	270	855	INS/GPS+ 红外末制导、数据链指令制导、DSMAC 自动目标识别（ATA）	

2000 年 6 月，SLAM-ER 导弹具备了初始作战能力。在伊拉克战争期间，美国海军总共发射了 3 枚该型导弹。

另外，美国通用电气公司为该型导弹研制了一种目标自动识别单元（ATRU），用于处理发射前和发射后的目标数据。该单元能够进行高速视频比对，从而使 SLAM-ER 导弹具备“发射后不用管”的能力。同时，该单元保留原有的“人在回路”运用模式，即通过飞行员或武器操作员来人为地指定要打击的目标，而不需要目标本身具有明显的红外特征。

3. AGM-158 JASSM 空射巡航导弹

AGM-158 JASSM 联合空对地防区外导弹是一种空射远程巡航导弹，具有一定的隐身性，由洛克希德· 马丁公司研制开发，于 2009 年服役。AGM-158A 导弹采用 Teledyne 公司研制的 CAE J402 型涡喷发动机，其射程达到 370 km。在发射前，该型导弹的弹翼折叠，以便减小飞机挂载时的尺寸，发射后弹翼自动展开。AGM-158A 导弹及其在 F-15 战斗机上的挂载情况如图 11-14 所示。

图 11-14 AGM-158A 导弹及其在 F-15 战斗机上的挂载情况

AGM-158A 导弹装备有 GPS 辅助惯性制导系统，在弹道末段采用红外成像导引头进行目标识别和制导。弹载数据链能够回传导弹飞行中的位置和状态信息，从而可以实现对目标的毁伤评估。该导弹命中及毁伤目标的场景如图 11-15 所示。

图 11-15 AGM-158A 导弹命中及毁伤目标的场景

为了进一步提高 JASSM 导弹的射程，美国空军于 2002 年开始研制 AGM-158B JASSM-ER 型导弹。AGM-158B 导弹采用更加高效的发动机和更大体积的燃料箱，但导弹的整体外形与 AGM-158A 保持一致。AGM-158B 导弹的最大射程达到 925 km 以上，远超 AGM-158A 导弹的 370 km。AGM-158A 导弹和 AGM-158B 导弹具有 70% 的硬件通用性与 95% 的软件通用性。AGM-158 型空射远程巡航导弹的重要参数见表 11-5。

表 11-5 AGM-158 型空射远程巡航导弹的重要参数

<table>
<tr><td rowspan="2">入役时间</td><td colspan="2">单价 / 万美元</td><td rowspan="2">弹重 /kg</td><td rowspan="2">弹长 /m</td><td rowspan="2">翼展 /m</td><td rowspan="2">制导方式</td><td rowspan="2">战斗部 /kg</td></tr>
<tr><td>JASSM</td><td>JASSM-ER</td></tr>
<tr><td>2009 年</td><td>85</td><td>135.9（FY15）</td><td>1 021</td><td>4.27</td><td>2.4</td><td>GPS/INS+ 红外末制导</td><td>450</td></tr>
<tr><td colspan="4">JASSM 装备的发动机</td><td colspan="4">JASSM-ER 装备的发动机</td></tr>
<tr><td>类型</td><td colspan="2">型号</td><td>射程 /km</td><td>类型</td><td colspan="2">型号</td><td>射程 /km</td></tr>
<tr><td>涡喷</td><td colspan="2">Teledyne CAE J402-CA-100</td><td>370</td><td>涡扇</td><td colspan="2">Williams International F107-WR-105</td><td>>925</td></tr>
</table>

2014年4月，AGM-158B JASSM-ER装备美国空军。美国空军在2014年12月批准了JASSM-ER导弹的全速生产。截至2016年9月，洛克希德·马丁公司已经向美国空军交付A型和B型导弹，共计2 000枚。据报道，JASSM-ER导弹在2018年2月实现了在F-15E战斗机上的全面作战能力。另外，美国空军打算将其装备的AGM-86 CALCM常规空射巡航导弹退役，而由AGM-158B JASSM-ER来取代。

在JASSM-ER导弹的基础上，美军又研制了一种远程反舰导弹，其中LRASM（long range anti-ship missile）采用了新型的导引头。2015年8月，美国海军正式将LRASM命名为“AGM-158C”。2018年12月，AGM-158C导弹在B-1B轰炸机上实现了早期的作战能力，其重要参数见表11-6。

表11-6 AGM-158C导弹的重要参数

入役时间	单价 / 万美元	重量 /kg		战斗部		飞行速度
		不含助推器	含助推器	重量 /kg	类型	
2018年	300	1 100	2 000	450	杀爆 / 侵彻型	高亚音速

相比美国海军目前使用的鱼叉反舰导弹（1977年服役），LRASM具有更先进的目标自动识别能力。这种能力将使其能够主动识别目标，并准确命中移动的舰船。它可以利用发射平台直接攻击敌舰，通过数据链接收更新信息，或者使用弹载传感器发现目标，而不需要预先的准确情报，或诸如全球定位卫星导航、数据链等辅助服务。发射后，LRASM导弹将以中等高度飞向目标，然后下降到低空进行掠海飞行，以对抗舰艇的反导防御系统。虽然LRASM导弹是基于JASSM-ER（射程为930 km）开发的，但弹载传感器和其他功能的增加降低了它的最大射程。据估计，LRASM的射程仅为560 km。

2013年8月27日，洛克希德公司进行了LRASM的首次飞行测试，由B-1B轰炸机发射。当飞行到距离的一半时，导弹从按照计划的路线转向自主制导。最终，它自动探测到预设的移动目标，并准确命中。在测试中，LRASM导弹的飞行状态及被导弹命中的靶船如图11-16所示。

图11-16 LRASM导弹的飞行状态及被导弹命中的靶船

2017年4月4日，洛克希德公司宣布F/A-18超级大黄蜂首次成功发射了LRASM。2018年12月，LRASM被整合到美国空军B-1B轰炸机上，达到初始作战能力。2019 年 11 月，LRASM 导弹在美国海军的 F/A-18 超级大黄蜂战斗机上具备了初始作战能力。

4. KEPD 350 型空射巡航导弹

Taurus KEPD 350 是德国研制的一种空射巡航导弹，由 Taurus Systems 公司制造，目前装备于德国、西班牙和韩国的军队。该型导弹在 1998—2005 年设计研制，单价为 95 万美元。KEPD 350 型空射巡航导弹及其在战机上的挂载情况如图 11-17 所示。

图 11-17　KEPD 350 型空射巡航导弹及其在战机上的挂载情况

由于德国没有完备的卫星导航定位系统，因此该型导弹在使用 GPS 的同时，也加装了地形匹配和图像制导系统。KEPD 350 型空射巡航导弹的重要参数见表 11-7。

表 11-7　KEPD 350 型空射巡航导弹的重要参数

弹重 /kg	弹长 /m	弹径 /m	战斗部		发动机	
			重量 /kg	类型	类型	型号
1 500	5.0	1.015	481	破爆型	涡扇	Williams P8300-15
翼展 /m	射程 /km	飞行高度 /m	飞行速度 /Mach		制导系统	
2.065	>500	40 ~ 50	1		图像导航 +INS+ 地形匹配 +GPS	

5. SOM 系列空射巡航导弹

SOM 导弹是由土耳其研制的一系列低可探测性巡航导弹，它在土耳其空军成立 100 周年（2011 年 6 月 4 日）的庆祝活动上被首次展示出来。SOM 系列空射巡航导弹采用 Microturbo TRI 40 涡喷发动机，射程超过 180 km，能够打击静止目标和移动目标，如图 11-18 所示。

SOM 空射巡航导弹是一种针对陆地或海洋目标的精确打击武器。它使用 GPS 作为其主要的制导模式，辅以先进的惯性导航系统和基于雷达的地形参考导航系统，允许导弹在飞行过程中掠过地形，以躲避当地的防御系统。在弹道末段，通过红外成像仪采集目标区域数据，并将其特征与预先装载的类似目标数据库进行匹配，从而确定敌方目标，最终实现精确打击。它还可以通过拍摄航路点上的图片，并将其与预测位置进行比较来更新导航系统，从而提供基于图像的中段导航。因此，如果不能获得 GPS

图 11-18　土耳其研制的 SOM 空射巡航导弹

的辅助，该型导弹也能使用基于红外成像的地形数据更新它的航路点。该型导弹还采用了双向数据链，使其在飞行过程中临时改变任务目标成为可能。SOM 系列空射巡航导弹的重要参数见表 11-8。

表 11-8　SOM 系列空射巡航导弹的重要参数

<table>
<tr><td>入役时间</td><td colspan="4">弹重 /kg</td><td>弹长 /m</td><td>翼展 /m</td></tr>
<tr><td rowspan="2">2017 年</td><td>SOM-A</td><td>SOM-B1</td><td>SOM-B2</td><td>SOM-J</td><td rowspan="2">3.657</td><td rowspan="2">2.6</td></tr>
<tr><td>620</td><td>620</td><td>660</td><td>500</td></tr>
<tr><td colspan="4">战斗部（均重 230 kg）</td><td colspan="3">发动机</td></tr>
<tr><td>SOM-A</td><td>SOM-B1</td><td>SOM-B2</td><td>SOM-J</td><td>类型</td><td>型号</td><td>推力 /kN</td></tr>
<tr><td>杀爆型</td><td>杀爆型</td><td>双级串联侵彻型</td><td>半穿甲型</td><td>涡喷</td><td>Microturbo TRI 40</td><td>2.5 ~ 3.3</td></tr>
<tr><td colspan="2">射程 /km</td><td>飞行高度</td><td>飞行速度 /Mach</td><td colspan="2">制导系统</td><td>命中精度 /m</td></tr>
<tr><td>SOM-A</td><td>SOM-J</td><td rowspan="2">地形跟踪 / 掠海飞行</td><td rowspan="2">0.94</td><td colspan="2" rowspan="2">INS/GPS、地形匹配、图像匹配、自动目标识别、红外成像</td><td rowspan="2">5</td></tr>
<tr><td>250</td><td>185</td></tr>
</table>

6. Storm Shadow 空射巡航导弹

Storm Shadow 是由英法联合研制的一种低可探测性空射巡航导弹，于 1994 年开始研制。该型导弹由 MBDA 公司制造，采用涡轮喷气发动机，导弹射程超过 560 km，速度可达 0.8 Mach，单价 85 万美元。Storm Shadow 空射巡航导弹及其在战机上（机腹部）的挂载情况如图 11-19 所示。

Storm Shadow 空射巡航导弹在发射前进行编程设置，发射后不用管。导弹一旦发射，就无法控制或进行自毁，其目标信息也无法改变。任务规划员根据敌方防空情况和目标位置来规划导弹的飞行弹道。导弹在 GPS 和地形探测设备的支持下，以低空方式飞至目标区域。接近目标时，导弹先爬升，而后俯冲。爬升可使导弹更好地识别并攻击目标。在俯冲时，导弹抛掉鼻锥，以允许高分辨率热像仪观察目标区域。然后，导弹根据预定的目标信息，通过比对定位所要攻击的目标。Storm Shadow 空射巡航导弹的重要参数见表 11-9。

图 11-19　Storm Shadow 空射巡航导弹及其在战机上（机腹部）的挂载情况

表 11-9　Storm Shadow 空射巡航导弹的重要参数

入役时间	弹重 /kg	弹长 /m	弹径 /m	翼展 /m	战斗部	
					重量 /kg	类型
2002 年	1 300	5.1	0.48	3.0	450	破甲 / 侵爆（BROACH）
发动机			飞行速度 /Mach	射程 /km	飞行高度 /m	制导系统
类型	型号	推力 /kN				
涡喷	TRI 60-30	5.4	0.8 ~ 0.95	>560	30 ~ 40	INS/GPS/ 地形匹配 + 红外成像末制导

该型导弹的最新改进包括：在命中目标前，使用单向数据链将目标的毁伤评估信息传回战机。另外，研制方还计划使用双向数据链，使导弹具备在飞行过程中重新设定新目标的能力。

在北约介入利比亚内战期间，法国、意大利和英国空军的战斗机向亲卡扎菲政府的目标发射了 Storm Shadow 空射巡航导弹，袭击了包括 Al Jufra 空军基地的多个目标。据称，在对利比亚的军事行动中，意大利的旋风战斗机发射了 20 ~ 30 枚该型导弹。这也是意大利飞机第一次在实战中发射该型导弹，据称导弹的成功率为 97%。

7. Kh-59 系列空射巡航导弹

20 世纪 70 年代，彩虹设计局（Raduga OKB）开始研发 Kh-59 型导弹，作为 Kh-25 型导弹的远射程版本，用于装备 Su-24M 和 MiG-27 战机，以提供防区外对地面目标的精确打击能力。Kh-59 是俄罗斯研制的一系列空射巡航导弹，其具体型号及相关信息见表 11-10。Kh-59 型导弹的初始型号是一种电视制导巡航导弹，其北约代号为 AS-13 “Kingbolt”。该型导弹装备一台固体燃料发动机，并在尾部整合有固体燃料发射器，射程达到 200 km。在雷达高度计的帮助下，Kh-59 能够在水面以上 7 m 或地面以上 100 ~ 1 000 m 高度巡航。它能以 600 ~ 1 000 km/h 的速度在 0.2 ~ 11 km 的高度发射，CEP 可达 2 ~ 3 m。

表 11-10 Kh-59 系列空射巡航导弹的具体型号及相关信息

导弹型号	相关信息
Kh-59	为 Kh-59 系列导弹初始型号，采用双固体燃料火箭发动机，1991 年首次展示，其出口型号为 Kh-59 或 Kh-59E
Kh-59M	采用涡喷发动机以及更大的战斗部，射程为 115 km
Kh-59ME	射程达到 200 km，于 1999 年出口国外
Kh-59MK	为反舰型号，采用涡扇发动机，并装备 ARGS-59 型主动雷达探测器，具备“发射后不管”的能力
Kh-59MK2	为 Kh-59MK 的对地攻击型号，装备有 320 kg 的侵彻战斗部。该型导弹属于低探测性防区外导弹，射程为 290 km，首次披露是在 2015 年
Kh-59M2	为 Kh-59M/Kh-59MK 的升级型号，它采用了新型的电视 / 红外探测器
Kh-59L	为激光制导型号
Kh-59T	它是将 Kh-59L 的激光制导组件改为电视制导的型号

Kh-59M Ovod-M 是一种改进型号，它装备更大的战斗部和涡喷发动机，其北约代号为 AS-18 “Kazoo”。Kh-59M 导弹是对地攻击型号，而 Kh-59MK 导弹的打击目标是敌方舰艇。Kh-59ME 的机身下方有一台外置的涡轮风扇发动机，并保留了火箭发射器。Kh-59ME 导弹采用双模制导系统，包括惯性制导系统和电视制导系统，其中惯性制导系统负责将导弹导向目标区域，然后由电视制导系统发现、跟踪，直至命中目标。Kh-59MK 型导弹和 Kh-59ME 型导弹如图 11-20 所示。

(a)

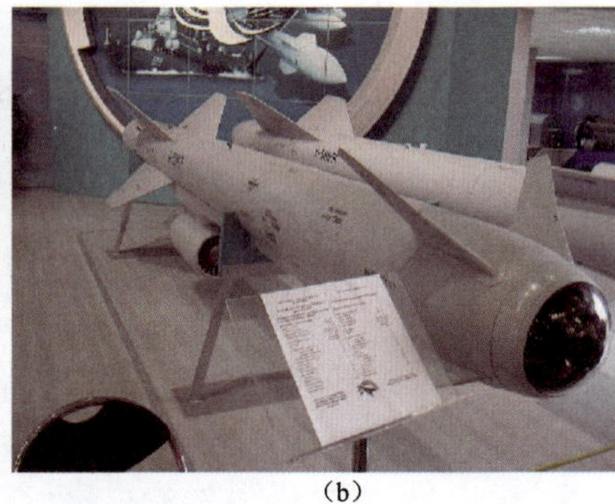

(b)

图 11-20 Kh-59MK 型导弹和 Kh-59ME 型导弹

（a）Kh-59MK 型导弹；（b）Kh-59ME 型导弹

8. BrahMos 空射超音速巡航导弹

印度和俄罗斯联合研制的布拉莫斯（BrahMos）是一种中程冲压式超音速巡航导弹，能够从舰船、潜艇、飞机或陆地上发射。目前，它是世界上速度最快的超音速巡航导弹。这款导弹的名字来源于两条河流，分别是印度的布拉马普特拉河（Brahmaputra River）和俄罗斯的莫斯科河（Moskva River）。BrahMos-A 是布拉莫斯导弹的空射型号，射程 400 km，属于防区外发射武器，如图 11-21 所示。

图 11-21　空射型布拉莫斯导弹

该型导弹可以从 Su-30 MKI 战斗机上发射，但是每架飞机仅能携带 1 枚该型导弹。该型导弹的投射高度范围是 500 ~ 14 000 m。释放后，导弹首先自由下落 100 ~ 150 m，然后在 14 000 m 的高度进行巡航。在弹道末段，导弹将下降至 15 m 高度进行低空突防。空射型布拉莫斯导弹的主要性能参数见表 11-11。

表 11-11　空射型布拉莫斯导弹的主要性能参数

入役时间	弹重 /kg	弹长 /m	弹径 /m	发动机		战斗部重 / kg
				第 1 级	第 2 级	
2006 年	2 500	8.4	0.6	固体火箭助推器	液体冲压发动机	300
单价 / 万美元	有效射程 / km	飞行高度 / m	飞行速度 / ($km\cdot h^{-1}$)	制导方式		CEP/m
275	400	3 ~ 4（掠海）	3 700	惯性中制导 + 主动雷达末制导		1

2016 年 6 月 25 日，印度进行了一次演示飞行，一架携带 BrahMos-A 导弹的 Su-30MKI 战斗机成功完成了试飞，这是该型导弹首次集成到远程战斗机上。2019 年 5 月 22 日，印度的 Su-30 MKI 战斗机测试 BrahMos-A 导弹的场景如图 11-22 所示。印

图 11-22　印度的 Su-30 MKI 战斗机测试 BrahMos-A 导弹的场景

度空军于2019年12月17日宣布，在Su-30 MKI战斗机上集成BrahMos-A导弹的工作已经完成。随后，印度空军的40架Su-30 MKI战斗机将进行该型导弹的适应性改装。据称，2020年1月20日，印度空军将BrahMos-A导弹装备了首个Su-30 MKI战斗机中队。

9. 3M22 Zircon 型高超音速巡航导弹

3M22“锆石”（Zircon）是由俄罗斯研制的一款高超音速巡航导弹，其北约代号为SS-N-33。该型导弹采用超音速燃烧冲压喷气发动机（简称超燃冲压发动机）和固体火箭的组合动力形式。首先，采用固体火箭将导弹加速至超音速，然后使用液体燃料超燃冲压发动机将导弹加速至高超音速。俄罗斯3M22高超音速巡航导弹示意图如图11-23所示。

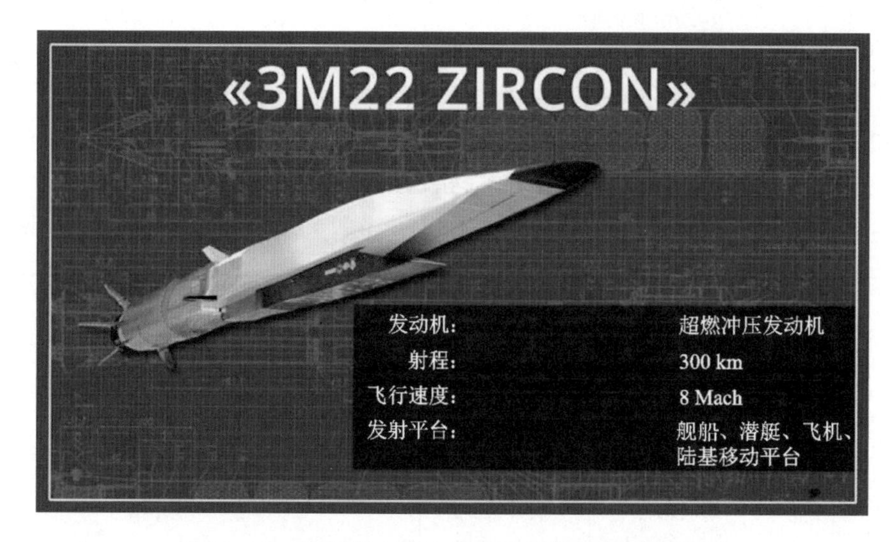

图 11-23　俄罗斯 3M22 高超音速巡航导弹示意图

2012—2013年，3M22型巡航导弹从一架Tu-22M3轰炸机上进行了试射。2017年，据俄罗斯官员表示，该型导弹已经服役。2019年2月20日，俄罗斯总统普京表示，该导弹能够加速到9 Mach，并能摧毁1 000 km以内的海上和陆地目标。3M22型巡航导弹的重要参数见表11-12。

表 11-12　3M22 型巡航导弹的重要参数

首次生产时间	弹长 /m	战斗部重 /kg	发动机	飞行速度 /Mach
2012 年	8 ~ 10	300 ~ 400	超燃冲压	>8

10. Kh-47M2 Kinzhal 型空射弹道导弹

Kh-47M2 Kinzhal是由俄罗斯研制的一种空射弹道导弹。据称，该型导弹的射程超过2 000 km，速度达到10 Mach，并能够在整个飞行阶段进行规避机动。携带Kh-47M2型空射弹道导弹的MiG-31K截击机如图11-24所示。

Kh-47M2 Kinzhal导弹于2017年服役，能够携带常规战斗部，也能够采用核战斗部，可以从Tu-22M3轰炸机或MiG-31K截击机上发射，其重要参数见表11-13。

图 11-24　携带 Kh-47M2 型空射弹道导弹的 MiG-31K 截击机

表 11-13　Kh-47M2 Kinzhal 导弹的重要参数

入役时间	战斗部		发动机	有效射程 /km	
	类型	重量 /kg		MiG-31K 发射	Tu-22M3 发射
2017 年	100 ~ 500 kT 核战斗部或杀爆战斗部	500	固体火箭	>2 000	3 000
最大飞行高度 /km	飞行速度 /Mach	制导系统			命中精度 /m
20	10 ~ 12	INS/GLONAS，远程控制 / 光学寻的			1

11. JSOW 联合防区外武器

AGM-154 联合防区外武器（joint standoff weapon，JSOW），是由美国 Raytheon 公司研发的一种空对地打击弹药。该武器由美国空军和海军共同资助，因此称为联合项目。AGM-154 型弹药的研发是为了提供一种低成本、高杀伤力、滑翔式、防区外打击武器。该型弹药属于 1 000 磅级，其有效射程为 15 海里（低空投射）至 40 海里（高空投射），能够用于打击各种陆地和海上目标，具备在敌方点防御之外实施攻击的能力。AGM-154 联合防区外武器采用 GPS/INS 制导方式，具备全天候、全天时攻击目标的能力。该武器及其在战机上的挂载情况如图 11-25 所示。

AGM-154 联合防区外武器包括三种型号：AGM-154A 型为基本型，它采用子母战斗部，战斗部内装载有 145 枚 BLU-97/B 型子弹药。BLU-97/B 型子弹药采用成型装药，能够毁伤装甲目标，另外其爆炸产生的破片能够杀伤人员和摧毁器材，战斗部的含能破片还具有一定的纵火能力。AGM-154B 为反装甲型号，其战斗部内装载有 6 枚 BLU-108/B 型子弹药，每个子弹药能够释放 4 枚末敏子弹。末敏子弹通过红外传感器探测目标，其爆炸形成的 EFP 侵彻体可以从上至下攻击装甲目标的顶部。AGM-154C 型采用红外末段传感器和双向数据链，能够采用“人在回路”的方式精确打击敌方点目标。该型弹药配备 BLU-111/B 型侵爆战斗部和 FMU-152 型联合可编程引信，对坚固目标具有很强的毁伤能力。AGM-154C 型联合防区外武器对钢筋混凝土目标的毁伤实验场景如图 11-26 所示。

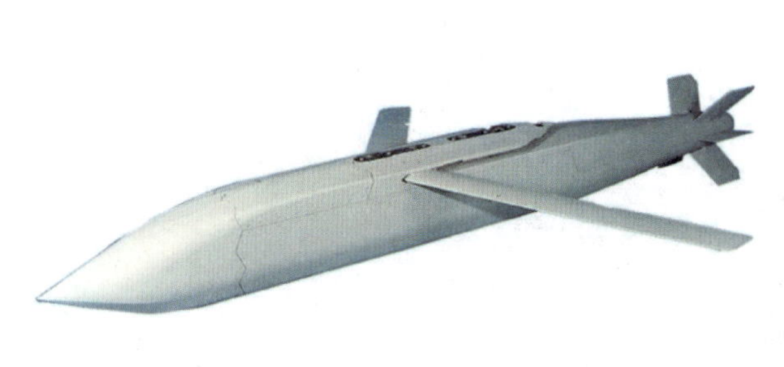

图 11-25 AGM-154 联合防区外武器及其在战机上的挂载情况

图 11-26 AGM-154C 型联合防区外武器对钢筋混凝土目标的毁伤实验场景

12. SDM I 型远程滑翔炸弹

1995 年末，美国空军开始进行 MMTD（miniaturized munitions technology demonstration）研究计划，称为小型化弹药技术演示验证。该项目的目的是研制一种小型化、多用途的新型精确制导炸弹，该炸弹应具备防区外打击目标的能力。随后，在 1998 年又开始了小型炸弹系统（small bomb system，SBS）研制项目，该项目的目的是研制一种实用化的武器。随后这个项目更名为小型灵巧炸弹（small smart bomb，SSB）计划，但最终又改名为小直径炸弹（small diameter bomb，SDB）计划。SDB 研制计划分为两个阶段：第一阶段是采用 GPS 辅助惯性制导方式，用于打击固定目标；第二阶段称为 SDB Ⅱ计划，是在炸弹上增加了末段探测器，使炸弹能够攻击移动目标。

2001 年 9 月，美国的 Boeing 公司和 Lockheed Martin 公司获得了 SDB 计划的竞争性研制合同。随后，两家公司开始了 SDB 项目的研制工作。在 SDB 项目研制的第一阶段，Boeing 公司和 Lockheed Martin 公司的弹药型号分别命名为 GBU-39/B 和 GBU-41/B。在 SDB 项目研制的第二阶段，Boeing 公司和 Lockheed Martin 公司的弹药型号分别命名为 GBU-40/B 和 GBU-42/B。

2002 年 5 月，美国空军推迟了第二阶段的研制计划。2003 年 2 月，Boeing 公司研制的 GBU-39/B 型弹药首飞。并于当年 10 月，Boeing 公司宣布赢得了 SDB 研制项目的第一阶段的竞争。该研制项目的系统发展与演示验证阶段，直到 2005 年 8 月才结束。2006 年，GBU-39/B 型炸弹进行了实战测试，并于当年 10 月在 F-15E 战斗机上初步具备实战能力。2006 年 12 月，该型弹药进入全速生产阶段，并计划生产 24 000 枚。

GBU-39/B 型炸弹采用多用途战斗部，该战斗部具有侵彻与杀爆双重毁伤效果。在制导方面，该炸弹采用 GPS 辅助惯性制导方式。该炸弹采用菱形弹翼，使其在高空投弹时射程能够达到 110 km。Boeing 公司还专门为其研制了 BRU-61/A 型挂弹架，每个弹架能够携带 4 枚 GBU-39/B 型炸弹，如图 11-27 所示。BRU-61/A 型挂弹架能够在 F-15E 或 F-16 型战机的外部挂载，也可以挂载在 F-22、F-35、B-2 等型战机的内置弹舱中。

图 11-27　GBU-39/B 型炸弹及其在 BRU-61/A 型挂弹架上的挂载情况

GBU-39/B 型炸弹的重要参数见表 11-14。虽然该型炸弹在尺寸上显著小于当前的传统炸弹，但是它的战斗部仍有足够的能力毁伤许多典型目标。例如，它对钢筋混凝土目标的侵彻能力与 2 000 磅级的 BLU-109/B 型战斗部相当。因此，该型炸弹的列装具有非常重要的实战意义，它可以使战机携带更多数量的弹药，在单架次任务中实现对更多目标的毁伤。同时，较小的战斗部也意味着能够降低附带毁伤。在此基础上，GBU-39A/B 型炸弹采用改进型战斗部，称为聚束杀伤弹药（focused lethality munition，FLM），该型炸弹可进一步减少附带毁伤。

表 11-14　GBU-39/B 型炸弹的重要参数

弹长 /m	翼展 /m	弹径 /cm	弹重 /kg	射程 /km	战斗部
1.80	1.38	19	129	>110	93 kg 的多用途战斗部（侵彻 / 杀伤）

13. SDM Ⅱ型远程滑翔炸弹

2006 年 4 月，美国的 Boeing 公司和 Raytheon 公司获得了 SDB Ⅱ项目的竞争性风险降低合同。Boeing 公司与 Lockheed Martin 公司合作，由 Lockheed Martin 公司为 GBU-40/B SDB Ⅱ型弹药提供导引头。针对 SDB Ⅱ研制项目，Raytheon 公司的弹药型号命名为 GBU-53/B。与 GBU-39/B 弹药相比，SDB Ⅱ项目性能的主要提高方面在于应用了多模末段导引头和双向数据链，该导引头具备自主目标识别能力。

GBU-53/B 型炸弹是一种空射精确制导滑翔炸弹，如图 11-28 所示。它采用三模末段传感器，即雷达、红外、半主动激光制导，以及与 INS/GPS 复合的制导方式。

图 11-28　GBU-53/B 型空射远程滑翔炸弹

在最初的目标搜索阶段，GBU-53/B 型炸弹可以采用 GPS/INS 制导方式进入移动目标附近区域，在此过程中可通过数据链对目标信息进行更新。而后，该型炸弹可通过毫米波雷达制导、红外成像制导或半主动激光制导方式，锁定目标并实施攻击。该炸弹能够融合来自多个传感器的信息，以对目标进行分类，并在半自主模式下根据需要对特定类型的目标进行优先排序。GBU-53/B 型炸弹计划在 2020 年上半年服役，主要装备美国空军和海军，其重要参数见表 11-15。

表 11-15　GBU-53/B 型炸弹的重要参数

弹长 /cm	弹径 /cm	弹重 /kg	战斗部重 /kg	有效射程 /km
176	15 ~ 18	93	48	110（固定目标）、72（移动目标）

11.3　远程打击导弹战场运用

2013 年 7 月，美国战争研究协会针对如何降低叙利亚空军作战能力，进行了打击武器及弹药的种类及数量需求的相关研究，其中主要涉及远程打击弹药的战场运用。战争研究协会（Institute for the Study of War）是由 Kimberly Kagan 于 2007 年在美国建立的第三方研究、评估机构，主要涉及国际防务相关事务。以下是战争研究协会针对如何削弱叙利亚空军作战能力所做的分析研究。

11.3.1　先期研究论证

1. 研究背景

叙利亚地理位置非常重要，是美国和俄罗斯争夺的焦点。美国意欲推翻叙利亚现政府，然后在叙利亚培植起亲西方的政权。其时，叙利亚空军正在执行三项任务：①通过空运方式，从伊朗、俄罗斯等国获得武器、弹药和其他物资补给；②为叙利亚地面部队提供空中补给，以对抗叛军；③对叛军占领的区域进行轰炸。以上任务的执行，使叙利亚政府军相比叛军拥有极大的战略优势。美国应当采取适当打击手段，消除叙利亚空军执行以上任务的能力。

2. 作战目的

虽然打击叙利亚空军及其综合防空系统，需要一个较大的军事行动，但是采用从防区外发射精确制导弹药实施打击的手段，可以以相对较小的代价，显著降低叙利亚空军及其相关基础设施的正常工作能力。另外，由于美国远程精确制导弹药的射程比叙利亚综合防空系统的防护距离要大，因此没有必要为了削弱叙利亚空军的作战能力，而去专门攻击其地面的综合防空系统。为了削弱叙利亚空军执行以上三项任务的能力，可直接攻击空军的飞机及相关的基础设施，并在随后的小规模空中打击中，确保叙利亚空军的作战能力得不到恢复。

根据当时战况，叙利亚境内的机场可分为四种情况，见表 11-16。其中，打击的重点是前两类机场，即叙利亚空军主要使用的机场和具备使用条件但当时未支持叙利亚空军作战的二线机场。

表 11-16　当时叙利亚境内机场的具体情况

机场分类	叙利亚境内机场具体情况
1 类	叙利亚空军主要使用的机场
2 类	具备使用条件但当时未支持叙利亚空军作战的二线机场
3 类	正在被双方争夺的，当时不能够支持叙利亚空军作战的机场
4 类	叛军控制的机场

为了控制作战规模，对叙利亚空军的打击目的是比较有限的，其中作战任务不包括的内容见表 11-17。

表 11-17　作战任务不包括的内容

序号	非作战目的
1	永久性摧毁叙利亚空军的基础设施和飞机
2	摧毁叙利亚空军库存的直升机
3	摧毁叙利亚的综合防空系统
4	通过空中巡逻建立禁飞区
5	通过空中巡逻建立和维护人道主义安全走廊

3. 目标分析

根据作战任务，应确定为了降低叙利亚空军执行任务能力所需的美军的武器类型和架次数量。为此，首先对作战任务和所需条件进行设定与假设，见表 11-18。

表 11-18　对作战任务和所需条件进行的设定与假设

假设	只要能够降低叙利亚空军执行任务的能力，就不需要完全摧毁其部队和基础设施，如跑道、控制塔、燃料库等
1	无意建立一个完全的禁止飞行区域
2	无须完全摧毁叙利亚的综合防空系统
3	无须摧毁叙利亚的直升机部队
4	叙利亚空军不能针对美军飞机执行防御性防空任务
5	允许使用的空域包括土耳其、约旦、科威特、沙特阿拉伯、巴林、阿联酋等国家
6	允许美军飞机在以上国家进行停驻集合

在叙利亚境内，大约有27个空军基地有潜力支持叙利亚军队执行上述任务。根据各空军基地的状况，可将27个空军基地划分为4类，见表11-19。需要说明的是，叙政权控制下的二线空军基地有足够好的物质基础来支持叙利亚空军的作战，但当时没有被广泛使用。这主要是由于叙利亚空军的飞机和人员不足所致。据评估，叙利亚空军最多拥有100架有能力执行任务的固定翼飞机。由于库存如此之少，叙利亚空军就没有足够的飞机来使用所有的空军基地。此外，叙利亚空军正在遭受人员流失的困境，可能没有足够的支援人员（如雷达操作员、塔台/空中交通管制、维修人员、加油人员等）来管理二级空军基地。

表11-19　根据当时状况对叙利亚境内空军基地的分类

类别	基地数量/个	状况描述
1类	6	在叙政权控制下的主要空军基地，当前正在支持叙利亚空军的行动
2类	12	在叙政权控制下的二线空军基地，当前没有用于支持叙利亚空军的行动
3类	5	在争夺地区内或被围困的空军基地，叙政权无法使用的空军基地
4类	4	叛军控制地区内的空军基地

根据以上对叙利亚境内空军基地的分类，表11-20分别列出了各类空军基地的名称。

表11-20　叙利亚境内空军基地的名称

1类基地	Dumayr	Mezzeh	Al-Qusayr/Al-Daba	Bassel Al-Assad Int'l	Damascus Int'l	Tiyas/Tayfoor
2类基地	Shayrat	Hama	Khalkhalah	Marj Ruhayyil	al-Nasiriyah	Sayqal
	Tha'lah（Suwayda）	Qamishli	Palmyra	Al-Seen	Aqraba	Bali
3类基地	Kowaires/Rasin el-Aboud	Mennakh	al-Nayrab	Aleppo Int'l	Deir ez-Zor	—
4类基地	Abu al-Duhur	Jirah	Tabqa	Taftanaz	—	—

为了实现作战目的，应主要对空军基地内的飞机跑道和支援设施进行摧毁，从而降低叙利亚空军的运用能力。针对机场跑道，需要2 000磅级或5 000磅级的重型炸弹才能穿透，并爆炸产生较大的弹坑。虽然美军的远程精确制导弹药不是专为破坏机场跑道而设计的，但是能够在跑道上产生弹坑，足以阻止飞机的使用。在打击过程中，可能需要飞行员驾驶轰炸机或战斗机，直接飞越目标空军基地的上空。如果重型炸弹能够在机场跑道上产生大型弹坑，重建将是一个漫长的过程，因为这需要专门的设备、材料和大量的人员。针对支援设施，需要重点对机场内的燃料储存与输送系统、备件储存仓库、飞机维护/维修设施、地面支援设备、控制塔和雷达等目标进行破坏或摧毁。美军装备的远程精确制导弹药能够破坏这些支援设施，从而阻止叙利亚空军飞机的使用。

根据作战目的和目标情况分析，对叙利亚境内空军基地的打击可分为三个攻击波次。第一波次，打击叙利亚空军位于主要机场的基础设施，使之失去原有功能；第二波次，打击位于主要机场的叙利亚空军的飞机；第三波次为后续的维持性打击，主要是防止叙利亚空军修复其主要机场和二线机场的基础设施，使其难以恢复自身的战斗力。叙利亚境内 1 类空军基地的地理坐标见表 11-21，其卫星照片如图 11-29 所示。

表 11-21　叙利亚境内 1 类空军基地的地理坐标

空军基地	Dumayr	Mezzeh	Al-Qusayr	Bassel Al-Assad	Damascus	Tiyas
北纬	33.6147°	33.4778°	34.5687°	35.4044°	33.4059°	34.5225°
东经	36.7471°	36.2233°	36.5744°	35.9506°	36.5084°	37.6301°

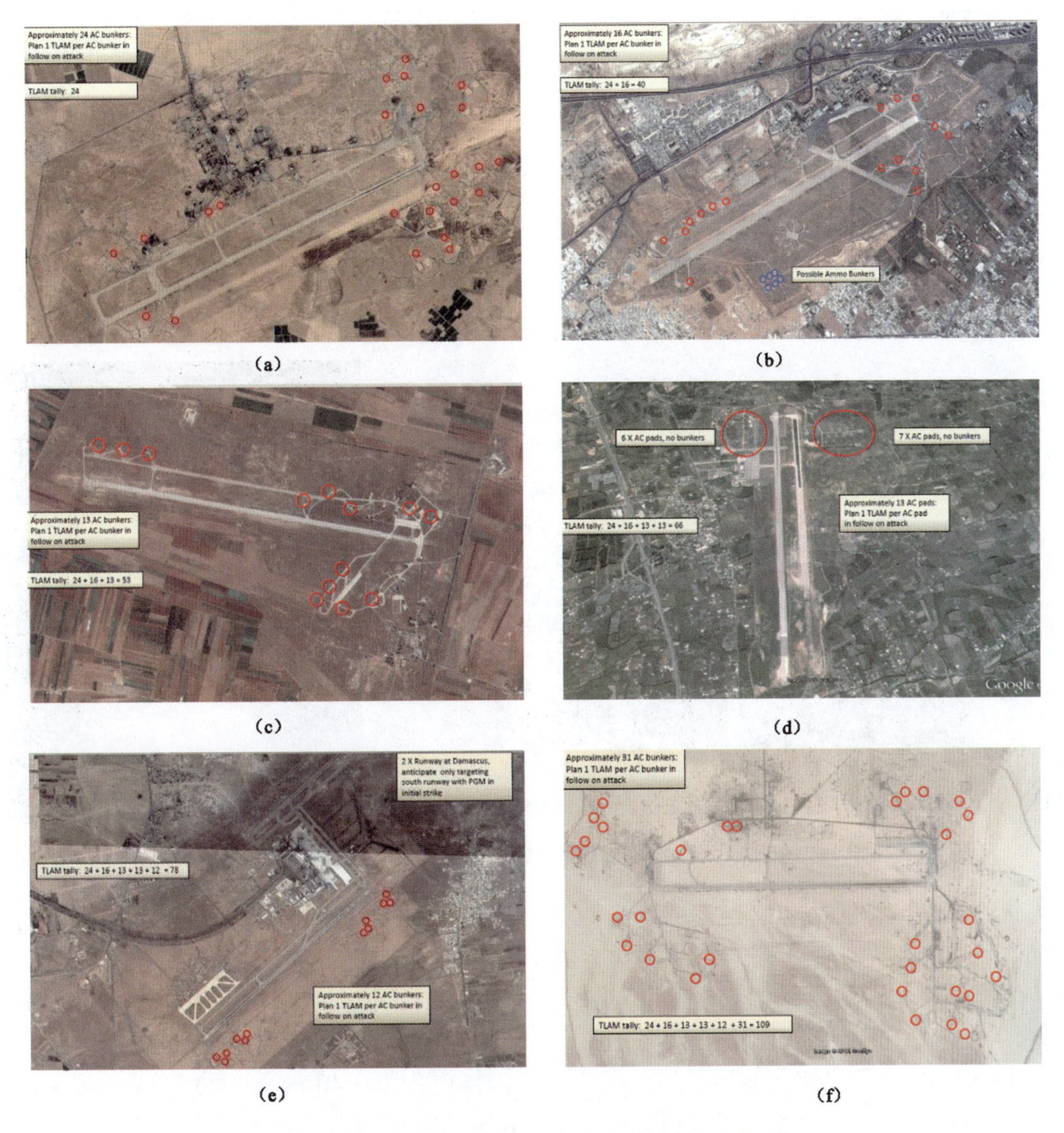

图 11-29　叙利亚境内 1 类空军基地的卫星照片

（a）Dumayr 空军基地；（b）Mezzeh 空军基地；（c）Al-Qusayr 空军基地；
（d）Bassel Al-Assad 空军基地；（e）Damascus 空军基地；（f）Tiyas 空军基地

4. 弹药性能分析

根据美军弹药装备情况，结合作战任务和目标，在美国战争研究协会的分析评估中，拟采用战斧对地攻击导弹（tomahawk land attack missile，TLAM）、联合空对面防区外导弹（joint air to surface standoff missile，JASSM）和联合防区外武器。这些弹药可由美国海军的水面战舰，以及美国海、空军的飞机来发射或投掷。预计整个空袭作战可以在没有任何美军飞机进入叙利亚领空的情况下进行，所有弹药的发射都可以在地中海的国际空域进行，也可以在土耳其、以色列、约旦或沙特阿拉伯的领空进行。使用这些远程打击弹药，可以使美军以相对较小的代价来完成有限的打击行动，使叙利亚空军丧失作战能力。

TLAM 导弹为舰对面（地面和海面目标）远程巡航导弹，具有高精度和高可靠性的特点，其 CEP 小于 5 m，射程可达 1 000 海里（约 1 850 km）。它采用 1 000 磅级的战斗部，可以选配整体战斗部或子母战斗部。TLAM 导弹具备飞行中重新编程能力，单价 65 万美元。该型导弹的飞行速度可调，能够确保多枚导弹同时攻击不同目标，从而提高作战的突然性。另外，该导弹无须预先准备，可以立即使用，且不需要国外基地和飞越的权限。TLAM 导弹可以在离叙利亚海岸线几百英里的地方发射，如果需要，它也可以从波斯湾发射。TLAM 导弹在战舰上的发射及对目标的毁伤试验场景如图 11-30 所示。

图 11-30　TLAM 导弹在战舰上的发射及对目标的毁伤试验场景

JASSM 导弹为空射远程巡航导弹，其射程为 200 海里（约 370 km），CEP 小于 5 m，如图 11-31 所示。该导弹采用 1 000 磅级的战斗部，单价为 70 万美元。相比 TLAM 导弹，JASSM 的射程较短，且需要飞机来发射。但是，相比叙利亚防空系统的作战半径，JASSM 导弹的射程已经足够了。

JSOW 为远程滑翔式制导炸弹，高空投射时其射程为 40 海里（约 74 km），CEP 小于 5 m，如图 11-32 所示。该制导炸弹采用 500 磅级的战斗部，单价为 50 万美元。相比 JASSM 导弹，JSOW 制导炸弹的战斗部较小，而且射程比较短，但是叙利亚军队接近一半的防空系统不能对载机构成威胁。

图 11-31　JASSM 空射远程巡航导弹

图 11-32　JSOW 远程滑翔式制导炸弹

5. 第一波次打击

第一波次打击的对象是叙利亚空军基地的基础设施，包括机场跑道和支援设施。美国战争研究协会经分析认为，针对 6 个 1 类基地的机场跑道和支援设施，向每个基地平均投射 12 枚精确制导弹药，就可以显著降低或阻止叙利亚空军的使用。这 12 枚精确制导弹药包括 4 枚 TLAM 导弹、4 枚 JASSM 导弹和 4 枚 JSOW 炸弹。因此，6 个 1 类基地共计需要消耗 24 枚 TLAM 导弹、24 枚 JASSM 导弹和 24 枚 JSOW 炸弹。

针对机场跑道进行攻击时，采用分段破坏方式，将整条跑道截成相等的几段。每个基地的跑道平均消耗 4 枚 JSOW 炸弹和 4 枚 JASSM 导弹，可在跑道上形成 8 个弹坑。

针对支援设施，如雷达、控制塔、燃料库等，可采用子母弹来进行杀伤。每个空军基地的支援设施要消耗 4 枚 TLAM 导弹，其装载的大量子弹药可造成广泛的、分散性的中等破坏程度。

基于以上对弹药的需求分析，第一波次打击需要投射 24 枚 TLAM 导弹、24 枚 JASSM 导弹和 24 枚 JSOW 炸弹。这些弹药可由 3 艘水面舰艇、12 架 F-15E 战斗机和 12 架 F-18E 战斗机来完成。美国海军的 3 艘水面舰艇，每艘可以发射 8 枚 TLAM 导弹；12 架 F-15E 战斗机，每架投射 2 枚 JASSM 导弹；12 架 F-18E 战斗机，每架投射 2 枚 JSOW 炸弹。

6. 第二波次打击

第二波次打击的目标是叙利亚空军的飞机。通过情报分析和判断，叙利亚空军最多拥有 100 架堪用固定翼飞机，另外在 6 个 1 类空军基地内共有 109 个机堡。

第一波次打击已经使主要的空军基地瘫痪，因此叙利亚空军的飞机将难以被重新部署到未被破坏的二线机场。就目前的技术而言，美军的侦察装备能够很容易地探测和确定叙利亚空军飞机的准确位置。在这些前提下，第二波次的打击需要 109 枚整体战斗部类型的 TLAM 导弹，即每个机堡 1 枚。这些 TLAM 导弹全部由 3 艘水面舰艇发射。对于露天停放的飞机，在第一波次的行动中就已经被 TLAM 导弹的子弹药所摧毁。

第一、二波次的打击可摧毁叙利亚空军的 1 类基地和全部堪用的飞机。另外，由于叙利亚空军修复基础设施和飞机的能力有限，所以短时间内叙利亚空军很难恢复战斗力。

7. 后续维持性打击

如果叙利亚空军对被破坏的空军基地进行修复作业，将需要后续的维持性打击。美军的侦察设备能够监视叙利亚空军的这些行动。经分析，相比第一波次的打击，后续维持性打击仅需要一半的力量即可，即共需要 12 枚 TLAM 导弹、12 枚 JASSM 导弹和 12 枚 JSOW 炸弹。这时由于叙利亚空军正在面临严重的人员短缺，而针对机场跑道、控制塔、燃料仓库等设施的修理需要大量的人员。对于飞机的修理，需要技术精湛的工程师和大量的配件，而这些都是叙利亚空军所缺少的。经分析，最快也需要 1 周的时间，叙利亚空军的飞机和设施才能恢复部分能力。美军的 1 艘海军舰艇就能够发射 12 枚 TLAM 导弹，6 架次的 F-15E 战斗机能够投射 12 枚 JASSM 导弹，6 架次的 F-18E 战斗机能够投射 12 枚 JSOW 炸弹。

综上可得，每 7 ~ 10 天进行一次维持性打击，就能确保叙利亚空军的固定翼飞机难以出现在战场上。

11.3.2 实际作战情况

1. 2017 年美国对叙利亚的打击

2017 年 4 月 6 日，美国向叙利亚的 Shayrat 空军基地发射了战斧巡航导弹。

据报道，美国东部时间 2017 年 4 月 6 日 20：40（当地时间 4：40），美国海军的两艘驱逐舰“罗斯”号（USS Ross）和“波特”号（USS Porter），共发射了 59 枚战斧导弹。美军打击的目标是叙利亚政府控制的 Shayrat 空军基地。这次空袭是在美国总统特朗普（Donald Trump）的授权下执行的，是对 4 月 4 日发生在 Khan Shaykhun 的化学袭击的直接回应。这次空袭是美国在叙利亚内战期间的首次单边军事行动，打击目标是叙利亚政府军。此后不久，美国总统特朗普表示：“防止和制止致命化学武器的扩散和使用，符合美国的国家安全利益。”

2017 年 4 月 6 日晚，特朗普总统向美国国会通报了他的导弹袭击计划。在国际上，美国也在空袭前通知了其他部分国家，其中包括加拿大、英国、澳大利亚和俄罗斯。美国军方表示，已与俄罗斯军方进行了沟通，以尽可能减少俄罗斯的伤亡。海军准将 Tate Westbrook 指挥海军特遣部队进行了导弹发射。这是美国首次承认有意对叙利亚总统巴沙尔· 阿萨德的军队采取军事行动。这次空袭的目标是位于胡姆斯省（Homs Governorate）的 Shayrat 空军基地。美国情报部门认为，该基地是 4 月 4 日进行化学武器攻击的飞机的停驻基地，此次打击旨在摧毁飞机、机库、燃料库和防空系统。

事件发生后，美国中央司令部在一份新闻稿中表示，战斧导弹击中了飞机、加固机堡、油料和后勤储存库、弹药库、防空系统和雷达等目标。最初的美国报告称，大约 20 架飞机被摧毁，59 枚巡航导弹中有 58 枚严重摧毁了预定目标。据卫星图像显示，飞行跑道和滑行道均未受损，袭击事件发生几小时后，受攻击的空军基地恢复了战斗飞行，不过美国官员没有说明飞行跑道也是袭击目标。就在美国发动攻击数小时后，叙利亚空军从该基地对叛军发动了空袭。评论人士将叙利亚政府继续在该基地开展行动的能力归因于，美国向叙利亚的盟友俄罗斯发出了关于此次空袭的提前警告，这使得叙利亚空军隐藏了部分飞机，以避免遭受袭击。

2017 年 4 月 10 日，在美国国防部长詹姆斯·马蒂斯（James Mattis）发表的声明中称，空袭摧毁了叙利亚政府约 20% 的飞机，该基地失去了继续为飞机进行战斗勤务保障的能力。另据以色列卫星图像服务公司（ImageSat International）进行的毁伤评估结果，有 44 个目标被攻击，其中一些目标被多枚导弹打击。这些数字是根据空袭 10 h 后 Shayrat 空军基地的卫星图像确定的，这些目标中包括 5 个防空导弹发射平台。

2017 年 4 月 19 日，美国国防官员表示，叙利亚政府在空袭后不久就将大部分战机转移到了 Khmeimim 空军基地。

2. 2018 年美英法联军对叙利亚的打击

2018 年 4 月 14 日，从叙利亚时间 4：00 开始，美国、英国和法国对叙利亚的多个地点进行了一系列军事打击，使用了包括飞机、舰射导弹等武器。它们声称攻击是对 4 月 7 日化学武器袭击平民的回应，因为它们认为化武袭击是叙利亚政府所为。但是，叙利亚政府否认参与了其首都大马士革郊区 Douma 附近的化武恐怖袭击，并称美、英、法国的空袭违反了国际法。

这次空袭是由美国、英国和法国的部队执行的，由舰载、潜射和空射巡航导弹共同完成打击。

英国皇家空军第 9 中队的 4 架 Tornado GR4 战斗机，由第 6 中队的 4 架 Eurofighter Typhoon 空优战斗机支援，共发射了 8 枚风暴阴影巡航导弹。英国皇家海军部署了 45 型驱逐舰邓肯号（D37），为盟军海军提供防空保护。

法国海军在地中海东部部署了一个打击群，包括 5 艘护卫舰和 1 艘补给舰，共发射 3 枚 MdCN 对地打击导弹。美国海军 Virginia 级潜艇约翰· 华纳号（USS John Warner）随同法国舰队发射了 6 枚战斧巡航导弹。法国空军也参与了此次作战行动，其中包括从 Saint-Dizier 空军基地起飞的 5 架阵风战斗机（每架携带 2 枚 SCALP EG 导弹）、从 Luxeuil 空军基地起飞的 4 架幻影 2000 空中优势战斗机、从 Avord 空军基地起飞的 2 架 E-3F 空中预警机和从 Istres 空军基地起飞的 6 架 C-135FR 空中加油机。

美国军队包括来自第 34 轰炸中队的 2 架美国空军 B-1B Lancer 轰炸机，从卡塔尔的 Al Udeid 空军基地起飞后，总共发射了 19 枚 JASSM 导弹。与它们同行的还有来自第 95 战斗机中队的 4 架 F-22A 猛禽空中优势战斗机、第 908 远征军空中加油中队的 2 架 KC-10 加油机和 1 架来自 VMAQ-2 的美国海军陆战队的 EA-6B “徘徊者”电子战飞机，这些飞机都是从阿拉伯联合酋长国的达夫拉空军（Al Dhafra）基地起飞的。

在红海海域，美国海军阿利伯克级驱逐舰“拉朋”号（USS Laboon）发射了 7 枚战斧巡航导弹，提康德罗加级巡洋舰“蒙特雷”号（USS Monterey）发射了 30 枚战斧巡航导弹。阿利伯克级驱逐舰“希金斯”号（USS Higgins）在波斯湾北部发射了 23 枚战斧巡航导弹。据报道，阿利伯克级驱逐舰“唐纳德·库克”号（USS Donald Cook）参加了这次行动，目的是误导敌方防御部队，但它并没有发射导弹执行打击任务。

美国空军还在地中海东部部署了战斗机，用于空中防御任务，其中包括第 493 战斗机中队的至少 8 架 F-15C “鹰”式战斗机和第 555 战斗机中队的 7 架 F-16C “隼”式战斗机。这些战斗机配备了至少 2 架来自第 351 空中加油机中队的 KC-135 Stratotanker 加油机。

根据美军联合参谋部的说法，打击位于大马士革的 Barzah 科学研究中心，共使用 57 枚战斧导弹和 19 枚 JASSM 导弹；打击位于 Homs 以西的 Him Shanshar 军事基地的仓库，共使用 9 枚战斧导弹、8 枚风暴阴影导弹、3 枚 MdCN 导弹、2 枚 SCALP 导弹；打击位于 Homs 以西的 Him Shanshar 军事基地的堡垒，共使用 7 枚 SCALP 导弹。

参 考 文 献

[1] 胡海军，李春立．伊拉克战争研究［M］．北京：军事科学出版社，2003.

[2] 西风．阿富汗战争：2001—2011 年美国与北约的作战行动［M］．北京：中国市场出版社，2014.

[3] 甄建伟，刘国庆，张芳，等．空地制导弹药技术现状及发展趋势［J］．飞航导弹，2018（7）：23-29.

[4] Assessment and Analysis Division. Operation Iraqi Freedom-by the numbers［R］. CENTAF-PSAB，KSA for the Commander，Central Air Forces，2003.

[5] GUNZINGER M，CLARK B. Sustaining America's precision strike advantage［R］. Center for Strategic and Budgetary Assessments，2015.

[6] KNUTSEN D E. Strike warfare in the 21st century［M］. Annapolis Maryland：Naval Institute Press，2012.

[7] FAULCONBRIDGE R I. Avionics principles［M］. Canberra：Argos Press，2007.

[8] 王丽霞，宋振峰．USAF 试验 Mk82 JDAM［J］．航空兵器，2003（4）：30.

[9] 李舰，严明．波音公司完成 Mk84 激光制导 JDAM 首次试飞［J］．飞航导弹，2011（1）：48.

[10] 黄鹏，王强，赵建兵．从海玛斯和海尔法导弹看精确制导武器的多用途发展［J］．飞航导弹，2013（4）：46-50.

[11] 温杰．美国空军的炸弹之母——巨型空中引爆炸弹［J］．飞航导弹，2004（6）：61-63.

[12] 杨名宇，赵海宁，刘洪飞．揭开"炸弹之父"神秘的面纱［J］．国防科技，2007（12）：30-31.

[13] 沉舟，车易．波音公司完成联合直接攻击弹药的第一轮试验［J］．飞航导弹，2012（10）：51.

[14] 周晓峰，杨建军，王志勇．美国小直径炸弹的发展概述和作战运用研究［J］．飞航导弹，2015（2）：47-50.

[15] 莫雨，周军．美军联合防区外武器（JSOW）的最新进展［J］．飞航导弹，2012（3）：6-7.

[16] 何煦虹，王晖娟．美空军推进远程防区外导弹项目［J］．战术导弹技术，2014（1）：108.

[17] 刘颖．美军空射巡航导弹的发展现状及趋势［J］．飞航导弹，2013（11）：12-16.

[18] 周军，王晖娟．美国空军接收首批增程型联合防区外空地导弹［J］．战术导弹技术，2014（3）：110.

[19] 尹建平，王志军. 弹药学 [M]. 北京：北京理工大学出版社，2014.
[20] 王儒策，赵国志，杨绍卿. 弹药工程 [M]. 北京：北京理工大学出版社，2002.
[21] MOLLOY N K. Impact to defence of lessons learnt using modern precision strike weapons [R]. DSTO Systems Sciences Laboratory，DSTO-GD-0360，2003.
[22] 白春华，梁慧敏，李建平，等. 云雾爆轰 [M]. 北京：科学出版社，2012.
[23] 魏钢. F-35“闪电”Ⅱ战斗机 [M]. 北京：航空工业出版社，2008.
[24] 王永仲. 现代军用光学技术 [M]. 北京：科学出版社，2003.
[25] 王桥，厉青，陈良富，等. 大气环境卫星遥感技术及其应用 [M]. 北京：科学出版社，2011.
[26] 姚跃民，温求遒，刘小军，等. 基于大气能见度的激光制导炸弹武器系统作战使用性能研究 [J]. 航空兵器，2017（3）：74-80.
[27] 胡朝晖，罗继勋，王邑，等. 烟幕干扰下激光制导炸弹作战效能分析 [J]. 红外与激光工程，2008（S3）：322-326.
[28] 刘洁瑜，徐军辉，熊陶. 导弹惯性导航技术 [M]. 北京：国防工业出版社，2016.
[29] 王巍. 光纤陀螺惯性系统 [M]. 北京：中国宇航出版社，2010.
[30] 陈军，黄静华. 卫星导航定位与抗干扰技术 [M]. 北京：电子工业出版社，2016.
[31] FILARDI P J. Integration of the joint direct attack munition on the F-14B tomcat [D]. Knoxville:The University of Tennessee，2004.
[32] 黄丁发，张勤，张小红，等. 卫星导航定位原理 [M]. 武汉：武汉大学出版社，2015.
[33] 董杨彪. 风修正弹药尾翼组件机理研究及性能分析 [D]. 长沙：国防科学技术大学，2006.
[34] 丁鹭飞，耿富录. 雷达原理 [M]. 西安：西安电子科技大学出版社，2002.
[35] 赵国庆. 雷达对抗原理 [M]. 西安：西安电子科技大学出版社，2012.
[36] 周一宇，安玮，郭福成，等. 电子对抗原理与技术 [M]. 北京：电子工业出版社，2014.
[37] CZESZEJKO S. Anti-radiation missiles vs. radars [J]. Journal of electronics and telecommunications，2013，59（3）：285-291.
[38] 杨军，朱学平，张晓峰，等. 反辐射制导技术 [M]. 西安：西北工业大学出版社，2014.
[39] COBB B J. Adaptive discrete event simulation for analysis of Harpy swarm attack [D].Monterey：Naval Postgraduate School，2011.
[40] 曲长文，苏峰，李炳荣，等. 反辐射导弹对抗技术 [M]. 北京：国防工业出版社，2012.
[41] CORRELL J T. The emergence of smart bombs [J]. Air force magazine，2010，

93（3）：60–64.

[42] CHANT C. Aircraft armaments recognition [M] . London: Ian Allan Ltd, 1989.

[43] HARMER C. Required sorties and weapons to degrade Syrian Air Force excluding integrated air defense system (IADS) [Z] . Institute for the Study of War, 2013.